UNITEXT – La Matematica per il 3+2

Volume 120

The **UNITEXT – La Matematica per il 3+2** series is designed for undergraduate and graduate academic courses, and also includes advanced textbooks at a research level. Originally released in Italian, the series now publishes textbooks in English addressed to students in mathematics worldwide. Some of the most successful books in the series have evolved through several editions, adapting to the evolution of teaching curricula.

More information about this series at http://www.springer.com/series/5418

Francesca Gasperoni · Francesca Ieva ·
Anna Maria Paganoni

Eserciziario di Statistica Inferenziale

 Springer

Francesca Gasperoni
Dipartimento di Matematica
Politecnico di Milano
Milano, Italy

Anna Maria Paganoni
Dipartimento di Matematica
Politecnico di Milano
Milano, Italy

Francesca Ieva
Dipartimento di Matematica
Politecnico di Milano
Milano, Italy

ISSN 2038-5714
UNITEXT
ISSN 2038-5722
La Matematica per il 3+2
ISBN 978-88-470-3994-0
https://doi.org/10.1007/978-88-470-3995-7

ISSN 2532-3318 (versione elettronica)

ISSN 2038-5757 (versione elettronica)

ISBN 978-88-470-3995-7 (eBook)

Questa edizione è pubblicata da Springer-Verlag Italia S.r.l., parte di Springer Nature, con sede legale in Via Decembrio 28, 20137 Milano, Italy

Prefazione

L'inferenza statistica è la disciplina che sta alla base di tutta la modellistica matematica di tipo stocastico, ovvero quella parte di modellistica matematica in cui l'incertezza è parte del modello e dell'oggetto di interesse nello studio. L'analisi matematica, l'algebra lineare, il calcolo delle probabilità sono tra le principali discipline su cui si fonda la teoria matematica dell'inferenza statistica, che ha come principale obiettivo la stima, a partire dai dati generati dal fenomeno oggetto di studio, di quantità di interesse quali, ad esempio, le leggi parametriche e non parametriche di modelli stocastici, le relative distribuzioni asintotiche, etc. All'interno di questo contesto si colloca lo studio di modelli statistici avanzati, quali ad esempio i modelli di regressione lineare, l'analisi della varianza (ANOVA), i modelli di regressione generalizzati, strumenti essenziali sia in ambito di ricerca che in ambito aziendale. Di conseguenza, l'implementazione di algoritmi di calcolo in adeguati software statistici si propone come naturale completamento della materia.

Questo testo nasce con l'obiettivo di aiutare lo studente nella transizione fra i concetti teorici e metodologici dell'inferenza statistica e la loro implementazione al computer. La prima parte del testo è infatti focalizzata principalmente su esercizi da risolvere *con carta e penna*, in modo da far applicare nozioni derivanti da lemmi e teoremi; mentre la seconda parte del testo è costituita da laboratori, in cui si propone sia l'implementazione manuale di algoritmi, sia l'apprendimento di *built-in tools* per un'analisi efficiente di dataset derivanti da problemi reali.

Per ottimizzare la fruizione degli argomenti sviluppati, e per accompagnare il lettore nello studio, il testo è organizzato in capitoli, ciascuno dei quali composto, a sua volta, da una prima parte introduttiva, in cui vengono richiamate le basi teoriche dell'inferenza statistica, e da una seconda parte di esercizi, corredati di un esaustivo svolgimento su carta e, se opportuno, su software. In particolare, per una approfondita trattazione della parte teorica, si rimanda a [3] e [5]. Per quanto riguarda gli svolgimenti a computer, si propone l'utilizzo del software statistico R [6] (versione 3.5.1). Questa scelta è stata guidata dal fatto che R è disponibile per diversi sistemi operativi (Unix, GNU/Linux, Mac OS X, Microsoft Windows) ed è gratuitamente scaricabile dal sito http://cran.r-project.org/. Inoltre, in R è presente un'ampia scelta di librerie (pacchetti), opportunamente commentati, distribuiti sul Comprehensive R Archive Network (CRAN).

Il testo può essere diviso in sei macro-aree: una prima area, costituita dal primo capitolo, prevede esercizi di base di probabilità; una seconda area, costituita dal secondo, terzo e quarto capitolo, affronta il tema degli stimatori puntuali; una terza area, costituita dal quinto, sesto e settimo capitolo, è incentrata sulla verifica di ipotesi e sugli intervalli di confidenza; una quarta area, costituita dall'ottavo capitolo, si concentra sulle proprietà asintotiche degli stimatori; ed una quinta area, costituita dai laboratori del nono, decimo ed undicesimo capitolo, è incentrata su modelli di regressione lineare multipla, regressione generalizzata e analisi della varianza. Relativamente a questi tre capitoli è disponibile online del materiale supplementare, contenente i dataset necessari per svolgere alcuni esercizi, ulteriori approfondimenti ed esercizi. È presente infine un ultimo capitolo, contenente esercizi di ricapitolazione, tramite i quali lo studente può acquisire una visione globale delle tecniche per l'analisi di dati illustrate nel volume.

Questo testo è scritto per studenti dei corsi di laurea di primo livello in Statistica, Matematica, Ingegneria e per i corsi di laurea di secondo livello in Data Science. Molti fra gli esercizi e i laboratori proposti sono derivati da esercizi e temi d'esame del corso di Modelli e Metodi per l'Inferenza Statistica insegnato nel corso di studi di Ingegneria Matematica del Politecnico di Milano. Ringraziamo pertanto i numerosi colleghi e collaboratori che hanno contribuito, direttamente o indirettamente, alla creazione del materiale proposto. In particolare, un contributo importante allo sviluppo degli Esercizi e Laboratori va riconosciuto ad Andrea Ghiglietti, Matteo Gregoratti e Nicholas Tarabelloni.

Milano, Italia   Francesca Gasperoni
luglio 2019   Francesca Ieva
                                                        Anna Maria Paganoni

Indice

Parte I
Statistica inferenziale

Capitolo 1
Fondamenti di probabilità e statistica

1.1 Richiami di teoria

1.1.1 Valore atteso, varianza e covarianza

Teorema 1.1 *Sia X una v.a. reale con funzione di ripartizione $F_X(x)$, sia $Y = g(X)$, sia $\mathcal{X} = \{x : f(x) > 0\}$ e sia $\mathcal{Y} = \{y : f_Y(y) > 0\}$:*

- *Se $g(\cdot)$ è una funzione crescente in $\mathcal{X}$, allora $F_Y(y) = F_X(g^{-1}(y)) \quad \forall y \in \mathcal{Y}$.*
- *Se $g(\cdot)$ è una funzione decrescente in $\mathcal{X}$ e X è una v.a. continua allora $F_Y(y) = 1 - F_X(g^{-1}(y)) \ \forall y \in \mathcal{Y}$.*
- *Supponiamo che $f_X(x)$ sia continua in $\mathcal{X}$ e che $g^{-1}(\cdot)$ abbia derivata continua in $\mathcal{Y}$. Allora la densità di Y è la seguente:*

$$f_Y(y) = \begin{cases} f_X(g^{-1}(y))|\frac{\mathrm{d}g^{-1}(y)}{\mathrm{d}y}| & y \in \mathcal{Y}; \\ 0 & \text{altrimenti.} \end{cases}$$

Teorema 1.2 *Sia X una v.a. con funzione di ripartizione $F_X(x)$ continua. Allora la v.a. $Y = F_X(X)$ ha legge $Y \sim U(0, 1)$.*

Definizione 1.3 (Media) Il valore atteso o media di una v.a. $g(X)$ è definito:

$$\mathbb{E}[g(X)] = \begin{cases} \int_{-\infty}^{+\infty} g(x) f_X(x) \, \mathrm{d}x & \text{se } X \text{ v.a. continua;} \\ \sum_{x \in \mathcal{X}} g(x) f_X(x) \, \mathrm{d}x & \text{se } X \text{ v.a. discreta.} \end{cases}$$

Teorema 1.4 *Sia X una v.a. Siano a, b, c scalari in $\mathbb{R}$. Allora per qualsiasi funzioni $g_1(x)$ e $g_2(x)$ per cui esista la media, valgono:*

- $\mathbb{E}[ag_1(X) + bg_2(X) + c] = a\mathbb{E}[g_1(X)] + b\mathbb{E}[g_2(X)] + c.$
- *Se $g_1(x) \geq 0 \quad \forall x$, allora $\mathbb{E}[g_1(X)] \geq 0$.*
- *Se $g_1(x) \geq g_2(x) \quad \forall x$, allora $\mathbb{E}[g_1(X)] \geq \mathbb{E}[g_2(X)]$.*
- *Se $a \leq g_1(x) \leq b \quad \forall x$, allora $a \leq \mathbb{E}[g_1(X)] \leq b$.*

© Springer-Verlag Italia S.r.l., part of Springer Nature 2020

F. Gasperoni, F. Ieva, A.M. Paganoni, *Eserciziario di Statistica Inferenziale*, UNITEXT 120, https://doi.org/10.1007/978-88-470-3995-7_1

Definizione 1.5 (Varianza) La varianza di una v.a. X è definita come:

$$\mathrm{Var}(X) = \mathbb{E}[(X - \mathbb{E}[X])^2] = \mathbb{E}[X^2] - (\mathbb{E}[X])^2$$

e la sua radice quadrata prende il nome di deviazione standard.

Teorema 1.6 *Sia X una v.a. con varianza finita. Siano a, b, c scalari in $\mathbb{R}$. Allora vale:*

$$\mathrm{Var}(aX + b) = a^2 \, \mathrm{Var}(X).$$

Definizione 1.7 (Covarianza) Siano X ed Y due v.a., allora la covariaza è definita come:

$$\mathrm{Cov}(X, Y) = \mathbb{E}[(X - \mathbb{E}[X])(Y - \mathbb{E}[Y])].$$

Teorema 1.8 *Siano X ed Y due v.a. con varianza finita e a e b due scalari. Allora:*

$$\mathrm{Var}(aX + bY) = a^2 \, \mathrm{Var}(X) + b^2 \, \mathrm{Var}(Y) + 2ab \, \mathrm{Cov}(X, Y).$$

Definizione 1.9 (Correlazione) Siano X ed Y due v.a., allora la correlazione è definita come:

$$\rho_{X,Y} = \frac{\mathrm{Cov}(X, Y)}{\sqrt{\mathrm{Var}(X)\,\mathrm{Var}(Y)}}.$$

Teorema 1.10 *Siano X ed Y due v.a. Allora:*

- $\rho_{X,Y} \in [-1, 1]$.
- $|\rho_{X,Y}| = 1$ *se e solo se esiste un numero $a \neq 0$ e b tale che $\mathbb{P}\{Y = aX + b\} = 1$. Se $a > 0$ allora $\rho_{X,Y} = 1$, se $a < 0$ allora $\rho_{X,Y} = -1$.*

1.1.2 Leggi congiunte e marginali

Teorema 1.11 *Sia $X = (X_1, X_2, \dots, X_n)$ un vettore di v.a. con desità congiunta $f_X(x)$. Allora la legge marginale di $X_1, \dots, X_k$ è:*

$$f_{X_1,\dots,X_k}(x_1, \dots, x_k) = \int_{\mathbb{R}} \cdots \int_{\mathbb{R}} f_X(x)\, \mathrm{d}x_{k+1}\mathrm{d}x_{k+2}\dots\mathrm{d}x_n \quad \textit{se v.a. continue.}$$

$$f_{X_1,\dots,X_k}(x_1, \dots, x_k) = \sum_{(x_{k+1},\dots,x_n)\in\mathbb{R}^{n-k}} f_X(x) \quad \textit{se v.a. discrete.}$$

Definizione 1.12 (Leggi condizionate) Sia $X = (X_1, X_2, \ldots, X_n)$ un vettore di v.a. con desità congiunta $f_X(x)$. $\forall (x_1, \ldots, x_k) \in \mathbb{R}^k$ tale che $f_{X_1, \ldots, X_k}(x_1, \ldots, x_k) > 0$, la legge condizionata di X dato $(X_1, \ldots, X_k) = (x_1, \ldots, x_k)$ è una funzione di $(x_1, \ldots, x_k)$, $f_{X_1, \ldots X_n | X_1, \ldots, X_k}(x_1, \ldots x_n | x_1, \ldots, x_k)$, che viene definita come:

$$f_{X_1, \ldots X_n | X_1, \ldots, X_k}(x_1, \ldots x_n | x_1, \ldots, x_k) = \frac{f_{X_{k+1}, \ldots X_n}(x_{k+1}, \ldots x_n)}{f_{X_1, \ldots X_k}(x_1, \ldots x_k)}.$$

Lemma 1.13 (Indipendenza) *Sia* $X = (X_1, X_2, \ldots, X_n)$ *un vettore di v.a. con desità congiunta* $f_X(x)$. $X_1, X_2, \ldots X_n$ *sono v.a. mutuamente indipendenti se e solo se:*

$$f_X(x) = \prod_{i=1}^{n} f_{X_i}(x_i).$$

Teorema 1.14 (Indipendenza)   *Se* X_1 *ed* X_2 *sono v.a. indipendenti allora* $\mathrm{Cov}(X_1, X_2) = 0$.

1.1.3   Valori attesi condizionati

Teorema 1.15 (Doppio valore atteso condizionato) *Siano X ed Y due v.a., allora:*

$$\mathbb{E}[X] = \mathbb{E}[\mathbb{E}[X|Y]]$$

se i valori attesi esistono.

Teorema 1.16 (Varianza condizionata) *Siano X ed Y due v.a., allora:*

$$\mathrm{Var}(X) = \mathbb{E}[\mathrm{Var}(X|Y)] + \mathrm{Var}(\mathbb{E}[X|Y])$$

se i valori attesi esistono.

1.1.4   Convergenze

Definizione 1.17 (Convergenza quasi certa) Una sequenza di v.a. $X_1, X_2, \ldots$ converge quasi certamente ad una v.a. X se $\forall \varepsilon > 0$ vale:

$$\mathbb{P}\{\lim_{n \to +\infty} |X_n - X| < \varepsilon\} = 1$$

e si denota con $X_n \xrightarrow{q.c.} X$.

Definizione 1.18 (Convergenza in probabilità) Una sequenza di v.a. $X_1, X_2, \ldots$ converge in probabilità ad una v.a. X se $\forall \varepsilon > 0$ vale:

$$\lim_{n \to \infty} \mathbb{P}\{|X_n - X| \geq \varepsilon\} = 0$$

o equivalentemente

$$\lim_{n \to \infty} \mathbb{P}\{|X_n - X| < \varepsilon\} = 1$$

e si denota con $X_n \overset{p}{\to} X$.

Teorema 1.19 (Legge forte dei Grandi Numeri, LFGN) *Si consideri una sequenza $X_1, X_2, \ldots$ di v.a. i.i.d., tali che $\mathbb{E}[X_i] = \mu$ e $\mathrm{Var}(X_i) = \sigma^2 < +\infty$. Si consideri $\overline{X}_n = \sum_{i=1}^{n} X_i / n$. Allora $\forall \varepsilon > 0$ vale:*

$$\mathbb{P}\{\lim_{n \to +\infty} |\overline{X}_n - \mu| < \varepsilon\} = 1$$

cioè $\overline{X}_n$ converge quasi certamente a μ ($\overline{X}_n \overset{q.c.}{\to} \mu$).

Teorema 1.20 (Legge debole dei Grandi Numeri) *Si consideri una sequenza $X_1, X_2, \ldots$ di v.a. i.i.d., tali che $\mathbb{E}[X_i] = \mu$ e $\mathrm{Var}(X_i) = \sigma^2 < +\infty$. Si consideri $\overline{X}_n = \sum_{i=1}^{n} X_i / n$. Allora $\forall \varepsilon > 0$ vale:*

$$\lim_{n \to +\infty} \mathbb{P}\{|\overline{X}_n - \mu| < \varepsilon\} = 1;$$

cioè $\overline{X}_n$ converge in probabilità a μ ($\overline{X}_n \overset{p}{\to} \mu$).

Teorema 1.21 *Si consideri una sequenza di v.a. $X_1, X_2, \ldots$ che converge in probabilità ad una v.a. X e sia h una funzione continua. Allora $h(X_1), h(X_2), \ldots$ converge in probabilità ad $h(X)$.*

Definizione 1.22 (Convergenza in legge) Una sequenza di v.a. $X_1, X_2, \ldots$ converge in legge ad una v.a. X se vale:

$$\lim_{n \to +\infty} F_{X_n}(x) = F_X(x)$$

$\forall x$ in cui $F_X(x)$ è continua e si denota $X_n \overset{\mathcal{L}}{\to} X$.

Teorema 1.23 *Si consideri una sequenza di v.a. $X_1, X_2, \ldots$ che converge ad una v.a. X:*

- *La convergenza quasi certa implica quella in probabilità.*
- *La convergenza in probabilità implica quella in legge.*
- *La convergenza in legge implica quella in probabilità solo se $X_1, X_2, \ldots$ converge ad una costante.*

Teorema 1.24 (Teorema di Slutsky) *Se $X_n \xrightarrow{\mathcal{L}} X$ e $Y_n \xrightarrow{p} a$, a è costante allora:*

$$X_n Y_n \xrightarrow{\mathcal{L}} aX.$$

$$X_n + Y_n \xrightarrow{\mathcal{L}} a + X.$$

Teorema 1.25 (Teorema Centrale del Limite, TCL) *Si consideri una sequenza $X_1, X_2, \ldots$ di v.a. i.i.d., tali che $\mathbb{E}[X_i] = \mu$ e $\mathrm{Var}(X_i) = \sigma^2 < +\infty$. Si consideri $\overline{X}_n = \sum_{i=1}^{n} X_i / n$. Allora vale:*

$$\lim_{n \to +\infty} \mathbb{P}\left\{ \frac{\sqrt{n}(\overline{X}_n - \mu)}{\sigma} \le x \right\} = \phi(x) = \int_{-\infty}^{x} \frac{1}{\sqrt{2\pi}} e^{y^2/2}\, dy;$$

cioè $\frac{\sqrt{n}(\overline{X}_n - \mu)}{\sigma} \xrightarrow{\mathcal{L}} Z \sim N(0,1)$.

Teorema 1.26 (Metodo Delta) *Si consideri una sequenza $X_1, X_2, \ldots$ di v.a., tali che $\sqrt{n}(\overline{X}_n - \theta) \xrightarrow{\mathcal{L}} X \sim N(0, \sigma^2)$. Consideriamo una specifica funzione $g(\cdot)$ e uno specifico valore θ. Supponiamo che $g'(\theta)$ esista e sia non nullo. Allora:*

$$\sqrt{n}(g(\overline{X}_n) - g(\theta)) \xrightarrow{\mathcal{L}} X \sim N(0, \sigma^2 [g'(\theta)]^2).$$

Se $g'(\theta) = 0$:

$$\sqrt{n}(g(\overline{X}_n) - g(\theta)) \xrightarrow{\mathcal{L}} X \sim \frac{\sigma^2}{2} g''(\theta) \chi^2(1).$$

Per un ulteriore approfondimento si faccia riferimento ai Capitoli 1, 2 e 4 [3].

1.2 Esercizi

Esercizio 1.1 La legge congiunta delle variabili aleatorie discrete X ed Y è parzialmente descritta in Tabella 1.1.

(a) Completare la tabella e dire se X ed Y sono indipendenti.
(b) Calcolare la legge, il valore atteso e la varianza condizionali di Y dato $X = 0$.
(c) Calcolare la legge, il valore atteso e la varianza condizionali di X dato $Y = 2$.
(d) Calcolare $\mathbb{E}[X|Y]$.

Tabella 1.1 Legge congiunta delle variabili X ed Y

	$Y = 2$	$Y = 4$	
$X = 0$		0.1	0.3
$X = 1$	0.1		0.4
$X = 2$			
		0.6	

Esercizio 1.2 Sia (X, Y) un vettore aleatorio continuo con distribuzione uniforme sull'insieme

$$V = \{(x, y) \in \mathbb{R}^2 : x \ge 0, \ y \ge 0, \ x^2 + y^2 \le 9\}.$$

(a) Scrivere la densità di (X, Y). Le variabili X ed Y sono indipendenti?
(b) Calcolare $\mathbb{E}[X|Y]$.

Esercizio 1.3 Si calcoli $\mathbb{E}[Y|X]$ per la coppia di variabili aleatorie (X, Y) di densità congiunta

$$f(x, y) = \begin{cases} \frac{4}{5}(x + 3y)\, e^{-x-2y}, & x, y > 0; \\ 0, & \text{altrimenti.} \end{cases}$$

Esercizio 1.4 La concentrazione X di una certa sostanza inquinante in un dato volume del gas di scarico di un processo industriale è uniformemente distribuita tra 0 e 1 mg/m^3. È stato elaborato un procedimento di depurazione che consente di ridurre la concentrazione di quella sostanza: se x è la concentrazione di inquinante in un dato volume di gas sottoposto a depurazione, la concentrazione Y dopo la depurazione è uniformemente distribuita tra 0 e px mg/m^3, dove $p \in (0, 1)$ è un dato parametro.

(a) Determinare la distribuzione congiunta di X e Y.
(b) Determinare la distribuzione di Y.
(c) Le due variabili sono indipendenti?
(d) Se è nota la concentrazione Y di inquinante dopo la depurazione, qual è il valore atteso per la corrispondente concentrazione X precedente alla depurazione?

Esercizio 1.5 Durante la stesura di un libro, una versione preliminare dell'opera viene riletta dall'autore. Sapendo che il numero di errori in una pagina è una variabile casuale con distribuzione di Poisson di parametro $\lambda = 3$, e che ogni errore viene scoperto (in una lettura) con probabilità $p = 0.7$, calcolare:

(a) La legge del numero di errori scoperti in una pagina (ad es. la prima).
(b) Il numero atteso di errori scoperti in una pagina.
(c) La probabilità che vengano scoperti due errori nella prima pagina sapendo che ce ne sono al più tre.

Esercizio 1.6 Siano X ed Y due bernoulliane indipendenti di parametro p. Sia $Z = \mathbb{I}_{(X+Y=0)}$ l'indicatrice dell'evento $X + Y = 0$. Si calcolino $\mathbb{E}[X|Z]$ e $\mathbb{E}[Y|Z]$. Sono queste variabili aleatorie ancora indipendenti?

Esercizio 1.7 Si consideri un vettore aleatorio (X, Y) tale che X abbia distribuzione uniforme sull'intervallo $[0, 1]$ e, condizionatamente ad $X = x$, Y abbia legge gaussiana di media x e varianza x^2.

(a) Scrivere esplicitamente la densità condizionata $f_{(Y|X)}(y|x)$.
(b) Scrivere esplicitamente la densità congiunta $f_{(X,Y)}(x,y)$.
(c) Calcolare $\mathbb{E}[Y|X]$.
(d) Calcolare $\mathbb{E}[Y]$.
(e) Calcolare $\mathrm{Var}[Y|X]$.
(f) Calcolare $\mathrm{Var}[Y]$.

Esercizio 1.8 Sia (X,Y) un vettore aleatorio continuo con

$$
f_Y(y) = \begin{cases} \dfrac{(1/2)^{1/2}\, y^{-1/2}\, \mathrm{e}^{-y/2}}{\Gamma(1/2)}, & y > 0; \\[2ex] 0, & y \le 0. \end{cases}
$$

$$
f_{X|Y}(x|y) = (2\pi)^{-1/2}\, y^{1/2}\, \mathrm{e}^{-yx^2/2}, \quad x \in \mathbb{R}.
$$

(a) Si mostri che per ogni $y > 0$ esiste $\mathbb{E}[X|Y=y]$.
(b) Si mostri che esiste $\mathbb{E}\big[\mathbb{E}[X|Y]\big]$ e se ne calcoli il valore.
(c) Si mostri che tuttavia non esiste $\mathbb{E}[X]$.

Esercizio 1.9 Si considerino $X_1, \ldots, X_n$ variabili bernoulliane indipendenti tutte di parametro p, dove $n \ge 2$. Sia Z la loro somma e sia $Y = X_1 + X_2 - X_1 X_2$ la variabile che indica se c'è stato almeno un successo nelle prime due prove.

(a) Calcolare $\mathbb{E}[X_1|Z]$ e $\mathbb{E}[X_2|Z]$ ed i loro limiti per $n \to \infty$.
(b) Determinata la legge di Y, calcolare $\mathbb{E}[Y|Z]$ ed il suo limite per $n \to \infty$.

Esercizio 1.10 Sia X_n una successione di variabili aleatorie indipendenti tali che, per ogni i

$$
\mathbb{P}\left(X_i > x\right) = \begin{cases} 1, & x \le 1, \\ x^{-\lambda}, & x > 1. \end{cases}
$$

dove $\lambda > 1$

(a) Calcolare la densità della v.a. X_i.
(b) Calcolare la media della v.a. X_i.
(c) Determinare la legge della v.a. $Y_i = \log(X_i)$.
(d) Studiare la convergenza della successione di v.a. $\{(X_1 X_2 \ldots X_n)^{1/n}\}$.

Esercizio 1.11 Sia $X_1, \ldots, X_n, \ldots$ una successione di v.a. indipendenti e identicamente distribuite di legge uniforme nell'intervallo $[0, \lambda]$, con $\lambda > 0$.

(a) Calcolare, per ogni n fissato, la funzione di ripartizione della v.a. $T_n = n \min(X_1, \ldots, X_n)$.
(b) Dimostrare che la successione di v.a. $T_1, \ldots, T_n, \ldots$ converge in legge ad una v.a. Y e riconoscere la legge di Y.

Esercizio 1.12 Sia (X_n) una successione di v.a. indipendenti tutte di legge Poisson di parametro λ. Quanto vale, al variare di λ, il limite

$$\lim_{n \to \infty} \mathbb{P}(X_1 + \cdots + X_n < n)?$$

Esercizio 1.13 Sia $\{X_n\}_{n \in \mathbb{N}^*}$ una successione di v.a. tali che $X_n \sim \chi^2(n)$ per ogni $n \in \mathbb{N}^*$. La successione X_n/n ammette limite? In quale senso?

1.3 Soluzioni

1.1

(a) Nell'ultima colonna a destra leggiamo la legge marginale di X, $\mathbb{P}\{X = x\}$. Nell'ultima riga in basso leggiamo la legge marginale di Y, $\mathbb{P}\{Y = y\}$. Possiamo quindi completare la legge congiunta, come riportato in Tabella 1.2. Si vede subito che non sono indipendenti, in quanto ad esempio:

$$\mathbb{P}\{X = 0, Y = 2\} = 0.2 \neq \mathbb{P}\{X = 0\}\mathbb{P}\{Y = 2\} = 0.12.$$

(b)

$$
\begin{array}{c|cc|c}
Y \mid X = 0 & 2 & 4 & \\
\hline
 & 2/3 & 1/3 & 1
\end{array}
$$

$$\mathbb{E}[Y \mid X = 0] = 2 \cdot 2/3 + 4 \cdot 1/3 = 8/3.$$

$$\mathrm{Var}(Y \mid X = 0) = \mathbb{E}[Y^2 \mid X = 0] - (\mathbb{E}[Y \mid X = 0])^2 =$$
$$= 4 \cdot 2/3 + 16 \cdot 1/3 - 64/9 = 8/9.$$

(c)

$$
\begin{array}{c|ccc|c}
X \mid Y = 2 & 0 & 1 & 2 & \\
\hline
 & 1/2 & 1/4 & 1/4 & 1
\end{array}
$$

$$\mathbb{E}[X \mid Y = 2] = 1 \cdot 1/4 + 2 \cdot 1/4 = 3/4.$$

$$\mathrm{Var}(X \mid Y = 2) = \mathbb{E}[X^2 \mid Y = 2] - (\mathbb{E}[X \mid Y = 2])^2 =$$
$$= 1 \cdot 1/4 + 4 \cdot 1/4 - 9/16 = 11/16.$$

(d)

$$
\begin{array}{c|ccc|c}
X \mid Y = 4 & 0 & 1 & 2 & \\
\hline
 & 1/6 & 1/2 & 1/3 & 1
\end{array}
$$

$$\mathbb{E}[X \mid Y = 4] = 1 \cdot 1/2 + 2 \cdot 1/3 = 7/6.$$

Tabella 1.2 Legge congiunta delle variabili X ed Y

	$Y = 2$	$Y = 4$	
$X = 0$	0.2	0.1	0.3
$X = 1$	0.1	0.3	0.4
$X = 2$	0.1	0.2	0.3
	0.4	0.6	1

Quindi:

$$\mathbb{E}[X|Y] = \frac{3}{4} \cdot \mathbb{I}_{\{Y=2\}} + \frac{7}{6} \cdot \mathbb{I}_{\{Y=4\}}.$$

Notiamo che $\mathbb{E}[X|Y]$ è v.a. funzione di Y.

1.2

(a) Dato che l'area di V vale $\frac{9}{4}\pi$, la densità del vettore (X, Y) vale:

$$f_{X,Y}(x, y) = \frac{4}{9\pi}\mathbb{I}_V(x, y).$$

X e Y non sono indipendenti dato che:

$$f_X(x) = \int_0^{\sqrt{9-x^2}} \frac{4}{9\pi}\, dx = \frac{4}{9\pi}\sqrt{9 - x^2}\,\mathbb{I}_{[0,3]}(x)$$

e per simmetria:

$$f_Y(y) = \frac{4}{9\pi}\sqrt{9 - y^2}\,\mathbb{I}_{[0,3]}(y).$$

Quindi:

$$f_{(X,Y)}(x, y) \neq f_X(x) \cdot f_Y(y).$$

Il supporto di (X, Y), V, non è infatti fattorizzabile.

(b)

$$f_{X|Y}(x|y) = \frac{1}{\sqrt{9 - y^2}}\,\mathbb{I}_{\left[0, \sqrt{9-y^2}\right]}(x) \quad \forall y : 0 \le y \le 3.$$

Quindi $X|Y$ ha legge uniforme sull'intervallo $[0, \sqrt{9 - y^2}]$ e quindi:

$$\mathbb{E}[X|Y] = \frac{\sqrt{9 - y^2}}{2}.$$

1.3

Sfruttiamo la definizione:

$$\mathbb{E}[Y|X = x] = \int_0^{+\infty} y \cdot f_{Y|X}(y|x)\,dy = \int_0^{+\infty} y \cdot \frac{f_{X,Y}(x, y)}{f_X(x)}\,dy.$$

Dato che:

$$f_X(x) = \int_0^{+\infty} f_{X,Y}(x,y)\mathrm{d}y = \int_0^{+\infty} \frac{4}{5}(x+3y)\,\mathrm{e}^{-x-2y}\mathrm{d}y =$$

$$= \frac{4}{5}x\mathrm{e}^{-x}\cdot\left[-\frac{\mathrm{e}^{-2y}}{2}\right]_0^{+\infty} + \frac{4}{5}3\mathrm{e}^{-x}\cdot\int_0^{+\infty} y\mathrm{e}^{-2y}\mathrm{d}y =$$

$$= \frac{4}{5}x\mathrm{e}^{-x}\frac{1}{2} + \frac{4}{5}3\mathrm{e}^{-x}\frac{1}{4} = \frac{1}{5}(2x+3)\mathrm{e}^{-x}.$$

Si ottiene:

$$f_{Y|X}(y|x) = \frac{\frac{4}{5}(x+3y)\,\mathrm{e}^{-x-2y}}{\frac{1}{5}(2x+3)\mathrm{e}^{-x}} = 4\left(\frac{x+3y}{2x+3}\right)\mathrm{e}^{-2y}.$$

Sostituendo nella formula di partenza, si ha:

$$\mathbb{E}[Y|X=x] = \int_0^{+\infty} y\cdot 4\left(\frac{x+3y}{2x+3}\right)\mathrm{e}^{-2y}\mathrm{d}y =$$

$$= \frac{4}{2x+3}\int_0^{+\infty}(xy\mathrm{e}^{-2y}+3y^2\mathrm{e}^{-2y})\,\mathrm{d}y =$$

$$= \frac{4}{2x+3}(x\cdot 1/4 + 3\cdot 1/4) = \frac{x+3}{2x+3}.$$

Quindi $\mathbb{E}[Y|X] = \frac{X+3}{2X+3}$.

1.4

(a) Si sa che: $X \sim U_{[0,1]}$ e $Y|X=x \sim U_{[0,px]}$. Quindi:

$$f_{Y|X}(y|x) = \frac{1}{px}\,\mathbb{I}_{[0,px]}(y).$$

La legge congiunta di (X,Y) sarà quindi:

$$f_{X,Y}(x,y) = \frac{1}{px}\,\mathbb{I}_{[0,px]}(y)\cdot\mathbb{I}_{[0,1]}(x).$$

(b)

$$f_Y(y) = \int_{y/p}^1 \frac{1}{px}\mathrm{d}x = -\frac{1}{p}\log\frac{y}{p}\,\mathbb{I}_{[0,p]}(y).$$

(c) Si osserva immediatamente che X ed Y non sono indipendenti.

(d) Bisogna calcolare $\mathbb{E}[X|Y]$.

$$f_{X|Y}(x|y) = \frac{\frac{1}{px} \cdot \mathbb{I}_{[0,px]}(y) \cdot \mathbb{I}_{[0,1]}(x)}{-\frac{1}{p}\log\left(\frac{y}{p}\right)\mathbb{I}_{[0,p]}(y)} =$$

$$= -\frac{1}{x}\frac{1}{\log\left(\frac{y}{p}\right)}\mathbb{I}_{[0,p]}(y) \cdot \mathbb{I}_{[y/p,1]}(x);$$

da cui:

$$\mathbb{E}[X|Y=y] = \int_{y/p}^{1} -\frac{1}{\log\left(\frac{y}{p}\right)}\, \mathrm{d}x \cdot \mathbb{I}_{[0,p]}(y) =$$

$$= -\frac{1}{\log\left(\frac{y}{p}\right)} \cdot \left(1 - \frac{y}{p}\right)\mathbb{I}_{[0,p]}(y).$$

$$\mathbb{E}[X|Y] = -\frac{1}{\log\left(\frac{Y}{p}\right)} \cdot \left(1 - \frac{Y}{p}\right)\mathbb{I}_{[0,p]}(Y).$$

1.5

(a) Definiamo le seguenti v.a. e ricaviamo le relative distribuzioni:

- $E = $ 'numero di errori presenti in una pagina', $E \sim \mathcal{P}(\lambda)$.
- $S = $ 'numero di errori scoperti in una pagina'.
- $S|E = n \sim Bin(n,p)$.

Calcoliamo $\mathbb{P}\{S = k\}$, sfruttando il teorema delle probabilità totali:

$$\mathbb{P}\{S = k\} = \sum_{n=0}^{+\infty} \mathbb{P}\{S = k | E = n\} \cdot \mathbb{P}\{E = n\} =$$

$$= \sum_{n=k}^{+\infty} \binom{n}{k} p^k (1-p)^{(n-k)} \cdot \frac{e^{-\lambda}\lambda^n}{n!} =$$

$$= \frac{p^k e^{-\lambda}}{k!} \cdot \sum_{n=k}^{+\infty} \frac{\lambda^{n-k+k}}{(n-k)!}(1-p)^{(n-k)} =$$

$$= \frac{(\lambda p)^k e^{-\lambda}}{k!} \cdot \sum_{n=k}^{+\infty} \frac{(\lambda(1-p))^{n-k}}{(n-k)!} =$$

$$= \frac{(\lambda p)^k e^{-\lambda}}{k!} \cdot e^{(\lambda - \lambda p)} = \frac{(\lambda p)^k e^{-\lambda p}}{k!} \quad k \geq 0.$$

Possiamo quindi dire che: $S \sim \mathcal{P}(\lambda p)$.

(b) $\mathbb{E}[S] = \lambda p.$

(c)

$$\mathbb{P}\{S = 2 | E \le 3\} = \frac{\mathbb{P}\{S = 2, E \le 3\}}{\mathbb{P}\{E \le 3\}} =$$

$$= \frac{\sum_{n=2}^{3} \mathbb{P}\{S = 2 | E = n\}\mathbb{P}\{E = n\}}{\mathbb{P}\{E \le 3\}} =$$

$$= \frac{p^2 \cdot \frac{e^{-\lambda}\lambda^2}{2!} + \binom{3}{2} p^2(1-p)^1 \cdot \frac{e^{-\lambda}\lambda^3}{3!}}{\frac{e^{-\lambda}\lambda^0}{0!} + \frac{e^{-\lambda}\lambda^1}{1!} + \frac{e^{-\lambda}\lambda^2}{2!} + \frac{e^{-\lambda}\lambda^3}{3!}} =$$

$$= \frac{0.1097 + 0.0988}{0.6472} = 0.3223.$$

1.6

(a) Si osservi che $Z \sim Be((1-p)^2)$.

$$\mathbb{E}[X|Z=0] = \mathbb{P}\{X = 1 | Z = 0\} = \frac{\mathbb{P}(X = 1, Z = 0)}{\mathbb{P}(Z = 0)} = \frac{\mathbb{P}(X = 1)}{\mathbb{P}(Z = 0)} =$$

$$= \frac{p}{1 - (1-p)^2} = \frac{p}{p(2-p)} = \frac{1}{2-p}.$$

$$\mathbb{E}[X|Z=1] = 0.$$

Quindi:

$$\mathbb{E}[X|Z] = \frac{1}{2-p}\, \mathbb{I}_{\{0\}}(Z) = \mathbb{E}[Y|Z];$$

dove l'ultima uguaglianza è dovuta ad ovvi motivi di simmetria.
Ora $\mathbb{E}[X|Z] \not\perp \mathbb{E}[Y|Z]$, infatti:

$$\mathbb{P}\left\{\mathbb{E}[X|Z] = \frac{1}{2-p}, \mathbb{E}[Y|Z] = \frac{1}{2-p}\right\} = \mathbb{P}\{Z = 0\} =$$

$$= 2p - p^2 \ne (2p - p^2)^2.$$

1.7

$$X \sim U[0,1] \qquad Y|X = x \sim N(x, x^2).$$

(a)

$$f_{(Y|X)}(y|x) = \frac{1}{\sqrt{2\pi x^2}} e^{-\frac{(y-x)^2}{2x^2}}.$$

(b)

$$f_{(X,Y)}(x,y) = f_{(Y|X)}(y|x) f_X(x) = \frac{1}{\sqrt{2\pi x^2}} e^{-\frac{(y-x)^2}{2x^2}} \mathbb{I}_{[0,1]}(x).$$

(c)

$$\mathbb{E}[Y|X = x] = x \implies \mathbb{E}[Y|X] = X.$$

(d)

$$\mathbb{E}[Y] = \mathbb{E}[\mathbb{E}[Y|X]] = \mathbb{E}[X] = 1/2.$$

(e)
$$\text{Var}(Y \,|\, X) = X^2.$$

(f)
$$\text{Var}(Y) = \text{Var}(\mathbb{E}[Y \,|\, X]) + \mathbb{E}(\text{Var}[Y \,|\, X]) =$$
$$= \text{Var}(X) + \mathbb{E}[X^2] =$$
$$= 2 \cdot \text{Var}(X) + (\mathbb{E}[X])^2 =$$
$$= 2 \cdot \frac{1}{2} + \frac{1}{4} = \frac{5}{12}.$$

1.8

(a) $y > 0$. Calcoliamo:

$$\mathbb{E}[X \,|\, Y = y] = \int_{-\infty}^{\infty} x \frac{1}{\sqrt{2\pi}} y^{1/2} \exp\left\{-y \cdot x^2/2\right\} \, dx = 0$$

per ovvi motivi di simmetria. Quindi: $\mathbb{E}[X \,|\, Y] = 0$.

(b) $\mathbb{E}[\mathbb{E}[X \,|\, Y]] = 0$.

(c)

$$f_X(x) = \int_0^{+\infty} f_{X|Y}(x|y) \cdot f_Y(y) =$$

$$= \int_0^{+\infty} \frac{1}{\sqrt{2\pi}} y^{1/2} \exp\{-yx^2/2\} \cdot \frac{1}{\sqrt{2}} \cdot \frac{y^{-1/2}}{\Gamma\left(\frac{1}{2}\right)} \exp\left\{-y/2\right\} =$$

$$= \frac{1}{2\sqrt{\pi}\,\Gamma\left(\frac{1}{2}\right)} \cdot \int_0^{+\infty} \exp\{-y/2(1 + x^2)\} \, dy =$$

$$= \frac{1}{2\sqrt{\pi}\,\Gamma\left(\frac{1}{2}\right)} \cdot \frac{1}{1/2 \cdot (1 + x^2)} = \frac{1}{\pi(1 + x^2)}.$$

Quindi $X \sim Cauchy$ e non esiste finito $\mathbb{E}[X]$.

1.9

(a)
$$\mathbb{E}[X_1 \,|\, Z = k] = \frac{\mathbb{P}\{X_1 = 1, Z = k\}}{\mathbb{P}\{Z = k\}} = \frac{p \cdot \binom{n-1}{k-1} p^{k-1}(1 - p)^{n-k}}{\binom{n}{k} p^k (1 - p)^{n-k}} = \frac{k}{n}.$$

Quindi:

$$\mathbb{E}[X_1 \,|\, Z] = \mathbb{E}[X_2 \,|\, Z] = \frac{Z}{n} = \frac{\sum Y_i}{n} \xrightarrow{q.c.} p$$

per la legge forte dei grandi numeri.

(b)
$$Y = X_1 + X_2 - X_1 \cdot X_2.$$

Y può assumere solo valore 0 con probabilità $(1 - p)^2$ o 1 con probabilità $1 - (1 - p)^2 = 2p - p^2$.
Quindi: $Y \sim Be(2p - p^2)$.

$$\mathbb{E}[Y|Z = k] = \mathbb{E}[X_1|Z = k] + \mathbb{E}[X_2|Z = k] - \mathbb{E}[X_1 X_2|Z = k] =$$
$$= \frac{2k}{n} - \frac{p^2 \binom{n-2}{k-2} p^{k-2}(1 - p)^{n-k}}{\binom{n}{k} p^k (1 - p)^{n-k}} =$$
$$= \frac{2k}{n} - \frac{k(k - 1)}{n(n - 1)}.$$

Quindi:

$$\mathbb{E}[Y|Z] = \frac{2Z}{n} - \frac{Z(Z - 1)}{n(n - 1)} \xrightarrow{q.c.} 2p - p^2;$$

sempre per la legge forte dei grandi numeri.

1.10

(a)
$$f_{X_i}(x) = \lambda \cdot x^{-(\lambda+1)} \, \mathbb{I}_{\{1,+\infty\}}(x);$$

che si ottiene derivando la funzione di ripartizione $F_{X_i}(x) = 1 - \mathbb{P}\{X_i > x\}$.

(b)
$$\mathbb{E}[X] = \int_1^{+\infty} \lambda x^{-\lambda} \, \mathrm{d}x = \frac{\lambda}{\lambda - 1}.$$

(c)
$$F_{Y_i}(y) = \mathbb{P}\{\log X_i \le y\} = \mathbb{P}\{X_i \le e^y\} = 1 - e^{-\lambda y} \quad \forall y > 0.$$

Quindi $Y_i \sim \mathcal{E}(\lambda)$.

(d) Dato che $\frac{1}{n} \sum \log(X_i) \xrightarrow{q.c.} \frac{1}{\lambda}$ per la legge forte dei grandi numeri, allora:

$$\left(\prod_{i=1}^n X_i \right)^{1/n} = \exp\left[\log \left(\prod_{i=1}^n X_i \right)^{1/n} \right] = \exp\left[\frac{\sum \log X_i}{n} \right] \xrightarrow{q.c.} e^{1/\lambda}.$$

1.11

(a)
$$\mathbb{P}\{T_n \leq t\} = \mathbb{P}\{n \min(X_1, \ldots, X_n) \leq t\} =$$
$$= 1 - \mathbb{P}\{\min(X_1, \ldots, X_n) > t/n\} =$$
$$= 1 - \prod_{i=1}^{n} \mathbb{P}\{X_i > t/n\} =$$
$$= 1 - \prod_{i=1}^{n} \left(1 - \frac{t}{n\lambda}\right) =$$
$$= 1 - \left(1 - \frac{t}{n\lambda}\right)^n.$$

(b)
$$1 - \left(1 - \frac{t}{n\lambda}\right)^n \to 1 - e^{-t/\lambda}.$$

Quindi $Y \sim \mathcal{E}(1/\lambda)$.

1.12

Si può notare che:

$$\lim_{n\to\infty} \mathbb{P}(X_1 + \cdots + X_n < n) = \lim_{n\to\infty} \mathbb{P}(\overline{X}_n < 1).$$

Dato che $\mathbb{E}[X_i] < \infty$ e $\mathrm{Var}(X_i) < \infty$, possiamo applicare la legge forte dei grandi numeri, che ci garantisce:

$$\overline{X}_n \xrightarrow{q.c.} \mathbb{E}[X_i] = \lambda.$$

La convergenza q.c implica quella in legge, quindi:

$$F_{\overline{X}_n}(t) \to F_\lambda(t).$$

Considerando che λ è una costante, possiamo scrivere $F_\lambda(t) = \mathbb{I}_{[\lambda,+\infty)}(t)$. Quindi concludiamo che:

$$\lim_{n\to\infty} \mathbb{P}(\overline{X}_n < 1) = \begin{cases} 1 & \text{se } \lambda < 1; \\ 0 & \text{se } \lambda > 1. \end{cases}$$

Rimane da studiare il caso $\lambda = 1$, poiché punto di discontinuità per la $F_\lambda(t)$. Se $\lambda = 1$, dal Teorema Centrale del Limite sappiamo che:

$$\lim_{n\to\infty} \sqrt{n} \cdot (\overline{X}_n - \mathbb{E}[X_i]) \xrightarrow{\mathcal{L}} N(0, \mathrm{Var}(X_i)).$$

In questo caso specifico, dato che $\lambda = 1$, possiamo scrivere:

$$\lim_{n\to\infty} \sqrt{n} \cdot (\overline{X}_n - 1) \xrightarrow{\mathcal{L}} N(0, 1).$$

Che si traduce in:

$$\mathbb{P}\{\overline{X}_n < 1\} = \mathbb{P}\{\sqrt{n} \cdot (\overline{X}_n - 1) < (1 - 1) \cdot \sqrt{n}\} = \mathbb{P}\{\sqrt{n} \cdot (\overline{X}_n - 1) < 0\}.$$
$$\mathbb{P}\{\sqrt{n} \cdot (\overline{X}_n - 1) < 0\} \to \mathbb{P}\{Z < 0\} = \Phi(0) = 1/2.$$

Quindi concludiamo che:

$$\lim_{n \to \infty} \mathbb{P}(\overline{X}_n < 1) = \begin{cases} 1 & \text{se } \lambda < 1; \\ 1/2 & \text{se } \lambda = 1; \\ 0 & \text{se } \lambda > 1. \end{cases}$$

1.13

Dato $X_n \sim \chi^2(n)$ allora $\exists$ una successione di v.a. $Y_1, Y_2, \ldots, Y_n$ i.i.d., tali che $X_n = \sum Y_i$ e $Y_i \sim \chi^2(1)$, ovvero $Y_i \sim Gamma(1/2, 1/2)$.

Notiamo che $\mathbb{E}[Y_i] = 1 < \infty$ e che anche $\text{Var}(Y_i) < \infty$.

Possiamo quindi applicare la Legge Forte dei Grandi Numeri e concludere che:

$$\frac{X_n}{n} = \frac{\sum Y_i}{n} \xrightarrow{q.c.} \mathbb{E}[Y_i] = 1.$$

Capitolo 2
Statistiche sufficienti, minimali e complete

2.1 Richiami di teoria

Definizione 2.1 (Statistica) Sia $X_1, \ldots, X_n$ un campione di v.a. Definiamo statistica $T(X)$ una qualsiasi funzione del campione.

Definizione 2.2 (Statistiche sufficienti) Una statistica $T(X)$ è sufficiente per un parametro θ se la distribuzione condizionata di X dato $T(X)$ non dipende da θ.

Teorema 2.3 (Fattorizzazione) *Sia $f(x; \theta)$ la distribuzione congiunta di un campione di v.a. X. Una statistica $T(X)$ è sufficiente per il parametro θ se e solo se esistono una funzione $g(t; \theta)$ e una funzione $h(x)$ tali che $\forall\, x\, e\, \forall\, \theta$, valga la decomposizione:*

$$f(x; \theta) = g(T(x); \theta)h(x).$$

Teorema 2.4 *Sia $X_1, \ldots, X_n$ un campione di v.a. i.i.d. tali che $X_i \sim f(x; \boldsymbol{\theta})$. Sia $f(x; \boldsymbol{\theta})$ appartenente alla mia famiglia esponenziale, ovvero:*

$$f(x; \boldsymbol{\theta}) = h(x)c(\boldsymbol{\theta}) \exp\left\{\sum_{i=1}^{k} w_i(\boldsymbol{\theta})t_i(x)\right\} \qquad \boldsymbol{\theta} \in \mathbb{R}^d, \quad d \leq k.$$

Allora $T(X) = (\sum_{j=1}^{n} t_1(X_j), \ldots, \sum_{j=1}^{n} t_k(X_j))$ è una statistica sufficiente per $\boldsymbol{\theta}$.

Definizione 2.5 (Statistiche sufficienti minimali) Una statistica sufficiente $T(X)$ è detta minimale per il parametro θ se per qualsiasi statistica sufficiente $T'(X)$, $T(X)$ è funzione di $T'(X)$.

Teorema 2.6 (L-S) *Siano $f(x; \theta)$ la densità congiunta del campione X. Supponiamo che esista una funzione $T(X)$ tale che per ogni coppia di realizzazioni del*

© Springer-Verlag Italia S.r.l., part of Springer Nature 2020
F. Gasperoni, F. Ieva, A.M. Paganoni, *Eserciziario di Statistica Inferenziale*, UNITEXT 120,
https://doi.org/10.1007/978-88-470-3995-7_2

campione **x** *e* **y** *valga:*

$$\frac{f(\boldsymbol{x};\theta)}{f(\boldsymbol{x};\theta)} \quad \textit{indipendente da } \theta \quad \Leftrightarrow \quad T(\boldsymbol{x}) = T(\boldsymbol{y}).$$

Allora $T(\boldsymbol{X})$ è statistica sufficiente minimale per θ.

Teorema 2.7 *Sia $X_1, \dots, X_n$ un campione di v.a. i.i.d. tali che $X_i \sim f(x;\boldsymbol{\theta})$. Sia $f(x;\boldsymbol{\theta})$ appartenente alla mia famiglia esponenziale, ovvero:*

$$f(x;\boldsymbol{\theta}) = h(x)c(\boldsymbol{\theta}) \exp\left\{\sum_{i=1}^{k} w_i(\boldsymbol{\theta})t_i(x)\right\} \quad \boldsymbol{\theta} \in \mathbb{R}^d, \quad d \le k.$$

Se l'immagine di $(w_1(\boldsymbol{\theta}), w_2(\boldsymbol{\theta}), \dots, w_k(\boldsymbol{\theta}))$ contiene almeno un aperto di $\mathbb{R}^k$, allora la statistica $T(\boldsymbol{X}) = (\sum_{j=1}^{n} t_1(\boldsymbol{X}_j), \dots, \sum_{j=1}^{n} t_k(\boldsymbol{X}_j))$ è una statistica sufficiente e completa per $\boldsymbol{\theta}$.

Definizione 2.8 (Statistiche complete) Sia $f(t;\theta)$ una famiglia di distribuzioni per la statistica $T(\boldsymbol{X})$. Tale famiglia di distribuzioni è detta completa se $\forall\, g$ misurabile vale:

$$\mathbb{E}_\theta[g(T)] = 0 \quad \forall \theta \quad \Rightarrow \quad \mathbb{P}_\theta\{g(T) = 0\} = 1 \quad \forall \theta.$$

Equivalentemente la statistica $T(\boldsymbol{X})$ è detta completa.

Teorema 2.9 *Se una statistica $T(\boldsymbol{X})$ è sufficiente e completa per θ allora è anche minimale.*

Per un ulteriore approfondimento si faccia riferimento al Capitolo 6 [3].

2.2 Esercizi

Esercizio 2.1 Sia $X_1, \dots, X_n$ un campione casuale da una $N(\mu, \sigma^2)$, con $\mu \in \mathbb{R}$ e $\sigma^2 \in (0, +\infty)$. Siano

$$\overline{X} = \sum_{i=1}^{n} \frac{X_i}{n} \qquad e \qquad S^2 = \sum_{i=1}^{n} \frac{(X_i - \overline{X})^2}{n-1}$$

la media e la varianza campionarie. Dimostrare che:

(a) $T(X_1, \dots, X_n) = (\sum_{i=1}^{n} X_i, \sum_{i=1}^{n} X_i^2)$ è una statistica sufficiente, completa e minimale per (μ, σ^2).
(b) $T(X_1, \dots, X_n) = (\overline{X}, S^2)$ è una statistica sufficiente, completa e minimale per (μ, σ^2).

Stabilire la legge della statistica considerata al punto (b).

Esercizio 2.2 Dato un campione casuale $X_1, \ldots, X_n$ da una $N(\mu, 1)$, dimostrare che $T = \sum_{i=1}^{n} X_i^2$ non è sufficiente per μ.

Esercizio 2.3 Dato un campione casuale X_1, X_2 da una $\mathcal{P}(\lambda)$, mostrare che $T = X_1 + 2X_2$ non è una statistica sufficiente per λ.

Esercizio 2.4 Sia $X_1, \ldots, X_n$ un campione casuale da una $U\big([0, \theta]\big)$, dove $\theta > 0$. Si mostri che $T = \max\{X_1, \ldots, X_n\}$ è sufficiente, completa e minimale per θ.

Esercizio 2.5 Dato un campione casuale $X_1, \ldots, X_n$ da una $U\big([-\theta/2, \theta/2]\big)$, dove $\theta > 0$, mostrare che $T = (\min\{X_1, \ldots, X_n\}, \max\{X_1, \ldots, X_n\})$ è sufficiente per θ. Trovare una statistica sufficiente minimale.

Esercizio 2.6 Dato un campione casuale $X_1, \ldots, X_n$ di tipo discreto, stabilire se la statistica $T = (X_1, \ldots, X_{n-1})$ è sufficiente.

Esercizio 2.7 Dato un campione casuale estratto da una popolazione con legge beta di parametri α e β trovare una statistica sufficiente minimale e completa per (α, β).

Esercizio 2.8 Sia $X_1, \ldots, X_n$ un campione casuale da $f(x; \theta) = x \exp\{-x^2/2\theta\}/\theta$, $x > 0$, $\theta > 0$. Si mostri che $\sum_i X_i^2$ è sufficiente minimale per θ, ma che $\sum_i X_i$ non è sufficiente per θ.

Esercizio 2.9 Sia $X_1, \ldots, X_n$ un campione casuale di variabili aleatorie reali aventi distribuzione F_θ continua con densità nota a meno del valore del paramtero $\theta \in \Theta \subseteq \mathbb{R}$. Siano $V = V(X_1, \ldots, X_n)$ una statistica, $T = T(X_1, \ldots, X_n)$ una statistica sufficiente e $U = U(X_1, \ldots, X_n)$ una statistica completa. Verificare che:

(a) Se W è funzione di U, allora W una statistica completa.
(b) Se T è funzione di V, allora V è una statistica sufficiente.

Esercizio 2.10 Sia X una variabile aleatoria discreta che assume i valori $0, 1, 2$.

(a) Sia $P(X = 0) = p$, $P(X = 1) = 3p$ e $P(X = 2) = 1 - 4p$ con $0 < p < 1/4$. Stabilire se la famiglia distribuzioni di X è completa.
(b) Sia $P(X = 0) = p$, $P(X = 1) = p^2$ e $P(X = 2) = 1 - p - p^2$ con $0 < p < 1/2$. Stabilire se la famiglia distribuzioni di X è completa.

2.3 Soluzioni

2.1

(a) $X \sim N(\mu, \sigma^2)$ appartiene alla famiglia esponenziale, quindi studiamo $f_X(x)$.

$$
f_X(x) = \frac{1}{\sqrt{2\pi\sigma^2}} \exp\left\{ -\frac{1}{2\sigma^2}(x-\mu)^2 \right\} =
$$

$$
= \underbrace{\frac{1}{\sqrt{2\pi\sigma^2}} \exp\left\{ -\frac{\mu}{2\sigma^2} \right.}_{c(\mu,\sigma^2)} \underbrace{-\frac{1}{2\sigma^2}x^2}_{w_1(\sigma^2)t_1(x)} + \underbrace{\frac{\mu}{\sigma^2}x}_{w_2(\mu,\sigma^2)t_2(x)} \left. \right\}.
$$

Quindi:

$$
T(x) = (T_1(x), T_2(x)) = \left(\sum_{j=1}^{n} x_j^2, \sum_{j=1}^{n} x_j \right)
$$

è una statistica sufficiente bivariata per (μ, σ^2).
Inoltre:

$$
(w_1, w_2) = \left(-\frac{1}{2\sigma^2}, \frac{\mu}{\sigma^2} \right) : \mathbb{R}^+ \times \mathbb{R} \to \mathbb{R}^- \times \mathbb{R}.
$$

Lo spazio immagine è un aperto di $\mathbb{R}^2$ allora $T(x)$ è statistica sufficiente e completa, quindi anche minimale.

(b)   Dato che:

$$
\overline{X}_n = \frac{\sum X_i}{n} \qquad S^2 = \frac{n}{n-1}\left(\frac{\sum X_i^2}{n} - \left(\frac{\sum X_i}{n} \right)^2 \right);
$$

$T_1(x) = \left(\overline{X}_n, S^2 \right)$ è una funzione invertibile di $T_1(x) = \left(\sum X_i, \sum X_i^2 \right)$.
Quindi $T_1(x)$ è una statistica sufficiente, completa e minimale.

2.2

Ci sono 2 modi per risolvere questo esercizio:

Metodo 1: Lehmann-Scheffé

Possiamo usare Lehmann-Scheffé, mostrando che esistono due realizzazioni distinte, x e y, tali che:

$$
T(x) = T(y).
$$

Prendiamo ad es. $x = (1, 1, \ldots, 1)$ e $y = (-1, -1, \ldots, -1)$. Notiamo subito che $T(x) = T(y)$. Valutiamo ora:

$$\frac{f_X(x;\mu)}{f_X(y;\mu)} = \frac{(2\pi)^{-n/2}\exp\{-\sum(x_i - \mu)^2/2\}}{(2\pi)^{-n/2}\exp\{-\sum(y_i - \mu)^2/2\}} =$$

$$= \exp\left\{\sum[-(x_i - \mu)^2 + (y_i - \mu)^2]/2\right\} = \exp\{2\mu n\}.$$

Dato che il rapporto dipende da μ, la statistica $T(X)$ non è sufficiente per μ.

Metodo 2: statistica sufficiente e minimale

L'idea è trovare una statistica W che sia sufficiente e minimale per μ e mostrare che non esiste alcuna funzione $g(\,\cdot\,;\mu)$ tale che $W = g(T(X);\mu)$. Questo proverebbe che $T(X)$ non è sufficiente per μ.

Dato che la Normale appartiene alla famiglia esponenziale, si prova immediatamente che $W = \sum X_i$ è statistica sufficiente e completa (quindi anche minimale) per μ.

Si vede che non esiste nessuna $g(\,\cdot\,;\mu)$ tale che $\sum X_i = g(\sum X_i^2;\mu)$. Quindi $T(X)$ non è sufficiente per μ.

2.3

Si consideri ad esempio:

$$\mathbb{P}\{X_1 = 0, X_2 = 1 | T = 2\} = \frac{\mathbb{P}\{X_1 = 0, X_2 = 1\}}{T = 2} =$$

$$= \frac{\lambda e^{-2\lambda}}{\mathbb{P}\{X_1 = 0, X_2 = 1\} + \mathbb{P}\{X_1 = 2, X_2 = 0\}} =$$

$$= \frac{\lambda e^{-2\lambda}}{\lambda e^{-2\lambda} + \lambda^2 e^{-2\lambda}/2} =$$

$$= \frac{1}{1 + \frac{\lambda}{2}}.$$

Dato che la legge di $(X_1, X_2)|T$ dipende da λ, T non è statistica sufficiente per λ.

2.4

$X \sim U[0, \theta]$ non appartiene alla famiglia esponenziale perché il $Spt(X)$ dipende da θ.

$$f(x;\theta) = \frac{1}{\theta^n}\prod_{i=1}^{n}\mathbb{I}_{[0,\theta]}(x_i) = \frac{1}{\theta}\mathbb{I}_{[0,+\infty]}(x_{(1)})\mathbb{I}_{[0,\theta]}(x_{(n)}).$$

Quindi, per il criterio di fattorizzazione, $X_{(n)}$ è sufficiente per θ.

Inoltre sia g tale che $\mathbb{E}[g(T(X))] = 0, \quad \forall \theta > 0$. Dato che:

$$F_T(t) = \left(\frac{t}{\theta}\right)^n \mathbb{I}_{[0,\theta]}(t) + \mathbb{I}_{[\theta,+\infty]}(t);$$

allora:

$$f_T(t) = \frac{n}{\theta^n} t^{n-1} \mathbb{I}_{[0,\theta]}(t).$$

Verifichiamo quindi che T sia statistica completa sfruttando la definizione.

$$\mathbb{E}[g(T)] = \int_0^\theta g(t) \frac{n}{\theta^n} t^{n-1} \, dt = 0 \quad \forall \theta.$$

Derivando rispetto a θ otteniamo:

$$0 = \frac{1}{\theta^n} g(\theta) \theta^{n-1} + \left(\frac{d\theta^{-n}}{d\theta} \right) \underbrace{\int_0^\theta g(t) \frac{n}{\theta^n} t^{n-1} \, dt}_{=\mathbb{E}[g(T)]=0} \quad \forall \theta.$$

Quindi, possiamo concludere che: $g(\theta) = 0 \,\forall \theta$. T è statistica completa e anche sufficiente minimale per θ.

2.5

$$f(\boldsymbol{x};\theta) = \frac{1}{\theta^n} \mathbb{I}_{[-\frac{\theta}{2},\frac{\theta}{2}]}(X_{(1)}) \mathbb{I}_{[-\frac{\theta}{2},\frac{\theta}{2}]}(X_{(n)}).$$

Per il criterio di fattorizzazione $T = \left(X_{(1)}, X_{(n)}\right)$ è sufficiente per θ.

Utilizziamo Lehmann-Scheffé per trovare una statistica sufficiente minimale:

$$\frac{f(\boldsymbol{x};\theta)}{f(\boldsymbol{y};\theta)} = \frac{\mathbb{I}_{\{2\cdot\max\{|x_{(1)}|,|x_{(n)}|\},+\infty\}}(\theta)}{\mathbb{I}_{\{2\cdot\max\{|y_{(1)}|,|y_{(n)}|\},+\infty\}}(\theta)}.$$

$$\Updownarrow$$

$$2 \cdot \max\left\{|x_{(1)}|, |x_{(n)}|\right\} = 2 \cdot \max\left\{|y_{(1)}|, |y_{(n)}|\right\}.$$

Quindi possiamo concludere che $2 \cdot \max\left\{|X_{(1)}|, |X_{(n)}|\right\}$ è statistica sufficiente minimale per θ.

2.6

Si può provare che la statistica $T = (X_1, \ldots, X_{n-1})$ non è sufficiente usando la definizione:

$$\mathbb{P}\{\boldsymbol{X} = \boldsymbol{k} | T = t\} =$$
$$= \mathbb{P}\{X_1 = k_1, \ldots, X_{n-1} = k_{n-1}, X_n = k_n | X_1 = k_1, \ldots, X_{n-1} = k_{n-1}\} =$$
$$= \mathbb{P}\{X_n = k_n\}.$$

Infatti $\mathbb{P}\{X_n = k_n\}$ dipende dal parametro della distribuzione.

2.7

La distribuzione $Beta(\alpha, \beta)$ appartiene alla famiglia esponenziale.

$$f(x; \alpha, \beta) = \frac{1}{Beta(\alpha, \beta)} x^{\alpha-1}(1-x)^{\beta-1} \mathbb{I}_{[0,1]}(x) =$$

$$= \frac{1}{Beta(\alpha, \beta)} \exp\left\{ \underbrace{(\alpha-1)}_{w_1(\alpha)} \underbrace{\log(x)}_{t_1(x)} + \underbrace{(\beta-1)}_{w_2(\beta)} \underbrace{\log(1-x)}_{t_2(x)} \right\} \mathbb{I}_{[0,1]}(x).$$

$$(w_1, w_2) : \mathbb{R}^+ \times \mathbb{R} \to [-1, +\infty] \times [-1, +\infty].$$

$[-1, +\infty] \times [-1, +\infty]$ contiene un aperto di $\mathbb{R}^2$.

Questo implica che la statistica:

$$\left(\sum \log(X_i), \sum \log(1-X_i) \right) = \left(\log\left(\prod X_i\right), \log\left(\prod(1-X_i)\right) \right)$$

è sufficiente minimale completa.

2.8

Per mostrare che $\sum_i X_i^2$ è sufficiente minimale per θ, ci basta osservare che questa densità appartiene alla famiglia esponenziale.

$$f_X(X; \theta) = \prod_{i=1}^n \frac{x_i \, \exp\{-x_i^2/2\theta\}}{\theta} = \frac{(\prod x_i) \exp\{-\sum x_i^2/2\theta\}}{\theta^n}.$$

Riconosciamo subito che $W(X) = \sum x_i^2$ è statistica sufficiente per θ. Inoltre, dato che $-1/2\theta : \mathbb{R} \to \mathbb{R}^-$ e $\mathbb{R}^-$ contiene un aperto di $\mathbb{R}$, allora $W(X)$ è statistica sufficiente completa per θ (quindi è anche minimale).

Ci sono 2 modi per mostrare che $T(X) = \sum x_i$ non è sufficiente per θ:

Metodo 1: Lehmann-Scheffé

Possiamo usare Lehmann-Scheffé, mostrando che esistono due realizzazioni distinte, x e y, tali che:

$$T(x) = T(y) \not\Longrightarrow \frac{f_X(x; \mu)}{f_X(y; \mu)} \text{ non dipende da } \theta.$$

Prendiamo ad es. $x = (1, 1, \ldots, 1)$ e $y = (1/n, 1/n, \ldots, 1/n, n-1+1/n)$. Notiamo subito che $T(x) = T(y)$. Valutiamo ora:

$$\frac{f_X(x; \mu)}{f_X(y; \mu)} = \frac{\frac{(\prod x_i) \exp\{-\sum x_i^2/2\theta\}}{\theta^n}}{\frac{(\prod y_i) \exp\{-\sum y_i^2/2\theta\}}{\theta^n}} =$$

$$= \frac{\prod x_i}{\prod y_i} \cdot \exp\left\{ \sum \frac{-x_i^2 + y_i^2}{2\theta} \right\} =$$

$$= \frac{\prod x_i}{\prod y_i} \cdot \exp\left\{ \sum \frac{n^3 - 2n^2 + 2n - 1}{2\theta} \right\}.$$

Dato che il rapporto dipende da θ, la statistica $T(X)$ non è sufficiente per θ.

Metodo 2: statistica sufficiente e minimale

Si vede che non esiste nessuna $g(\,\cdot\,;\theta)$ tale che $\sum X_i^2 = g(\sum X_i;\theta)$. Quindi $T(X)$ non è sufficiente per θ.

2.9

(a) W è funzione di U, U completa.

$$g \quad \text{t.c.} \quad \mathbb{E}[g(W)] = 0 \quad \forall \theta.$$
$$\Downarrow$$
$$\mathbb{E}[g(h(U))] = 0 \quad \forall \theta.$$
$$\Downarrow$$
$$\mathbb{P}\{g(h(U)) = g(W) = 0\} = 1.$$
$$\Downarrow$$
$$W \text{ è completa.}$$

(b)　　$f(x;\theta) = g(T(x;\theta)) \cdot h(x) = g(l(V(;\theta))) \cdot h(x) = r(V(x;\theta)) \cdot h(x).$

Quindi V è una statistica sufficiente.

2.10

(a) $0 < p < \frac{1}{4}$, si veda Tabella 2.1.
Se $\mathbb{E}[g(X)] = 0$ significa che:

$$p \cdot g(0) + 3p \cdot g(1) + (1 - 4p) \cdot g(2) = 0.$$

Basta scegliere $g(0) = -3g(1)$ e $g(2) = 0$ perché $\mathbb{E}[g(X)] = 0$ ma $\mathbb{P}\{g(X) = 0\} \neq 0$. Quindi non è completa.

(b) $0 < p < \frac{1}{2}$, si veda Tabella 2.2.
Analogamente si ha:

$$0 = g(0)p + g(1)p^2 + g(2)(1 - p - p^2) =$$
$$= (g(1) - g(2))p^2 + (g(0) - g(2))p + g(2) \quad \forall p \in [0, 1/2].$$
$$\Downarrow$$

$g(2) = 0$ e quindi $g(0) = g(1) = 0$ essendo i coefficienti di grado 2 in p.

Allora X è statistica completa.

Tabella 2.1 Distribuzione di X, se $0 < p < \frac{1}{4}$

x	$f(x)$
0	p
1	$3p$
2	$1 - 4p$

Tabella 2.2 Distribuzione di X, se $0 < p < \frac{1}{2}$

x	$f(x)$
0	p
1	p^2
2	$1 - p - p^2$

Capitolo 3
Stimatori puntuali

3.1 Richiami di teoria

Definizione 3.1 (Stimatori puntuali) Uno stimatore puntuale è una qualsiasi funzione $W(X_1, \ldots, X_n)$ del campione $X_1, \ldots, X_n$. Ogni statistica è quindi uno stimatore.

Definizione 3.2 (Metodo dei momenti) Sia $X_1, \ldots, X_n$ un campione di v.a. con densità di probabilità $f(x; \theta_1, \ldots, \theta_k)$. Gli stimatori ottenuti con il metodo dei momenti si possono ricavare da un sistema di k equazioni in cui si eguagliano i primi k momenti del campione $(m_1, \ldots, m_k)$ con i primi k momenti della popolazione $(\mu_1, \ldots, \mu_k)$. Bisogna quindi risolvere il seguente sistema rispetto a θ:

$$
\begin{cases}
m_1 = \mu_1; & m_1 := \dfrac{1}{n} \sum_{i=1}^{n} X_i; & \mu_1(\theta) := \mathbb{E}[X]; \\[2ex]
m_2 = \mu_2; & m_2 := \dfrac{1}{n} \sum_{i=1}^{n} X_i^2; & \mu_2(\theta) := \mathbb{E}[X^2]; \\[2ex]
\quad \vdots & & \\[2ex]
m_k = \mu_k; & m_k := \dfrac{1}{n} \sum_{i=1}^{n} X_i^k; & \mu_k(\theta) := \mathbb{E}[X^k].
\end{cases}
$$

Definizione 3.3 (MLE) Sia $X_1, \ldots, X_n$ un campione di v.a. i.i.d. con densità di probabilità $f_{X_i}(x; \theta_1, \ldots, \theta_k)$. La funzione di verosimiglianza, o likelihood, è così definita:

$$
L(\boldsymbol{\theta}; \boldsymbol{x}) = \prod_{i=1}^{n} f_{X_i}(x; \theta_1, \ldots, \theta_k);
$$

ovvero è la densità del campione vista come funzione di θ e considerando nota la realizzazione del campione. Per una data realizzazione del campione $\boldsymbol{x}$, lo stimatore

© Springer-Verlag Italia S.r.l., part of Springer Nature 2020

F. Gasperoni, F. Ieva, A.M. Paganoni, *Eserciziario di Statistica Inferenziale*, UNITEXT 120,
https://doi.org/10.1007/978-88-470-3995-7_3

di massima verosimiglianza, o MLE, è così definito:

$$\hat{\theta} = \arg\sup_{\boldsymbol{\theta}\in\Theta} L(\boldsymbol{\theta};\boldsymbol{x});$$

dove Θ è lo spazio dei parametri. Un metodo per trovare il MLE consiste nello studiare la derivata della log-likelihood, cioè la derivata del logaritmo della likelihood.

Teorema 3.4 (Principio di invarianza) *Se $\hat{\theta}$ è MLE per θ, allora $\tau(\hat{\theta})$ è MLE per $\tau(\theta)$, qualsiasi sia $\tau(\cdot)$.*

Definizione 3.5 (MSE) L'errore quadratico medio, o MSE, di uno stimatore T per il parametro θ è:

$$\mathbb{E}_\theta[(T - \theta)^2].$$

Definizione 3.6 (Distorsione, Bias) La distorsione (bias) di uno stimatore T per un parametro θ è la differenza fra il valore atteso di T e il parametro θ.

$$Bias_\theta(T) = \mathbb{E}_\theta[T] - \theta.$$

Uno stimatore è definito non distorto se il bias è nullo, cioè $\mathbb{E}_\theta[T] = \theta$.

Osserviamo che il MSE può essere così espresso:

$$\mathbb{E}_\theta[(T - \theta)^2] = Var_\theta(T) + (\mathbb{E}_\theta[T] - \theta)^2 = Var_\theta(T) + (Bias_\theta(T))^2.$$

3.2   Esercizi

Esercizio 3.1 Sia $X_1, \ldots, X_n$ un campione casuale da una legge uniforme sull'intervallo $[0, \theta]$, $\theta > 0$.

(a) Si determini uno stimatore di θ col metodo dei momenti.
(b) Lo stimatore trovato è corretto?
(c) È sufficiente?

Esercizio 3.2 Sia $X_1, \ldots, X_n$ un campione casuale da una legge uniforme sull'intervallo $[a, b]$. Si stimino a e b col metodo dei momenti.

Esercizio 3.3 Sia $X_1, \ldots, X_n$ un campione di rango n di variabili aleatorie indipendenti di densità

$$f_X(x;\theta) = \theta x^{\theta-1}\mathbb{I}_{(0,1)}(x);\qquad \theta > 0.$$

(a) Calcolare lo stimatore di massima verosimiglianza $\hat{\theta}_n$ di θ.

(b) Determinare e riconoscere le leggi di $-\log X_k$ e di $-\sum_{k=1}^n \log X_k$.

(c) $\hat{\theta}_n$ è distorto?

(d) Calcolare l'errore quadratico medio di $\hat{\theta}_n$.

Esercizio 3.4 Sia $X_1, \ldots, X_n$ un campione casuale da $U\left(\left[\theta - \frac{1}{2}, \theta + \frac{1}{2}\right]\right)$, $\theta \in \mathbb{R}$. Calcolare lo stimatore di massima verosimiglianza $\hat{\theta}_n$ di θ.

Esercizio 3.5 Sia $X_1, \ldots, X_n$ una famiglia dinvariabili aleatorie indipendenti e tutte distribuite secondo una legge esponenziale di parametro λ. Ciascun X_i rappresenta l'istante di disintegrazione di un nucleo di un certo elemento radioattivo. Per ogni $t \geq 0$ fissato siano:

- Y_i la v. a. che vale 1 se l'i-esimo nucleo è ancora in vita all'istante t e 0 altrimenti.

- V_n la proporzione dei nuclei ancora in vita all'istante t, degli n presenti all'istante 0.

(a) Trovare la legge di Y_i e quella di V_n.

(b) Verificare se si può applicare la Legge dei Grandi Numeri a V_n e dire se, e in che senso, la successione V_n converge per $n \to \infty$ ad una costante v. In tal caso determinare la costante v ed esprimerla in funzione del tempo medio di vita τ del generico nucleo radioattivo.

(c) Supponendo di osservare il campione $Y_1, \ldots, Y_n$, proporre uno stimatore di τ sulla base di tale campione.

(d) Supponendo invece di osservare i tempi di vita $X_1, \ldots, X_n$, proporre uno stimatore di τ sulla base di tale campione.

Esercizio 3.6 Sia X una variabile aleatoria discreta che può assumere solo i valori $-2, 0, 2$, rispettivamente con probabilità:

$$p(-2) = \frac{1}{2} - \theta; \qquad p(0) = 2\theta; \qquad p(2) = \frac{1}{2} - \theta.$$

(a) Per quali θ la funzione p risulta una densità?

(b) Sia $X_1, \ldots, X_n$ un campione di variabili aleatorie indipendenti con la stessa densità p. Determinare l'espressione della funzione f tale che la funzione di verosimiglianza si scriva:

$$(2\theta)^{n - f(x_1, \ldots, x_n)} \left(\frac{1}{2} - \theta\right)^{f(x_1, \ldots, x_n)}.$$

(c) Calcolare lo stimatore di massima verosimiglianza per θ. È corretto? È consistente?

Esercizio 3.7 Sia $X_1, \ldots, X_{3n}$ un campione di $3n$ v.a. indipendenti di cui:

$$X_1, \ldots, X_{2n} \text{ di legge } \mathcal{P}(\lambda);$$
$$X_{2n+1}, \ldots, X_{3n} \text{ di legge } \mathcal{P}(2\lambda);$$

dove λ è un parametro incognito.

Determinare lo stimatore di massima verosimiglianza per λ e calcolarne la varianza. È distorto?

Esercizio 3.8 Sia $X_1, \ldots, X_n$ un campione casuale da una legge normale $N(\mu, \sigma^2)$. Si mostri che gli stimatori di massima verosimiglianza di μ e σ^2 sono:

$$\widehat{\mu} = \frac{1}{n}\sum_{i=1}^{n} X_i = \overline{X}_n; \qquad \widehat{\sigma^2} = \frac{1}{n}\sum_{i=1}^{n}(X_i - \overline{X}_n)^2.$$

Esercizio 3.9 Si considerino i due campioni casuali e indipendenti, $X_1, \ldots, X_n$ da una popolazione $N(\mu_1, \sigma^2)$ e $Y_1, \ldots, Y_m$ da una popolazione $N(\mu_2, \sigma^2)$, dove i parametri μ_1, μ_2 e σ^2 sono tutti ignoti. Calcolare lo stimatore di massima verosimiglianza per $\theta = (\mu_1, \mu_2, \sigma^2)$.

Esercizio 3.10 Per $\theta \in [0, 1]$, sia $f_X(x; \theta) = (\frac{\theta}{2})^{|x|}(1-\theta)^{1-|x|}\mathbb{I}_{\{-1,0,1\}}(x)$, $x \in \mathbb{R}$, la densità di una variabile aleatoria X.

(a) X è una statistica sufficiente? È una statistica completa?
(b) $|X|$ è una statistica sufficiente? È una statistica completa?
(c) X oppure $|X|$ è sufficiente minimale?

Si considerino ora lo stimatore di massima verosimiglianza $T_1(X)$ e lo stimatore $T_2(X) = 2\mathbb{I}_{\{1\}}(X)$.

(d) Calcolare distorsione ed errore quadratico medio di T_1 e di T_2.
(e) Quale stimatore preferireste tra T_1 e T_2?

Esercizio 3.11 Si consideri una variabile discreta X descritta dal modello statistico $f(x; \theta)$ dove $\theta \in \{0, 1, 2\}$ (vedi Tabella 3.1).

(a) Determinare lo stimatore di massima verosimiglianza $\widehat{\theta}_1(X_1)$ di θ basato su una sola osservazione X_1.
(b) Calcolare distorsione ed errore quadratico medio di $\widehat{\theta}_1$.

Tabella 3.1 Densità di X al variare del parametro θ

x	0	1	2
$f(x; 0)$	1/2	1/2	0
$f(x; 1)$	1/3	1/3	1/3
$f(x; 2)$	1/4	1/4	1/2

(c) Determinare lo stimatore di massima verosimiglianza $\widehat{\theta}_2(X_1, X_2)$ di θ basato sul campione X_1, X_2.

(d) Calcolare distorsione ed errore quadratico medio di $\widehat{\theta}_2$.

(e) Osservato il campione $x_1 = 0$, $x_2 = 2$, come stimereste θ?

Esercizio 3.12 Il coefficiente di variazione

$$CV = \frac{\sigma}{|\mu|}$$

è un indice introdotto da Karl Pearson per studiare la variabilità relativa di una distribuzione.

Supponiamo di aver osservato un campione di ampiezza n da una distribuzione Normale con media e varianza incognite e di conoscere soltanto il numero T_n di osservazioni del campione che sono maggiori di zero.

(a) Sulla base della sola informazione T_n, è possibile fornire una stima del coefficiente di variazione della distribuzione?

(b) Se $n = 1000$, per quali valori di T_{1000} stimeremo che la deviazione standard della distribuzione sia minore di 1/3 della media?

Esercizio 3.13 Siano $X_1, \dots, X_n$ i risultati di n misurazioni, indipendenti ed affette da errore casuale, di una medesima grandezza incognita μ, per cui:

$$X_i = \mu + \epsilon_i \; ; \qquad \epsilon_1, \dots, \epsilon_n \text{ i.i.d.}$$

Nel caso di errore $\epsilon \sim N(0, \sigma^2)$:

(a) Determinare la legge di X_i.

(b) Mostrare che la media campionaria $\overline{X}_n$ è lo stimatore di massima verosimiglianza per μ.

Nel caso di errore $\epsilon \sim f(s; \sigma^2) = \frac{e^{-2|s|/\sigma^2}}{\sigma^2}$:

(c) Determinare la legge di X_i.

(d) Mostrare che la mediana $m(X_1, \dots, X_n)$ è uno stimatore di massima verosimiglianza per μ.

Esercizio 3.14 Sia $X_1, \dots, X_n$ un campione casuale da:

$$f(x; \theta) = \frac{\theta}{x^2} \, \mathbb{I}_{[\theta, +\infty)}(x) \; ; \qquad \theta > 0.$$

(a) Provare che non esiste lo stimatore dei momenti per θ.

(b) Determinare lo stimatore di massima verosimiglianza $\widehat{\theta}$ per θ.

(c) Mostrare che $\widehat{\theta}$ è una statistica sufficiente minimale.

Esercizio 3.15 Sia $X_1, \ldots, X_n$ un campione casuale da una popolazione di legge uniforme sull'intervallo $[\theta, 2\theta]$, dove $\theta > 0$.

(a) Determinare lo stimatore dei momenti di θ.
(b) Determinare lo stimatore di massima verosimiglianza di θ.
(c) Determinare una statistica sufficiente minimale per θ.

Esercizio 3.16 Si consideri il modello statistico:

$$f_X(x; \alpha, \beta) = \frac{1}{\beta}\, e^{-(x-\alpha)/\beta}\, \mathbb{I}_{[\alpha, +\infty)}(x), \qquad \alpha \geq 0, \quad \beta > 0.$$

(a) Calcolare la media $\mu(\alpha, \beta)$ e la varianza $\sigma^2(\alpha, \beta)$ di una variabile aleatoria di densità $f_X(x; \alpha, \beta)$.

Sia ora $X_1, \ldots, X_n$ un campione casuale dalla densità $f(x; \alpha, \beta)$.

(b) Calcolare lo stimatore di massima verosimiglianza $(\widehat{\alpha}_n, \widehat{\beta}_n)$ di (α, β) basato su $X_1, \ldots, X_n$.
(c) La statistica $(\widehat{\alpha}_n, \widehat{\beta}_n)$ è sufficiente per (α, β)?
(d) Calcolare lo stimatore di massima verosimiglianza $\widehat{\mu}_n$ di μ basato su $X_1, \ldots, X_n$.
(e) Qual è l'errore quadratico medio di $\widehat{\mu}_n$?

3.3 Soluzioni

3.1

(a) Dato che $\mathbb{E}[X_i] = \theta/2$, lo stimatore di θ calcolato con il metodo dei momenti è:

$$\hat{\theta}_{MOM} = 2\overline{X}_n.$$

(b) Lo stimatore è corretto, infatti:

$$\mathbb{E}[\hat{\theta}_{MOM}] = 2\mathbb{E}[\overline{X}_n] = 2 \cdot \frac{\theta}{2} = \theta.$$

(c) $X_{(n)}$ è statistica sufficiente minimale per θ e dato che non esiste una funzione r tale che $X_{(n)} = r(2\overline{X}_n)$, allora $\hat{\theta}_{MOM}$ non è sufficiente.

3.2

$$\mathbb{E}[X_i] = \frac{a+b}{2}; \qquad \mathrm{Var}(X) = \frac{(b-a)^2}{12}$$

$$\Rightarrow \quad \mathbb{E}[X^2] = \frac{a^2 + b^2 - 2ab + 3a^2 + 3b^2 + 6ab}{12} = \frac{1}{3}(a^2 + b^2 + ab);$$

quindi:

$$\begin{cases} a = 2\mathbb{E}[X] - b; \\ 3\mathbb{E}[X^2] = 4(\mathbb{E}[X])^2 + b^2 - 4b\mathbb{E}[X] + b^2 + 2b\mathbb{E}[X] - b^2; \end{cases}$$

da cui otteniamo:

$$b^2 - 2b\mathbb{E}[X] + (4(\mathbb{E}[X])^2 - 3\mathbb{E}[X^2]) = 0.$$
$$a = \mathbb{E}[X] - \sqrt{3\mathbb{E}[X^2] - 3(\mathbb{E}[X])^2}; \qquad b = \mathbb{E}[X] + \sqrt{3\mathbb{E}[X^2] - 3(\mathbb{E}[X])^2}.$$

Per cui concludiamo che:

$$a = \overline{X}_n - \sqrt{\frac{3\sum_i (X_i - \overline{X}_n)^2}{n}}; \qquad b = \overline{X}_n + \sqrt{\frac{3\sum_i (X_i - \overline{X}_n)^2}{n}}.$$

La scelta dei segni è dettata dal fatto che $a \leq b$.

3.3

(a) Calcoliamo la likelihood e la log-likelihood:

$$L(\theta; \boldsymbol{x}) = \prod_{i=1}^n \theta x_i^{\theta-1} \mathbb{I}_{[0,1]}(x_i) = \theta^n (x_i)^{\theta-1} \prod_{[0,1]} (x_i).$$

$$l(\theta; \boldsymbol{x}) = n \log(\theta) + (\theta - 1) \sum_{i=1}^n \log(x_i).$$

Deriviamo la log-likelihood:

$$\frac{\partial l(\theta; \boldsymbol{x})}{\partial \theta} = \frac{n}{\theta} + \sum_{i=1}^n \log(x_i).$$

Quindi:

$$\frac{\partial l(\theta; \boldsymbol{x})}{\partial \theta} \geq 0 \quad \Longleftrightarrow \quad \frac{n}{\theta} \leq -\sum_{i=1}^n \log(x_i).$$

$$\hat{\theta}_{MLE} = -\frac{n}{\sum \log(x_i)}.$$

(b) $\quad Y = -\log(X_i)$

$\quad \Rightarrow \quad F_Y(t) = \mathbb{P}\{-\log(X_i) \leq t\} = \mathbb{P}\{\log(X_i) \geq -t\} = \mathbb{P}\{X \geq e^{-t}\}.$

$$F_X(t) = \int_0^t \theta x^{\theta-1} \, dx = t^\theta \mathbb{I}_{(0,1)}(t) + \mathbb{I}_{[1,+\infty)}(t). \qquad F_Y(t) = 1 - e^{-t\theta}$$

$$\Rightarrow \quad -\log(X_i) \sim \mathcal{E}(\theta); \quad -\sum_{k=1}^n \log(X_k) \sim Gamma(n, \theta).$$

(c)
$$\mathbb{E}[\hat{\theta}_{MLE}] = \mathbb{E}\left[-\frac{n}{\sum \log(X_i)}\right] = \frac{n\theta}{n-1}.$$

dove l'ultima uguaglianza è dovuta al fatto che se $Y \sim Gamma(n, \theta)$, allora $\mathbb{E}\left[\frac{1}{Y}\right] = \frac{\theta}{n-1}$.

Quindi $\hat{\theta}_{MLE}$ è distorto.

(d)
$$MSE(\hat{\theta}_n) = \mathrm{Var}(\hat{\theta}_n) + (bias)^2.$$

$$\mathbb{E}[\hat{\theta}_n^2] = \frac{n^2\theta^2}{(n-1)(n-2)}.$$

$$\mathrm{Var}(\hat{\theta}_n) = \frac{n^2\theta^2}{(n-1)^2(n-2)}.$$

$$MSE(\hat{\theta}_n) = \frac{\theta^2(n+2)}{(n-1)(n-2)}.$$

3.4

$$L(\theta; \boldsymbol{x}) = \prod_1^n \mathbb{I}_{[\theta-1/2,\theta+1/2]}(x_i) = \mathbb{I}_{[X_{(1)}-1/2, X_{(n)}+1/2]}(\theta).$$

Possiamo scegliere egualmente $\hat{\theta}_{MLE} = X_{(1)} - 1/2$ o $\hat{\theta}_{MLE} = X_{(n)} + 1/2$, o qualunque punto della forma $\hat{\theta}_{MLE} = \alpha(X_{(1)} - 1/2) + (1 - \alpha)(X_{(n)} + 1/2)$, con $\alpha \in [0, 1]$.

3.5

(a)
$$Y_i = \mathbb{I}_{[X_i \geq t]} \qquad \Rightarrow \qquad Y_i \sim Be(e^{-\lambda t}).$$

V_n in quanto proporzione di nuclei presenti è $\frac{\sum_{i=1}^n Y_i}{n}$, quindi $nV_n \sim Bi(n, e^{-\lambda t})$.

$$\mathbb{P}\{V_n = k/n\} = \binom{n}{k}(e^{-\lambda t})^k(1 - e^{-\lambda t})^{n-k}.$$

(b) Per la Legge Forte dei Grandi Numeri:

$$V_n \xrightarrow{q.c.} \mathbb{E}[Y_i] = e^{-\lambda t} = e^{-t/\tau};$$

dove $\tau = 1/\lambda$.

(c) $\bar{Y}_n$ è stimatore MLE di $p = e^{-t/\tau}$ e inoltre $\tau = -\frac{t}{\log p}$. Per il principio di invarianza $\widehat{\tau}_{MLE} = -\frac{t}{\log V_n}$.

(d) $\tau = 1/\lambda$ quindi lo stimatore MLE per la media di esponenziali è $\overline{X}_n$.

3.6

(a) Deve essere $0 \le \theta \le 1/2$. Si osservi inoltre che:

$$p(x) = \left(\frac{1}{2} - \theta\right)^{\frac{1}{2}|x|} \cdot (2\theta)^{1 - \frac{1}{2}|x|}.$$

(b)

$$L(\theta; \boldsymbol{x}) = \left(\frac{1}{2} - \theta\right)^{\frac{1}{2}\sum_i |x_i|} \cdot (2\theta)^{1 - \frac{1}{2}\sum_i |x_i|}.$$

quindi $f(\boldsymbol{x}) = \frac{1}{2}\sum_i |x_i|$. Si osservi che $\frac{|X_i|}{2} \sim Be(1 - 2\theta)$.

(c) Quindi $\widehat{(1 - 2\theta)} = \frac{\sum |X_i|}{2n}$ e per il principio di invarianza:

$$\hat{\theta}_{MLE} = \frac{2n - \sum_i |X_i|}{4n};$$

che è corretto. È anche consistente per la Legge Forte dei Grandi Numeri.

3.7

Calcoliamo la likelihood, la log-likelihood e calcoliamo la derivata di quest'ultima rispetto al parametro.

$$L(\lambda; \boldsymbol{x}) = \frac{e^{-2n\lambda}\lambda^{\sum_{i=1}^{2n} x_i}}{x_1! \ldots x_{2n}!} \cdot \frac{e^{-2n\lambda}(2\lambda)^{\sum_{i=2n}^{3n} x_i}}{x_{2n+1}! \ldots x_{3n}!} \quad \propto \quad e^{-4n\lambda}\lambda^{\sum_{i=1}^{3n} x_i}.$$

$$l(\lambda; \boldsymbol{x}) \propto -4n\lambda + \sum_{i=1}^{3n} x_i \log(\lambda).$$

$$\frac{\partial l(\lambda; \boldsymbol{x})}{\partial \lambda} = -4n + \frac{\sum_{i=1}^{3n} x_i}{\lambda}.$$

Da cui concludiamo che:

$$\widehat{\lambda}_{MLE} = \frac{\sum_{i=1}^{3n} X_i}{4n}.$$

$$\mathrm{Var}(\widehat{\lambda}_{MLE}) = \frac{1}{16n^2}(2n\lambda + n2\lambda) = \frac{\lambda}{4n}.$$

Inoltre lo stimatore MLE risulta essere non distorto, infatti:

$$\mathbb{E}[\widehat{\lambda}_{MLE}] = \frac{1}{4n}[2n\lambda + n2\lambda] = \lambda.$$

3.8

Scriviamo la likelihood e la log-likelihood:

$$L(\mu, \sigma; \boldsymbol{x}) = \frac{1}{(2\pi\sigma^2)^{n/2}} \exp\left\{-\frac{1}{2\sigma^2}\sum_i (x_i - \mu)^2\right\}.$$

$$l(\mu, \sigma; \boldsymbol{x}) = -\frac{n}{2}\log \sigma^2 - \frac{1}{2\sigma^2}\sum (x_i - \mu)^2.$$

Deriviamo la log-likelihood per trovare gli MLE:

$$\begin{cases} \dfrac{\partial l}{\partial \mu} = \dfrac{1}{2\sigma^2} 2 \sum_i (x_i - \mu) = \dfrac{\sum_i (x_i - \mu)}{\sigma^2}; \\[2ex] \dfrac{\partial l}{\partial \sigma^2} = -\dfrac{n}{2\sigma^2} + \dfrac{1}{2\sigma^4} \sum_i (x_i - \mu)^2. \end{cases}$$

Imponendo le due equazioni del sistema pari a 0, otteniamo:

$$\begin{cases} \widehat{\mu}_{MLE} = \overline{X}_n; \\[2ex] \widehat{\sigma}^2_{MLE} = \dfrac{\sum_i (X_i - \overline{X}_n)^2}{n}. \end{cases}$$

Si può mostrare che il punto stazionario trovato è un massimo.

3.9

Calcoliamo la likelihood e la log-likelihood:

$$L(\mu_1, \mu_2, \sigma^2; \boldsymbol{x}, \boldsymbol{y}) = \frac{1}{(2\pi\sigma^2)^{(n+m)/2}} \cdot$$

$$\cdot \exp\left\{ -\frac{1}{2\sigma^2} \left(\sum_i (x_i - \mu_1)^2 + \sum_i (y_i - \mu_2)^2 \right) \right\}.$$

$$l(\mu_1, \mu_2, \sigma^2; \boldsymbol{x}, \boldsymbol{y}) \propto -\frac{n+m}{2} \log \sigma^2 - \frac{1}{2\sigma^2} \left[\sum_i (x_i - \mu_1)^2 + \sum_i (y_i - \mu_2)^2 \right].$$

Imponendo $\frac{\partial l}{\partial \mu_1} = \frac{\partial l}{\partial \mu_2} = 0$, si ottiene $\widehat{\mu}_1 = \overline{X}_n$ e $\widehat{\mu}_2 = \overline{Y}_n$.

Imponendo $\frac{\partial l}{\partial \sigma^2} = 0$, si ottiene:

$$\frac{\partial l}{\partial \sigma^2} = -\frac{n+m}{2} \frac{1}{\sigma^2} + \frac{1}{2\sigma^4} \left(\sum_i (x_i - \mu_1)^2 + \sum_i (y_i - \mu_2)^2 \right) = 0.$$

Quindi:

$$\widehat{\sigma}^2 = \frac{\sum_i (X_i - \widehat{\mu}_1)^2 + \sum_i (Y_i - \widehat{\mu}_2)^2}{n+m}.$$

3.10

(a) X è una statistica sufficiente per il teorema di fattorizzazione, ma non è una statistica completa, infatti:

$$0 = \mathbb{E}[g(X)] = \frac{\theta}{2} g(-1) + (1 - \theta) g(0) + \frac{\theta}{2} g(1) =$$

$$= g(0) + \theta \left(\frac{g(-1)}{2} + \frac{g(1)}{2} - g(0) \right).$$

Scegliendo $g(0) = 0$ e $g(-1) = g(1)$, abbiamo $\mathbb{E}[g(X)] = 0$, quindi X non è statistica completa per θ.

(b) $|X|$ è una statistica sufficiente per il teorema di fattorizzazione, ed è anche statistica completa, infatti:

$$0 = \mathbb{E}[g(|X|)] = (1-\theta)g(0) + \theta g(1) =$$
$$= g(0) + \theta\,(g(1) - g(0))\,.$$

$\mathbb{E}[g(|X|)] = 0 \iff g(0) = g(1) = 0$, cioè $\mathbb{P}(g(|X|) = 0) = 1$.

(c) $|X|$ è sufficiente minimale, mentre X non è sufficiente minimale perché, se lo fosse, dovrebbe essere funzione di $|X|$.

(d) Scriviamo la likelihood e la log-likelihood per trovare il MLE:

$$L(\theta; x) = \left(\frac{\theta}{2}\right)^{|x|} (1-\theta)^{1-|x|} =$$
$$= \begin{cases} L(\theta; 0) = 1 - \theta & \Rightarrow \quad \hat{\theta} = 0; \\ L(\theta; \pm 1) = \dfrac{\theta}{2} & \Rightarrow \quad \hat{\theta} = 1. \end{cases}$$

Quindi $T_1(X) = |X|$.

Calcoliamo la distorsione dei due stimatori:

$$\mathbb{E}[T_1(X)] = \theta.$$
$$\mathbb{E}[T_2(X)] = 2\mathbb{P}\{X = 1\} = \theta.$$

Sono entrambi stimatori non distorti per θ.

Per calcolare il MSE dei due stimatori è sufficiente quindi calcolarne la varianza:

$$\mathrm{Var}(T_1(X)) = \theta(1-\theta).$$
$$\mathrm{Var}(T_2(X)) = 4\mathbb{P}\{X = 1\} - \theta^2 = \theta(2-\theta).$$

(e) Fra due stimatori non distorti, si preferisce quello con varianza minore, quindi T_1.

3.11

(a) Notiamo che: $X_1 \in \{0, 1, 2\}$ e $\theta \in \{0, 1, 2\}$. Applichiamo la definizione di MLE:

$$\widehat{\theta}_1(X_1) = \underset{\theta \in \{0,1,2\}}{\arg\sup}\, L(\theta; x_1) = \begin{cases} \arg\sup_{\theta \in \{0,1,2\}}\{1/2, 1/3, 1/4\} & \text{se } x_1 = 0; \\ \arg\sup_{\theta \in \{0,1,2\}}\{1/2, 1/3, 1/4\} & \text{se } x_1 = 1; \\ \arg\sup_{\theta \in \{0,1,2\}}\{0, 1/3, 1/2\} & \text{se } x_1 = 2. \end{cases}$$

Quindi otteniamo:

$$\widehat{\theta}_1(X_1) = \begin{cases} 0 & \text{se } x_1 = 0; \\ 0 & \text{se } x_1 = 1; \\ 2 & \text{se } x_1 = 2. \end{cases}$$

(b) Calcolare distorsione ed errore quadratico medio di $\widehat{\theta}_1$.

$$\mathbb{E}[\widehat{\theta}_1] = 2 \cdot \mathbb{P}\{X_1 = 2\} = \begin{cases} 2 \cdot 0 = 0 & \text{se } \theta = 0; \\ 2 \cdot 1/3 = 2/3 & \text{se } \theta = 1; \\ 2 \cdot 1/2 = 1 & \text{se } \theta = 2. \end{cases}$$

$$Bias(\widehat{\theta}_1; \theta) = \begin{cases} 0 - 0 = 0 & \text{se } \theta = 0; \\ 1 - 2/3 = 1/3 & \text{se } \theta = 1; \\ 2 - 1 = 1 & \text{se } \theta = 2. \end{cases}$$

$$\mathbb{E}[\widehat{\theta}_1^2] = 4 \cdot \mathbb{P}\{X_1 = 2\} = \begin{cases} 0 & \text{se } \theta = 0; \\ 4/3 & \text{se } \theta = 1; \\ 2 & \text{se } \theta = 2. \end{cases}$$

$$\text{Var}(\widehat{\theta}_1) = \mathbb{E}[\widehat{\theta}_1^2] - (\mathbb{E}[\widehat{\theta}_1])^2 = \begin{cases} 0 - 0 = 0 & \text{se } \theta = 0; \\ 4/3 - 4/9 = 8/9 & \text{se } \theta = 1; \\ 2 - 1 = 1 & \text{se } \theta = 2. \end{cases}$$

$$MSE[\widehat{\theta}_1; \theta] = \text{Var}(\widehat{\theta}_1) + (Bias(\widehat{\theta}_1; \theta))^2 = \begin{cases} 0 & \text{se } \theta = 0; \\ 1 & \text{se } \theta = 1; \\ 2 & \text{se } \theta = 2. \end{cases}$$

(c) Costruiamo la Tabella 3.2:
Applichiamo la definizione di MLE:

$$\widehat{\theta}_2(X_1, X_2) = \arg\sup_{\theta \in \{0,1,2\}} L(\theta; (x_1, x_2)) =$$

$$= \begin{cases} \arg\sup_{\theta \in \{0,1,2\}}\{1/4, 1/9, 1/16\} & \text{se } (x_1; x_2) = (0; 0); \\ \arg\sup_{\theta \in \{0,1,2\}}\{1/2, 2/9, 1/8\} & \text{se } (x_1; x_2) = (0; 1); \\ \arg\sup_{\theta \in \{0,1,2\}}\{0, 2/9, 1/4\} & \text{se } (x_1; x_2) = (0; 2); \\ \arg\sup_{\theta \in \{0,1,2\}}\{1/4, 1/9, 1/16\} & \text{se } (x_1; x_2) = (1; 1); \\ \arg\sup_{\theta \in \{0,1,2\}}\{0, 2/9, 1/4\} & \text{se } (x_1; x_2) = (1; 2); \\ \arg\sup_{\theta \in \{0,1,2\}}\{0, 1/9, 1/4\} & \text{se } (x_1; x_2) = (2; 2). \end{cases}$$

Tabella 3.2 Densità congiunta di X_1 ed X_2 al variare del parametro

$(x_1; x_2)$	$(0; 0)$	$(0; 1)$	$(0; 2)$	$(1; 1)$	$(1; 2)$	$(2; 2)$
$f(x_1, x_2; 0)$	1/4	1/2	0	1/4	0	0
$f(x_1, x_2; 1)$	1/9	2/9	2/9	1/9	2/9	1/9
$f(x_1, x_2; 2)$	1/16	1/8	1/4	1/16	1/4	1/4

$$\widehat{\theta}_2(X_1, X_2) = \begin{cases} 0 & \text{se } (x_1; x_2) = (0; 0); \\ 0 & \text{se } (x_1; x_2) = (0; 1); \\ 2 & \text{se } (x_1; x_2) = (0; 2); \\ 0 & \text{se } (x_1; x_2) = (1; 1); \\ 2 & \text{se } (x_1; x_2) = (1; 2); \\ 2 & \text{se } (x_1; x_2) = (2; 2). \end{cases} =$$

$$= \begin{cases} 0 & \text{se } (x_1; x_2) \in \{(0; 0); (0; 1); (1; 1)\}; \\ 2 & \text{se } (x_1; x_2) \in \{(0; 2); (1; 2); (2; 2)\}. \end{cases}$$

(d)

$$\mathbb{E}[\widehat{\theta}_2] = 2\mathbb{P}\{(X_1; X_2) \in \{(0; 2); (1; 2); (2; 2)\}\} = \begin{cases} 2 \cdot 0 = 0 & \text{se } \theta = 0; \\ 2 \cdot 5/9 = 10/9 & \text{se } \theta = 1; \\ 2 \cdot 3/4 = 3/2 & \text{se } \theta = 2. \end{cases}$$

$$Bias(\widehat{\theta}_2; \theta) = \begin{cases} 0 - 0 = 0 & \text{se } \theta = 0; \\ 1 - 10/9 = -1/9 & \text{se } \theta = 1; \\ 2 - 3/2 = 1/2 & \text{se } \theta = 2. \end{cases}$$

$$\mathbb{E}[\widehat{\theta}_2^2] = 4\mathbb{P}\{(X_1; X_2) \in \{(0; 2); (1; 2); (2; 2)\}\} = \begin{cases} 4 \cdot 0 = 0 & \text{se } \theta = 0; \\ 4 \cdot 5/9 = 20/9 & \text{se } \theta = 1; \\ 4 \cdot 3/4 = 3 & \text{se } \theta = 2. \end{cases}$$

$$\text{Var}(\widehat{\theta}_2) = \mathbb{E}[\widehat{\theta}_2^2] - (\mathbb{E}[\widehat{\theta}_2])^2 = \begin{cases} 0 & \text{se } \theta = 0; \\ 80/81 & \text{se } \theta = 1; \\ 3/4 & \text{se } \theta = 2. \end{cases}$$

$$MSE[\widehat{\theta}_2; \theta] = \text{Var}(\widehat{\theta}_2) + (Bias(\widehat{\theta}_2; \theta))^2 = \begin{cases} 0 & \text{se } \theta = 0; \\ 1 & \text{se } \theta = 1; \\ 1 & \text{se } \theta = 2. \end{cases}$$

(e) $\widehat{\theta}_2 = 2$.

3.12

(a) Definiamo le seguenti v.a.:

$$Y_i = \mathbb{I}_{\{X_i > 0\}}; \qquad Y_i \sim Be(p).$$

$$T_n = \sum_{1}^{n} Y_i; \qquad T_n \sim Bin(n, p).$$

$$p = \mathbb{P}\{Y_i = 1\} = \mathbb{P}\{X_i > 0\} = \mathbb{P}\left\{\frac{X_i - \mu}{\sigma} > -\frac{\mu}{\sigma}\right\} =$$

$$= 1 - \phi\left(-\frac{\mu}{\sigma}\right) = \phi\left(\frac{\mu}{\sigma}\right).$$

So che:

$$\widehat{p}_{MLE} = \bar{Y}_n = \frac{T_n}{n}.$$

Per il principio di invarianza del MLE otteniamo:

$$\frac{T_n}{n} = \phi\left(\frac{\mu}{\sigma}\right);$$
$$\implies \phi^{-1}\left(\frac{T_n}{n}\right) = \frac{\mu}{\sigma};$$
$$\implies \left|\phi^{-1}\left(\frac{T_n}{n}\right)\right| = \frac{|\mu|}{\sigma};$$
$$\implies \left|\phi^{-1}\left(\frac{T_n}{n}\right)\right|^{-1} = CV.$$

(b)
$$\left|\phi^{-1}\left(\frac{T_n}{n}\right)\right|^{-1} = CV < 1/3 \implies \phi^{-1}\left(\frac{T_n}{n}\right) > 3 \implies \frac{T_n}{n} > \phi(3).$$
$$\frac{T_n}{n} > \phi(3) \implies T_{1000} > 1000 \cdot 0.9987 = 998.7.$$

3.13

(a) $X_i \sim N(\mu, \sigma^2)$.

(b)

$$L(\mu; \boldsymbol{x}) = \prod \frac{1}{(2\pi\sigma^2)^{1/2}} \exp\left\{-\frac{(x_i - \mu)^2}{2\sigma^2}\right\} =$$
$$= \frac{1}{(2\pi\sigma^2)^{n/2}} \exp\left\{-\sum \frac{(x_i - \mu)^2}{2\sigma^2}\right\}.$$
$$l(\mu; \boldsymbol{x}) = -\frac{n}{2} \log(2\pi\sigma^2) - \sum \frac{(x_i - \mu)^2}{2\sigma^2}.$$
$$\frac{\mathrm{d}l(\mu; \boldsymbol{x})}{\mathrm{d}\mu} = \sum \frac{2(x_i - \mu)}{2\sigma^2} = \frac{\sum x_i - n\mu}{\sigma^2} = 0.$$

Quindi:

$$\widehat{\mu}_{MLE} = \frac{\sum X_i}{n} = \overline{X}_n.$$

Nel caso di errore $\epsilon \sim f(s; \sigma^2) = \frac{e^{-2|s|/\sigma^2}}{\sigma^2}$.

(c)

$$f_X(x;\mu) = \frac{e^{-2|x-\mu|/\sigma^2}}{\sigma^2}.$$

(d) Mostriamo che la mediana $m(X_1,\ldots,X_n)$ è uno stimatore di massima verosimiglianza per μ.

$$L(\mu;\boldsymbol{x}) = \prod_1^n \frac{e^{-2|x_i-\mu|/\sigma^2}}{\sigma^2} = \frac{e^{-2\sum|x_i-\mu|/\sigma^2}}{\sigma^{2n}}.$$

$$m(x_1,\ldots,x_n) = \arg\inf_{\mu\in\mathbb{R}} \sum |x_i - \mu|.$$

Allora si può evincere che $\widehat{\mu}_{MLE} = m(X_1,\ldots,X_n)$.

3.14

(a) Si prova immediatamente che la media teorica, $\mathbb{E}[X]$, non esiste, poiché $\int_\theta^\infty \frac{\theta}{x} dx$ diverge. Quindi il metodo dei momenti non è applicabile.

(b) Calcoliamo $L(\theta;\boldsymbol{x})$:

$$L(\theta;\boldsymbol{x}) = \prod_{i=1}^n \frac{\theta}{x_i^2} \mathbb{I}_{[\theta,+\infty)}(x_i) = \frac{\theta^n}{\prod x_i} \mathbb{I}_{[0,x_{(1)}]}(\theta).$$

Disegnando $L(\theta;\boldsymbol{x})$, si vede immediatamente che il massimo è raggiunto per $X_{(1)}$, quindi $\hat{\theta}_{MLE} = X_{(1)}$.

(c) Per provare che $\hat{\theta}_{MLE}$ è una statistica sufficiente minimale, usiamo il teorema di Lehmann-Scheffé.
Indichiamo $T(\boldsymbol{x}) = \hat{\theta}_{MLE}$ e verifichiamo che siano rispettate le ipotesi:
$\Rightarrow$

$$\text{dati } \boldsymbol{x} \text{ e } \boldsymbol{y} \text{ diversi, } \frac{f_X(\boldsymbol{x};\theta)}{f_X(\boldsymbol{y};\theta)} \text{ non dipende da } \theta \Rightarrow T(\boldsymbol{x}) = T(\boldsymbol{y}).$$

Dimostrazione
Sappiamo che la seguente quantità non dipende da θ per ipotesi:

$$\frac{\frac{\theta^n}{\prod x_i} \mathbb{I}_{[0,x_{(1)}]}(\theta)}{\frac{\theta^n}{\prod y_i} \mathbb{I}_{[0,y_{(1)}]}(\theta)}.$$

Allora deve valere: $\mathbb{I}_{[0,x_{(1)}]}(\theta) = \mathbb{I}_{[0,y_{(1)}]}(\theta)$, quindi $x_{(1)} = y_{(1)}$, cioè $T(\boldsymbol{x}) = T(\boldsymbol{y})$.
$\Leftarrow$

$$\text{dati } \boldsymbol{x} \text{ e } \boldsymbol{y} \text{ diversi, } T(\boldsymbol{x}) = T(\boldsymbol{y}) \Rightarrow \frac{f_X(\boldsymbol{x};\theta)}{f_X(\boldsymbol{y};\theta)} \text{ non dipende da } \theta.$$

Dimostrazione

Sappiamo per ipotesi che $x_{(1)} = y_{(1)}$. Allora il seguente rapporto non dipende da θ:

$$\frac{\frac{\theta^n}{\prod x_i}\, \mathbb{I}_{[0,x_{(1)}]}(\theta)}{\frac{\theta^n}{\prod y_i}\, \mathbb{I}_{[0,y_{(1)}]}(\theta)}.$$

Valendo le ipotesi di L-S, possiamo dire che $T(X)$ è una statistica sufficiente minimale per θ.

3.15

(a)
$$\mathbb{E}[X_i] = \frac{3\theta}{2} = \frac{\sum X_i}{n} \implies \hat{\theta}_{MOM} = \frac{2}{3}\overline{X}_n.$$

(b)
$$L(\theta; x) = \prod \frac{1}{\theta}\mathbb{I}_{[\theta,2\theta]}(x_i) = \frac{1}{\theta^n}\prod \mathbb{I}_{[\theta,2\theta]}(x_i) = \frac{1}{\theta^n}\mathbb{I}_{[X_{(n)}/2,X_{(1)}]}(\theta).$$

Dato che $L(\theta; x)$ è monotona decrescente, si può concludere che $\hat{\theta}_{MLE} = X_{(n)}/2$.

(c) Dal teorema di fattorizzazione possiamo individuare nella $L(\theta; x)$, $g(T(x); \theta) = \frac{1}{\theta^n}\mathbb{I}_{[X_{(n)}/2,X_{(1)}]}(\theta)$ e $h(x) = 1$. Quindi $T(x) = (X_{(1)}, X_{(n)})$ è statistica sufficiente.

Per provare che è completa usiamo il teorema di L-S. Verifichiamo le ipotesi:
$\Rightarrow$

$$\text{dati } x \text{ e } y \text{ diversi, } \frac{f_X(x; \theta)}{f_X(y; \theta)} \text{ non dipende da } \theta \Rightarrow T(x) = T(y).$$

Dimostrazione

Sappiamo che la seguente quantità non dipende da θ per ipotesi:

$$\frac{\frac{1}{\theta^n}\mathbb{I}_{[x_{(n)}/2,x_{(1)}]}(\theta)}{\frac{1}{\theta^n}\mathbb{I}_{[y_{(n)}/2,y_{(1)}]}(\theta)}.$$

Allora deve valere: $\mathbb{I}_{[x_{(n)}/2,x_{(1)}]}(\theta) = \mathbb{I}_{[y_{(n)}/2,y_{(1)}]}(\theta)$, quindi $x_{(n)} = y_{(n)}$ e $x_{(1)} = y_{(1)}$, cioè $T(x) = T(y)$.
$\Leftarrow$

$$\text{dati } x \text{ e } y \text{ diversi, } T(x) = T(y) \Rightarrow \frac{f_X(x; \theta)}{f_X(y; \theta)} \text{ non dipende da } \theta.$$

Dimostrazione

Sappiamo per ipotesi che $x_{(n)} = y_{(n)}$ e $x_{(1)} = y_{(1)}$. Allora il seguente rapporto non dipende da θ:

$$\frac{\frac{1}{\theta^n}\mathbb{I}_{[x_{(n)}/2,x_{(1)}]}(\theta)}{\frac{1}{\theta^n}\mathbb{I}_{[y_{(n)}/2,y_{(1)}]}(\theta)}.$$

Dato che le ipotesi del teorema sono soddisfatte possiamo dire che $T(X)$ è statistica sufficiente e completa.

3.16

(a) Notiamo che X è un esponenziale traslata: $X = \alpha + W$, in cui $W \sim \mathcal{E}(1/\beta)$.

$$\mathbb{E}[X] = \mathbb{E}[\alpha + W] = \alpha + \beta.$$
$$\mathrm{Var}(X) = \mathrm{Var}(\alpha + W) = \alpha^2 + \mathrm{Var}(W) = \alpha^2 + \beta^2.$$

Sia ora $X_1, \ldots, X_n$ un campione casuale dalla densità $f(x; \alpha, \beta)$.

(b)
$$L(\alpha, \beta; \boldsymbol{x}) = \prod_1^n \frac{1}{\beta}\, e^{-(x_i - \alpha)/\beta}\, \mathbb{I}_{[\alpha, +\infty)}(x_i) = \frac{1}{\beta^n}\, e^{-\sum(x_i - \alpha)/\beta}\, \mathbb{I}_{[\alpha, +\infty)}(x_{(1)}) =$$
$$= \frac{1}{\beta^n}\, e^{-\sum(x_i - \alpha)/\beta}\, \mathbb{I}_{[0, x_{(1)}]}(\alpha).$$

Valutiamo separatamente α e β. Fisso β e vedo che α varia come $\exp\{\alpha\}\mathbb{I}_{[0, x_{(1)}]}(\alpha)$, che è funzione monotona crescente. Quindi:

$$\widehat{\alpha}_{MLE} = X_{(1)}.$$

Per valutare $\widehat{\beta}_{MLE}$ calcoliamo e deriviamo la log-likelihood:

$$l(\alpha, \beta; \boldsymbol{x}) = -n \cdot \log(\beta) - \frac{\sum(x_i - \alpha)}{\beta}.$$
$$\frac{\partial l(\alpha, \beta; \boldsymbol{x})}{\partial \beta} = -\frac{n}{\beta} + \frac{\sum(x_i - \alpha)}{\beta^2} = 0.$$
$$\widehat{\beta}_{MLE} = \overline{X} - \frac{\alpha}{n} = \overline{X} - \frac{X_{(1)}}{n}.$$

(c) La statistica $(\widehat{\alpha}_n, \widehat{\beta}_n)$ è sufficiente per (α, β) per il teorema di fattorizzazione.

(d) Per il principio di massima verosimiglianza:

$$\widehat{\mu}_n = \overline{X} - \frac{X_{(1)}}{n} + X_{(1)} = \overline{X} + \frac{(n-1)}{n} X_{(1)}.$$

(e)
$$\mathbb{E}[\widehat{\mu}_n] = \mathbb{E}\left[\overline{X} + \frac{(n-1)}{n} X_{(1)}\right] = \alpha + \beta + \frac{n-1}{n}\left(\alpha + \frac{\beta}{n}\right).$$
$$\mathrm{Var}[\widehat{\mu}_n] = \mathrm{Var}\left(\overline{X} + \frac{(n-1)}{n} X_{(1)}\right) = \frac{\alpha^2 + \beta^2}{n} + \frac{(n-1)^2}{n^2}\left(\alpha^2 + \frac{\beta^2}{n^2}\right).$$
$$MSE(\widehat{\mu}_n) = \mathrm{Var}[\widehat{\mu}_n] - (\mathbb{E}[\widehat{\mu}_n] - \mu)^2 =$$
$$= \frac{\alpha^2 + \beta^2}{n} + \frac{(n-1)^2}{n^2}\left(\alpha^2 + \frac{\beta^2}{n^2}\right) - \left(\frac{n-1}{n}\left(\alpha + \frac{\beta}{n}\right)\right)^2 =$$
$$= \frac{\alpha^2 + \beta^2}{n} - \frac{(n-1)^2}{n^2}\frac{2\alpha\beta}{n}.$$

Capitolo 4
Uniform Minimum Variance Unbiased Estimators (UMVUE)

4.1 Richiami di teoria

Definizione 4.1 (UMVUE) Uno stimatore T^* è detto stimatore non distorto a varianza uniformemente minima, UMVUE, per $\tau(\theta)$ se soddisfa $\mathbb{E}_\theta[T^*] = \tau(\theta)\ \forall \theta$ e se $\forall$ stimatore T non distorto, vale:

$$\text{Var}_\theta(T^*) \leq \text{Var}_\theta(T) \qquad \forall \theta.$$

Teorema 4.2 (Disuguaglianza di Cramér-Rao) *Sia $X_1, \ldots, X_n$ un campione di v.a. con densità $f_X(x;\theta)$ e sia $T(X) = T(X_1, \ldots, X_n)$ un qualsiasi stimatore che soddisfi:*

$$\frac{\mathrm{d}}{\mathrm{d}\theta}\mathbb{E}_\theta[T(X)] = \int_\chi \frac{\partial}{\partial\theta}[T(x)f_X(x;\theta)]\,\mathrm{d}x$$

e

$$\text{Var}_\theta(T(X)) < \infty.$$

Allora:

$$\text{Var}_\theta(T(X)) \geq \frac{\left(\frac{\mathrm{d}}{\mathrm{d}\theta}\mathbb{E}_\theta[T(X)]\right)^2}{\mathbb{E}\left[\left(\frac{\partial}{\partial\theta}f_X(x;\theta)\right)^2\right]} = \frac{\left(\frac{\mathrm{d}}{\mathrm{d}\theta}\mathbb{E}_\theta[T(X)]\right)^2}{I_n(\theta)};$$

dove $I_n(\theta) = \mathbb{E}\left[\left(\frac{\partial}{\partial\theta}f_X(x;\theta)\right)^2\right]$ è detta informazione di Fisher.
Nel caso in cui $X_1, \ldots, X_n$ siano v.a. i.i.d., $I_n(\theta) = nI_1(\theta)$.

Lemma 4.3 *Se $f_X(x;\theta)$ soddisfa:*

$$\frac{\mathrm{d}}{\mathrm{d}\theta}\mathbb{E}_\theta\left[\frac{\partial}{\partial\theta}\log f_X(x;\theta)\right] = \int \frac{\partial}{\partial\theta}\left[\left(\frac{\partial}{\partial\theta}\log f_X(x;\theta)\right)f_X(x;\theta)\right]\mathrm{d}x;$$

© Springer-Verlag Italia S.r.l., part of Springer Nature 2020
F. Gasperoni, F. Ieva, A.M. Paganoni, *Eserciziario di Statistica Inferenziale*, UNITEXT 120,
https://doi.org/10.1007/978-88-470-3995-7_4

allora:

$$\mathbb{E}\left[\left(\frac{\partial}{\partial\theta}f_X(x;\theta)\right)^2\right] = -\mathbb{E}_\theta\left[\frac{\partial}{\partial\theta^2}\log f_X(x;\theta)\right].$$

È importante osservare che l'ipotesi di questo Lemma è sempre soddisfatta dalle densità appartenenti alla famiglia esponenziale.

Teorema 4.4 (Rao-Blackwell) *Sia W un qualsiasi stimatore non distorto per $\tau(\theta)$ e sia T una statistica sufficiente per θ. Definiamo $\phi(T) = \mathbb{E}[W|T]$. Allora $\mathbb{E}_\theta[\phi(T)] = \tau(\theta)$ e $\mathrm{Var}_\theta(\phi(T)) \leq \mathrm{Var}_\theta(W)\ \forall\theta$, cioè $\phi(T)$ è uno stimatore non distorto uniformemente migliore di W per $\tau(\theta)$.*

Teorema 4.5 *Sia T una statistica sufficiente e completa per θ e sia $\phi(T)$ un qualsiasi stimatore basato solo su T. Allora $\phi(T)$ è UMVUE per $\mathbb{E}[\phi(T)]$.*

Teorema 4.6 (Unicità UMVUE) *Se W è UMVUE per $\tau(\theta)$, allora W è unico.*

4.2 Esercizi

Esercizio 4.1 Si consideri il modello statistico dato dalle leggi esponenziali $\mathcal{E}(\nu)$, $\nu > 0$, (famiglia di leggi regolare secondo Fréchet, Cramér e Rao) e sia $X_1, \ldots, X_n$ un campione casuale estratto da una popolazione descritta da tale modello.

(a) Si calcoli il limite inferiore per la varianza di uno stimatore non distorto di $\mathbb{E}_\nu[X] = 1/\nu$ basato sul campione.
(b) Si mostri che $\overline{X}_n$ è un UMVUE per $\mathbb{E}_\nu[X] = 1/\nu$.
(c) A partire dalla statistica $\min\{X_1, \ldots, X_n\}$ si costruisca un altro stimatore corretto per $\mathbb{E}_\nu[X] = 1/\nu$ e se ne calcoli l'errore quadratico medio.
(d) Si confrontino i due stimatori.

Esercizio 4.2 Sia $X_1, \ldots, X_n$ un campione casuale da una legge uniforme sull'intervallo $[0, \theta]$, $\theta > 0$.

(a) Si determini lo stimatore di massima verosimiglianza di θ e se ne calcoli la distorsione.
(b) Si deduca da (a) uno stimatore corretto per θ e se ne calcoli l'errore quadratico medio.
(c) La statistica trovata in (b) è un UMVUE per θ?

Esercizio 4.3 Sia $X_1, \ldots, X_n$ un campione casuale da una legge normale $N(\mu, \sigma^2)$ di parametri sconosciuti. Si mostri che gli UMVUE per i seguenti parametri sono proprio gli stimatori indicati in Tabella 4.1.

Tabella 4.1 Stimatori per i parametri μ, σ e σ^2

Parametro	UMVUE
μ	$\overline{X}_n = \dfrac{1}{n}\displaystyle\sum_{i=1}^{n} X_i$
σ^2	$S_n^2 = \dfrac{1}{n-1}\displaystyle\sum_{i=1}^{n}(X_i - \overline{X}_n)^2$
σ	$\sqrt{\dfrac{n-1}{2}}\,\dfrac{\Gamma[(n-1)/2]}{\Gamma[n/2]}\,S_n$

Esercizio 4.4 Dato un campione casuale $X_1, \ldots, X_n$ ($n \geq 1$) estratto da una popolazione $Be(p)$, $p \in [0, 1]$, si trovino gli UMVUE per p e p^2.

Esercizio 4.5 Dato un campione casuale $X_1, \ldots, X_n$ da una distribuzione $\mathcal{N}(\mu, 1)$, si vuole stimare $\tau(\mu) = \mu^2$.

(a) Trovare T_n stimatore di massima verosimiglianza per μ^2.
(b) Trovare $\widehat{\tau}_n$, stimatore corretto a varianza uniformemente minima per μ^2.
(c) Calcolare la varianza di $\widehat{\tau}_n$. (Può essere utile ricordare che il momento quarto di una variabile aleatoria $Y \sim \mathcal{N}(m, s^2)$ vale $\mathbb{E}[Y^4] = m^4 + 6m^2 s^2 + 3s^4$.)
(d) Mostrare che la varianza di $\widehat{\tau}_n$ è strettamente maggiore del limite di Cramér-Rao.

Esercizio 4.6 Dato un campione casuale $X_1, \ldots, X_n$, $n \geq 2$, estratto da una popolazione $N(\mu, \sigma^2)$, si trovi lo stimatore di σ^2 della forma αS^2 di *minimo* errore quadratico medio.

Esercizio 4.7 Dato $X \sim \mathcal{P}(\lambda)$, $\lambda > 0$, si consideri lo stimatore di $\tau(\lambda) = \mathbb{P}_\lambda(X = 0) = e^{-\lambda}$ definito da $T = \mathbb{I}_{\{0\}}(X)$.

(a) Si mostri che T è l'UMVUE di $e^{-\lambda}$.
(b) Si mostri che l'errore quadratico medio di T non raggiunge il limite inferiore di Fréchet-Cramér-Rao.

Esercizio 4.8 Sia $X_1, \ldots, X_n$ un campione di rango n di variabili aleatorie indipendenti di densità:

$$f_X(x; \theta) = \theta x^{\theta-1} \mathbb{I}_{(0,1)}(x), \qquad \theta > 0.$$

(a) Si trovi lo stimatore di massima verosimiglianza $\hat{\theta}_n$ di θ e se ne calcoli la distorsione.
(b) Si deduca da (a) uno stimatore corretto per θ e se ne calcoli l'errore quadratico medio.
(c) Soddisfa la disuguaglianza di Fréchet-Cramér-Rao?
(d) È l'UMVUE?

Esercizio 4.9 Sia $(X_1, \ldots, X_n)$ un campione casuale estratto da una distribuzione con densità:

$$f(x; \theta) = \theta(1 + x)^{-(1+\theta)} \mathbb{I}_{(0,+\infty)}(x), \quad x \in \mathbb{R}, \quad \theta > 0.$$

(a) Nel caso in cui $\theta > 1$, si stimi θ con il metodo dei momenti.
(b) Si trovino, se esistono, gli stimatori di massima verosimiglianza di θ e di $1/\theta$.
(c) Si trovi, se esiste, una statistica sufficiente e completa e se ne determini la distribuzione.
(d) Si trovino, se esitono, gli UMVUE di θ e di $1/\theta$.
(e) Si determini il limite inferiore di Cramér-Rao per stimatori non distorti di $1/\theta$. Si confronti questa quantità con l'errore quadratico medio dello UMVUE per $1/\theta$.

Esercizio 4.10 Sia $(X_1, \ldots, X_n)$ un campione casuale estratto da una distribuzione di Poisson di parametro $\lambda > 0$. Sia $\tau(\lambda) = \mathrm{e}^{-\lambda}(1 + \lambda)$.

(a) Trovare uno stimatore di massima verosimiglianza per $\tau(\lambda)$.
(b) Trovare uno stimatore non distorto di $\tau(\lambda)$.
(c) Trovare l'UMVUE di $\tau(\lambda)$.

Esercizio 4.11 Sia $X_1, \ldots, X_n$ un campione casuale da una *Gamma*$(2, 1/\theta)$ con $\theta > 0$. Si ha quindi:

$$f(x; \theta) = \theta^{-2} x \, \mathrm{e}^{-x/\theta} \mathbb{I}_{(0,+\infty)}(x).$$

(a) Determinate una statistica sufficiente e completa per θ.
(b) Determinate lo stimatore $\hat{\theta}_n$ di massima verosimiglianza per θ.
(c) Mostrate che $\hat{\theta}_n$ coincide con lo stimatore $\bar{\theta}_n$ ottenuto col metodo dei momenti.
(d) Qual è la legge di $\hat{\theta}_n$?
(e) $\hat{\theta}_n$ è distorto?
(f) $\hat{\theta}_n$ è UMVUE?
(g) Determinate lo stimatore $\widehat{\sigma}_n^2$ di massima verosimiglianza per la varianza di X_1.

Esercizio 4.12 Sia X una variabile aleatoria a valori in $(0, \infty)$ tale che $\log(X)$ abbia distribuzione $N(\mu, 1)$ con μ parametro reale incognito. Ovvero X ha distribuzione log-normale. Per $n \geq 1$, sia $X_1, \ldots, X_n$ un campione casuale dalla distribuzione di X.

(a) Si calcoli la media θ di X.
(b) Si determini lo stimatore $T_n = T_n(X_1, \ldots, X_n)$ di massima verosimiglianza per θ.
(c) Si calcoli la distorsione di T_n per stimare θ.
(d) A partire da T_n, si determini uno stimatore W_n che sia UMVUE per θ.
(e) Si calcoli l'informazione di Fisher $I(\theta)$.

N.B. Può essere d'aiuto ricordare la funzione generatrice dei momenti di una $N(\mu, \sigma^2)$:

$$m(t) = \exp\left(\mu t + \frac{\sigma^2 t^2}{2}\right) \qquad \forall t \in \mathbb{R}.$$

Esercizio 4.13 Sia $X_1, \ldots, X_n$ un campione casuale di ampiezza $n \geq 3$ estratto da una popolazione bernoulliana di parametro $p \in [0, 1]$. Sia T il prodotto delle sole prime tre osservazioni, ovvero

$$T = X_1 X_2 X_3.$$

(a) Si mostri che T è uno stimatore corretto di p^3.
(b) Si calcoli l'errore quadratico medio di T e lo si confronti col limite inferiore di Cramér-Rao per gli stimatori corretti di p^3 basati su un campione di ampiezza $n \geq 3$.
(c) A partire da T si trovi l'UMVUE per p^3 basato su un campione di ampiezza $n \geq 3$.

Esercizio 4.14 Dato un campione casuale $X_1, \ldots, X_n$ da una distribuzione di Bernoulli $B(p)$, si consideri la statistica:

$$T(X_1, \ldots, X_n) = \begin{cases} 1, & \text{se } X_1 = 1,\ X_2 = 0; \\ 0, & \text{altrimenti.} \end{cases}$$

(a) Verificare che $T(X_1, \ldots, X_n)$ è uno stimatore non distorto della varianza σ^2 della distribuzione.
(b) Giudicate interessanti le stime fornite da $T(X_1, \ldots, X_n)$?
(c) A partire da $T(X_1, \ldots, X_n)$, costruire l'UMVUE $V(X_1, \ldots, X_n)$ per σ^2.

4.3 Soluzioni

4.1

(a) Sia T un generico stimatore non distorto per $1/v$. Calcoliamo il limite di Cramér-Rao. Dobbiamo calcolare $I_n(v) = n I_1(v)$.

$$I_1(v) = \mathbb{E}\left[\left(\frac{\partial}{\partial v} \log f_X(x; v)\right)^2\right] =$$

$$= \mathbb{E}\left[\left(\frac{\partial(\log v - vX)}{\partial v}\right)^2\right] =$$

$$= \mathbb{E}[(1/v - X)^2] = \mathrm{Var}(X) = 1/v^2.$$

La disuguaglianza di Cramér-Rao afferma che:

$$\text{Var}(T) \geq \frac{\left(\frac{\mathrm{d}}{\mathrm{d}v}(1/v)\right)^2}{I_n(v)} = \frac{\left(-\frac{1}{v^2}\right)^2}{\frac{n}{v^2}} = \frac{1}{nv^2}.$$

(b) $\overline{X}_n$ è stimatore non distorto di $\mathbb{E}[X] = \frac{1}{v}$.

Inoltre $\text{Var}(\overline{X}_n) = 1/(nv^2)$ che raggiunge il limite di Cramér-Rao, quindi $\overline{X}_n$ è UMVUE per $\mathbb{E}[X] = 1/v$.

(c) Definiamo la seguente v.a. W:

$$W = \min\{X_1, \ldots, X_n\}.$$

Calcoliamo la legge di W:

$$\mathbb{P}\{W \geq t\} = (\mathbb{P}\{X_i \geq t\})^n = \mathrm{e}^{-vtn} \quad \Rightarrow \quad W \sim \mathcal{E}(nv).$$

Quindi:

$$\mathbb{E}[W] = \frac{1}{nv};$$

per cui nW è stimatore non distorto per $1/v$.

$$MSE(nW) = \text{Var}(nW) = n^2 \cdot \frac{1}{n^2 v^2} = \frac{1}{v^2}.$$

(d)
$$MSE(nW) = \frac{1}{v^2} > \frac{1}{nv^2} = MSE(\overline{X}_n) \qquad \forall v.$$

Questo implica che $\overline{X}_n$ è lo stimatore migliore.

4.2

(a)
$$L(\theta; \boldsymbol{x}) = \prod \frac{1}{\theta} \mathbb{I}_{[0,\theta]}(x_i) = \frac{1}{\theta^n} \prod \mathbb{I}_{[0,\theta]}(x_i) = \frac{1}{\theta^n} \mathbb{I}_{[X_{(n)},+\infty]}(\theta).$$
$$\hat{\theta}_{MLE} = X_{(n)}.$$

Ne calcoliamo la legge e la distorsione:

$$F_{X_{(n)}}(t) = \left(\frac{t}{\theta}\right)^n \quad \Rightarrow \quad f_{X_{(n)}}(t) = \frac{n}{\theta^n} t^{n-1} \mathbb{I}_{[0,\theta]}(t).$$

$$\mathbb{E}[\hat{\theta}_{MLE}] = \int_0^\theta \frac{n}{\theta^n} t^n \, \mathrm{d}t = \frac{n}{n+1}\theta.$$

$$Bias = \mathbb{E}[\hat{\theta}_{MLE}] - \theta = -\frac{1}{n+1}\theta.$$

(b) Per cui:

$$\left(\frac{n+1}{n}\right)\hat{\theta}_{MLE} = \left(\frac{n+1}{n}\right)X_{(n)}$$

è stimatore non distorto per θ.

$$MSE\left[\left(\frac{n+1}{n}\right)\hat{\theta}_{MLE}\right] = \left(\frac{n+1}{n}\right)^2 \mathrm{Var}(X_{(n)}) =$$

$$= \left(\frac{n+1}{n}\right)^2 \cdot \frac{n}{(n+1)^2(n+2)}\cdot\theta = \frac{\theta^2}{n(n+2)}.$$

(c) $\left(\frac{n+1}{n}\right)\hat{\theta}_{MLE}$ è statistica sufficiente minimale e completa (cfr. Capitolo 2, Esercizio 2.4), quindi è UMVUE per θ.

4.3

(a) $$\mathbb{E}[\overline{X}_n] = \mu.$$

$\overline{X}_n$ è stimatore non distorto per μ. Ed essendo funzione di statistica sufficiente completa e minimale è UMVUE di μ.

(b)

$$\frac{n-1}{\sigma^2}S_n^2 \sim \chi^2(n-1) = Gamma\left(\frac{n-1}{2},\frac{1}{2}\right).$$

$$\mathbb{E}\left[\frac{n-1}{\sigma^2}S_n^2\right] = \frac{n-1}{\sigma^2}\mathbb{E}[S_n^2] = n-1 \implies \mathbb{E}[S_n^2] = \sigma^2.$$

S_n^2 è stimatore non distorto per σ^2. Ed essendo funzione di statistica sufficiente completa e minimale è UMVUE di σ^2.

(c)

$$\mathbb{E}\left[\sqrt{\frac{n-1}{\sigma^2}S_n^2}\right] = \sqrt{\frac{n-1}{\sigma^2}}\mathbb{E}[S_n] = \int_0^{+\infty} t^{1/2}t^{\frac{n-1}{2}-1}e^{-t/2}(1/2)^{\frac{n-1}{2}}\frac{1}{\Gamma(\frac{n-1}{2})}\,dt =$$

$$= \int_0^{+\infty} t^{\frac{n}{2}-1}e^{-t/2}(1/2)^{\frac{n-1}{2}}\frac{1}{\Gamma(\frac{n-1}{2})}\,dt =$$

$$= \frac{\Gamma(\frac{n}{2})}{\Gamma(\frac{n-1}{2})}(1/2)^{-\frac{1}{2}}\int_0^{+\infty} t^{\frac{n}{2}-1}e^{-t/2}(1/2)^{\frac{n}{2}}\frac{1}{\Gamma(\frac{n}{2})}\,dt =$$

$$= \frac{\Gamma(\frac{n}{2})}{\Gamma(\frac{n-1}{2})}\sqrt{2}.$$

$$\sqrt{\frac{n-1}{\sigma^2}}\,\mathbb{E}\left[S_n\right] = \frac{\Gamma(\frac{n}{2})}{\Gamma(\frac{n-1}{2})}\,\sqrt{2}.$$

$$\mathbb{E}[S_n] = \frac{\sigma}{\sqrt{n-1}}\,\frac{\Gamma(\frac{n}{2})}{\Gamma(\frac{n-1}{2})}\,\sqrt{2}.$$

Allora:

$$\sqrt{\frac{n-1}{2}}\,\frac{\Gamma(\frac{n-1}{2})}{\Gamma(\frac{n}{2})}\,S_n$$

è non distorto per σ. Ed essendo funzione di statistica sufficiente completa e minimale è UMVUE di σ.

4.4

$\overline{X}_n$ è stimatore non distorto per p ed è statistica sufficiente minimale e completa per p e quindi è UMVUE per p.

$$\mathbb{E}[(\overline{X}_n)^2] = \frac{p(1-p)}{n} + p^2 = \frac{p}{n} + p^2\left(1 - \frac{1}{n}\right).$$

Quindi:

$$T = \left[\overline{X}_n^2 - \frac{\overline{X}_n}{n}\right]\cdot\frac{n}{n-1}$$

è stimatore non distorto per p^2 e funzione di $\overline{X}_n$. Allora T è UMVUE per p^2.

4.5

(a) $\overline{X}_n$ è MLE per μ. Allora, per il principio di invarianza $T_n = \overline{X}_n^2$ è MLE per μ^2.

(b)

$$\mathbb{E}[\overline{X}_n^2] = \frac{1}{n} + \mu^2 \qquad \Rightarrow \qquad \widehat{\tau}_n = \overline{X}_n^2 - \frac{1}{n}$$

è UMVUE per μ^2.

(c)

$$\mathrm{Var}(\widehat{\tau}_n) = \mathrm{Var}(\overline{X}_n^2) = \mathbb{E}[\overline{X}_n^4] - \left(\mathbb{E}[\overline{X}_n^2]\right)^2 =$$

$$= \mu^4 + 6\frac{\mu^2}{n} + \frac{3}{n^2} - \mu^4 - \frac{1}{n^2} - \frac{2\mu^2}{n} = \frac{4}{n}\mu^2 + \frac{2}{n^2}.$$

Per calcolare la varianza dello stimatore abbiamo tenuto conto che: $\overline{X}_n \sim N(\mu, 1/n)$.

(d)

$$I_1 = \mathbb{E}_\mu\left[\left(\frac{\partial}{\partial\mu}\log f_X(x;\mu)\right)^2\right] =$$

$$= \mathbb{E}_\mu\left[\left(\frac{\partial}{\partial\mu}[-(x\mu)^2/2]\right)\right] = \mathbb{E}[(X-\mu)^2] = 1.$$

Allora il limite i Cramér-Rao vale $\frac{4\mu^2}{n}$ e vale la seguente disuguaglianza:

$$\frac{(\tau'(\mu))^2}{n-1} = \frac{4\mu^2}{n} < \frac{4}{n}\mu^2 + \frac{2}{n^2} = \mathrm{Var}(\widehat{\tau}_n) \qquad \forall n.$$

4.6

$X_1,\ldots,X_n \sim N(\mu,\sigma^2)$.

$$MSE(\alpha S^2) = \mathrm{Var}(\alpha S^2) + \left(\mathbb{E}[\alpha S^2] - \sigma^2\right)^2 =$$

$$= \alpha^2\frac{2\sigma^4}{n-1} + \left((\alpha-1)\sigma^2\right)^2 = \sigma^4\left(\frac{2\alpha^2}{n-1} + \alpha^2 + 1 - 2\alpha\right).$$

$$\frac{\partial\left[\sigma^4\left(\frac{2\alpha^2}{n-1} + \alpha^2 + 1 - 2\alpha\right)\right]}{\partial\alpha} = 2\alpha\left(\frac{2}{n-1} + 1\right) - 2 \leq 0.$$

$$\alpha \leq \frac{n-1}{n+1}.$$

Allora $MSE(\alpha S^2)$ è minimo per $T = \frac{n-1}{n+1}S^2$.

4.7

(a) $$\tau(\lambda) = e^{-\lambda}; \qquad T = \mathbb{I}_{\{0\}}(X); \qquad T \sim Be(e^{-\lambda}).$$

$\tau(\lambda)$ è non distorto.

$$\mathbb{E}[T|X] = T \qquad \Rightarrow \qquad T \text{ è UMVUE per } e^{-\lambda}.$$

(b) $$MSE(\tau) = \mathrm{Var}(\tau) = e^{-\lambda}(1 - e^{-\lambda}).$$

$$I_1(\lambda) = \mathbb{E}_\lambda\left[\left(\frac{\partial}{\partial\lambda}\log f_X(x;\lambda)\right)^2\right] = \mathbb{E}_\lambda\left[\left(\frac{\partial}{\partial\lambda}[-\lambda + X\log\lambda]\right)^2\right] =$$

$$= \mathbb{E}_\lambda\left[\left(-1 + \frac{X}{\lambda}\right)^2\right] = \frac{1}{\lambda^2}\mathrm{Var}(X) = \frac{1}{\lambda}.$$

Il limite di Cramér-Rao è:

$$\frac{(\tau'(\lambda))^2}{n/\lambda} = \frac{(-e^{-\lambda})^2}{1/\lambda} = \lambda e^{-2\lambda}.$$

Allora possiamo concludere che:

$$e^{-\lambda}(1 - e^{-\lambda}) \geq \lambda e^{-2\lambda} \quad \Longleftrightarrow \quad (1 - e^{-\lambda}) \geq \lambda e^{-\lambda} \quad \Longleftrightarrow \quad (e^{\lambda} - 1) \geq \lambda.$$

$\forall \lambda > 0 \ MSE(\tau(\lambda))$ è maggiore del limite di Cramér-Rao.

4.8

(a)
$$L(\theta; \boldsymbol{x}) = \prod \theta x_i^{\theta-1} \mathbb{I}_{(0,1)}(x_i) = \theta^n \left(\prod x_i \right)^{\theta-1} \prod \mathbb{I}_{(0,1)}(x_i).$$

$$l(\theta; \boldsymbol{x}) = n \log(\theta) + (\theta - 1) \sum \log(x_i) + \sum \log \mathbb{I}_{(0,1)}(x_i).$$

$$\frac{d \, l(\theta; \boldsymbol{x})}{d\theta} = n/\theta + \sum \log(x_i) = 0 \implies \hat{\theta}_{MLE} = -\frac{n}{\sum \log x_i}.$$

Per calcolarne la distorsione, investigo la distribuzione di $Y_i = -\log X_i$.

$$\mathbb{P}\{Y_i \leq y\} = \mathbb{P}\{-\log X_i \leq y\} =$$
$$= \mathbb{P}\{X_i \geq \exp(-y)\} = 1 - \mathbb{P}\{X_i < \exp(-y)\} =$$
$$= 1 - \int_0^{e^{-y}} \theta x^{\theta-1} \mathbb{I}_{(0,1)}(x) \, dx = 1 - x^{\theta} \Big|_0^{e^{-y}} = 1 - e^{-\theta y}.$$

Quindi $F_Y(y; \theta) = (1 - e^{-\theta y})\mathbb{I}_{[0,+\infty]}(y)$. Riconosciamo la distribuzione esponenziale, $Y_i = -\log(X_i) \sim \mathcal{E}(\theta)$. Per il legame fra esponenziale e gamma, possiamo dire: $Y_n = -\sum \log X_i \sim Gamma(n, \theta)$.

$$\mathbb{E}[\hat{\theta}_{MLE}] = \mathbb{E}\left[-\frac{n}{\sum \log x_i} \right] = n\mathbb{E}\left[-\frac{1}{\sum \log x_i} \right] = n\mathbb{E}\left[-\frac{1}{Y_n} \right].$$

Calcoliamo quindi:

$$\mathbb{E}\left[-\frac{1}{Y_n} \right] = \int_0^{+\infty} \frac{1}{y} \frac{\theta^n y^{n-1} e^{-\theta y}}{\Gamma(n)} \, dy = \frac{\Gamma(n-1)}{\Gamma(n)} \theta \int_0^{+\infty} \frac{\theta^{n-1} y^{n-2} e^{-\theta y}}{\Gamma(n-1)} \, dy =$$
$$= \frac{\Gamma(n-1)}{\Gamma(n)} \theta = \frac{(n-2)!}{(n-1)!} \theta = \frac{\theta}{(n-1)}.$$

Quindi $\mathbb{E}[\hat{\theta}_{MLE}] = \frac{n\theta}{(n-1)}$.

(b)
$$T = \frac{n-1}{n} \hat{\theta}_{MLE} = -\frac{(n-1)}{\sum \log(X_i)}.$$

T è non distorto per θ.

$$MSE(T) = \mathrm{Var}(T) = \frac{\theta^2}{(n-2)}.$$

(c) Calcoliamo $I_n(\theta) = n I_1(\theta)$.

$$I_1(\theta) = \mathbb{E}\left[\left(\frac{\partial}{\partial \theta}(\log \theta + (\theta - 1)\log X)\right)^2\right] =$$

$$= \mathbb{E}\left[\left(\frac{1}{\theta} + \log X\right)^2\right] = \mathrm{Var}(-\log X) = \frac{1}{\theta^2}.$$

Quindi il limite di Cramér-Rao è:

$$\frac{\theta^2}{n} < \frac{\theta^2}{(n-2)} = \mathrm{Var}(T).$$

(d) Dato che $\sum \log X_i$ è statistica sufficiente minimale e completa per θ, T è UMVUE per θ.

4.9

(a) $\quad X_1, \ldots, X_n \sim f_X(x; \theta) = \theta(1 + x)^{-(1+\theta)} \mathbb{I}_{[0, +\infty)}(x) \qquad x \in \mathbb{R}, \quad \theta > 0.$

Sia $\theta > 1$, applichiamo il metodo dei momenti:

$$\mathbb{E}_\theta[X] = \int_0^{+\infty} x\theta(1 + x)^{-(1+\theta)}\, dx \overset{x+1=t}{=}$$

$$= \int_1^{+\infty} \theta(t - 1)t^{-(1+\theta)}\, dt = \theta \int_1^{+\infty} t^{-\theta}\, dt + \theta \int_1^{+\infty} t^{-(1+\theta)}\, dt =$$

$$= \theta\left[\frac{t^{-\theta+1}}{-\theta + 1}\right]_1^{+\infty} - \theta\left[\frac{t^{-\theta}}{-\theta}\right]_1^{+\infty} =$$

$$= \theta\left[-\frac{1}{1 - \theta}\right] - \theta\left[\frac{1}{\theta}\right] =$$

$$= -1 - \frac{\theta}{1 - \theta} = \frac{-1 + \theta - \theta}{1 - \theta} = -\frac{1}{1 - \theta} =$$

$$= \frac{1}{\theta - 1}.$$

Allora per il metodo dei momenti otteniamo:

$$\overline{X}_n = \frac{1}{\theta - 1} \qquad \Rightarrow \qquad \hat{\theta}_{MOM} = 1 + \frac{1}{\overline{X}_n}.$$

(b) Studiamo la likelihood del campione:

$$L(\theta; \boldsymbol{x}) = \theta^n \left(\prod_i (1 + x_i) \right)^{-(1+\theta)}.$$

$$l(\theta; \boldsymbol{x}) = n \log \theta - (1 + \theta) \sum_i \log(1 + x_i).$$

$$\frac{\partial l(\theta; \boldsymbol{x})}{\partial \theta} = \frac{n}{\theta} - \sum_i \log(1 + x_i) \geq 0 \quad \Longleftrightarrow \quad \theta \leq \frac{n}{\sum \log(1 + x_i)}.$$

Allora:

$$\hat{\theta}_{MLE} = \frac{n}{\sum \log(1 + X_i)};$$

e per il principio di invarianza:

$$\widehat{\left(\frac{1}{\theta} \right)}_{MLE} = \frac{\sum \log(1 + X_i)}{n}.$$

(c)
$$f_X(x; \theta) = \theta \exp\{-(1 + \theta) \log(1 + x)\} \mathbb{I}_{[0,+\infty)}(x)$$

appartiene alla famiglia esponenziale, quindi $T = \sum_i \log(1 + X_i)$ è sufficiente per il criterio di fattorizzazione.
Inoltre, dato che:

$$w : \theta \to -(1 + \theta) \qquad w : \mathbb{R}^+ \to (-\infty, 1) \supset \text{ aperto di } \mathbb{R};$$

T è anche completa.
$Y = \log(1 + X)$. Calcoliamo la legge di Y:

$$F_Y(t) = \mathbb{P}\{Y \leq t\} = \mathbb{P}\{\log(1 + X) \leq t\} = \mathbb{P}\{(1 + X) \leq e^t\} =$$

$$= \mathbb{P}\{X \leq e^t - 1\} = \int_0^{e^t - 1} \theta(1 + x)^{-(1+\theta)} \, dx \overset{x+1=t}{=}$$

$$= \int_1^{e^t} \theta t^{-(1+\theta)} \, dt = \frac{\theta t^{-\theta}}{-\theta} \bigg|_1^{e^t} = 1 - e^{-t\theta}.$$

allora $Y \sim \mathcal{E}(\theta)$, quindi $T = \sum_i \log(1 + X_i) \sim Gamma(n, \theta)$.

(d) Osserviamo:

$$\mathbb{E}\left[\frac{T}{n} \right] = \frac{1}{n} \sum \mathbb{E}\left[\log(1 + X_i) \right] = \frac{1}{\theta} \quad \Rightarrow \quad \frac{T}{n} \quad \text{è UMVUE per } 1/\theta.$$

$$\mathbb{E}\left[\frac{1}{T} \right] = \frac{\theta}{n - 1} \quad \Rightarrow \quad \tilde{T} = \frac{n - 1}{\sum \log(1 + X_i)} \quad \Rightarrow \quad \tilde{T} \quad \text{è UMVUE per } \theta.$$

L'uguaglianza $\mathbb{E}\left[\frac{1}{T} \right] = \frac{\theta}{n-1}$ si ottiene tramite le proprietà della gamma (cfr. Capitolo 3, Esercizio 3.3).

(e) Calcoliamo il limite inferiore di Cramér-Rao, tenendo presente che $I_n(\theta) = nI_1(\theta)$.

$$I_1(\theta) = \mathbb{E}_\theta\left[\left(\frac{\partial}{\partial\theta}(\log f_X(x;\theta))\right)^2\right] =$$

$$= \mathbb{E}_\theta\left[\left(\frac{\partial}{\partial\theta}(\log\theta - (1+\theta)\log(1+X))\right)^2\right] =$$

$$= \mathbb{E}_\theta\left[\left(\frac{1}{\theta} - \log(1+X)\right)^2\right] = \mathrm{Var}(Y) \overset{Y\sim\mathcal{E}(\theta)}{=} \frac{1}{\theta^2}.$$

Il limite di Cramér-Rao è quindi:

$$\frac{(\tau'(\theta))^2}{n/\theta^2} = \frac{(-\frac{1}{\theta^2})^2}{n\frac{1}{\theta^2}} = \frac{1}{n\theta^2}.$$

Calcoliamo il $MSE(\tilde{T})$.

$$MSE(\tilde{T}) = \mathrm{Var}\left(\frac{\sum\log(1+X_i)}{n}\right) = \frac{1}{n\theta^2}.$$

Quindi $\tilde{T}$ raggiunge il limite di Cramér-Rao.

4.10

(a)
$$\tau(\lambda) = e^{-\lambda}(1+\lambda).$$
$$\widehat{\lambda}_{MLE} = \overline{X}_n.$$

Quindi, per il principio di invarianza:

$$\widehat{\tau(\lambda)}_{MLE} = e^{-\overline{X}_n}(1 + \overline{X}_n).$$

(b)
$$e^{-\lambda}(1+\lambda) = \mathbb{P}\{X \le 1\}.$$

Se introduciamo le v.a. $Y_i = \mathbb{I}_{[0,1]}(X_i)$, $Y_i \sim Be(e^{-\lambda}(1+\lambda))$, osserviamo che:

$$\overline{Y}_n = \frac{1}{n}\sum_{i=1}^{n}\mathbb{I}_{[0,1]}(X_i) \qquad \text{è stimatore non distorto per } \tau(\lambda).$$

(c) Calcoliamo l'UMVUE per $\tau(\lambda)$:

$$T = \mathbb{E}_\lambda\left[\overline{Y}_n \,\middle|\, \sum_{i=1}^{n}X_i\right].$$

$$\mathbb{E}_\lambda\left[Y_1\middle|\sum_{i=1}^n X_i = k\right] =$$

$$= \mathbb{P}_\lambda\left\{Y = 1\middle|\sum_{i=1}^n X_i = k\right\} = \mathbb{P}_\lambda\left\{X_1 \le 1\middle|\sum_{i=1}^n X_i = k\right\} =$$

$$= \mathbb{P}_\lambda\left\{X_1 = 0\middle|\sum_{i=1}^n X_i = k\right\} + \mathbb{P}_\lambda\left\{X_1 = 1\middle|\sum_{i=1}^n X_i = k\right\} =$$

$$= \frac{\mathbb{P}_\lambda\{X_1 = 0, \sum_{i=1}^n X_i = k\}}{\mathbb{P}_\lambda\{\sum_{i=1}^n X_i = k\}} + \frac{\mathbb{P}_\lambda\{X_1 = 1, \sum_{i=1}^n X_i = k\}}{\mathbb{P}_\lambda\{\sum_{i=1}^n X_i = k\}} =$$

$$= \frac{\mathbb{P}_\lambda\{X_1 = 0\}\mathbb{P}_\lambda\{\sum_{i=2}^n X_i = k\} + \mathbb{P}_\lambda\{X_1 = 1\}\mathbb{P}_\lambda\{\sum_{i=2}^n X_i = k - 1\}}{\mathbb{P}_\lambda\{\sum_{i=1}^n X_i = k\}} =$$

$$= \left(e^{-\lambda}e^{-(n-1)\lambda}\frac{((n-1)\lambda)^k}{k!} + \lambda e^{-\lambda}e^{-(n-1)\lambda}\frac{((n-1)\lambda)^{k-1}}{(k-1)!}\right)\cdot\frac{k!}{e^{-n\lambda}(n\lambda)^k} =$$

$$= \left(\frac{n-1}{n}\right)^k + k\frac{(n-1)^k}{n^k} = \left(\frac{n-1}{n}\right)^k\cdot\left(1 + \frac{k}{n-1}\right).$$

Allora:

$$\mathbb{E}_\lambda\left[X_1\middle|\sum_{i=1}^n X_i\right] = \left(\frac{n-1}{n}\right)^{\sum_i X_i}\cdot\left(1 + \frac{\sum_i X_i}{n-1}\right) =$$

$$= \left(1 - \frac{1}{n}\right)^{\overline{X}_n}\cdot\left(1 + \overline{X}_n\frac{n}{n-1}\right)$$

è UMVUE per $\tau(\lambda)$.

4.11

(a) $$X_1, \ldots, X_n \sim Gamma(2, 1/\theta),\ \theta > 0 \ \Rightarrow\ f_X(x; \theta) = \left(\frac{1}{\theta}\right)^2 x e^{-x/\theta}\mathbb{I}_{[0,+\infty)}(x).$$

$f_X(x; \theta)$ appartiene alla famiglia esponenziale, quindi $\sum_{i=1}^n X_i$ è statistica sufficiente. Dato che $w : \mathbb{R}^+ \to (-\infty, 0)$ contiene un aperto di $\mathbb{R}$, $\sum_{i=1}^n X_i$ è statistica sufficiente e completa, quindi anche minimale.

(b) Calcoliamo la verosimiglianza:

$$L(\theta; \boldsymbol{x}) = \frac{1}{\theta^{2n}}\prod_{i=1}^n x_i e^{-\frac{\sum x_i}{\theta}}\prod_i \mathbb{I}_{[0,+\infty)}(x_i).$$

$$l(\theta; \boldsymbol{x}) \propto -2n\log\theta - \frac{\sum X_i}{\theta}.$$

$$\frac{\partial l(\theta; \boldsymbol{x})}{\partial\theta} = -\frac{2n}{\theta} + \frac{\sum x_i}{\theta^2} \ge 0 \qquad \theta \le \frac{\sum x_i}{2n}.$$

Allora $\hat{\theta}_{MLE} = \frac{\overline{X}_n}{2}$.

(c) Calcoliamo la media di X:

$$\mathbb{E}[X] = \frac{1}{\theta} \quad \Rightarrow \quad \hat{\theta}_{MOM} = \frac{\overline{X}_n}{2}.$$

(d) Dato che:

$$X_i \sim Gamma(2, 1/\theta) \quad \Rightarrow \quad \sum X_i \sim Gamma(2n, 1/\theta)$$

$$\Rightarrow \quad \hat{\theta}_n = \frac{\sum X_i}{2n} \sim Gamma(2n, 2n/\theta).$$

(e) Dato che $\mathbb{E}[\hat{\theta}_n] = \theta$, allora $\hat{\theta}_n$ è stimatore non distorto per θ.

(f) $\hat{\theta}_n$ è UMVUE in quanto stimatore non distorto e funzione di statistica sufficiente e completa.

(g)

$$\mathrm{Var}(X_i) = 2\theta^2 \quad \Rightarrow \quad \hat{\sigma}^2_{MLE} = 2\frac{\overline{X}_n^2}{4} = \frac{\overline{X}_n^2}{2}$$

per il principio di invarianza.

4.12

(a)
$$\theta = \mathbb{E}[X] = \mathbb{E}[e^Y] = m_Y(1) = e^{\mu + 1/2}.$$

(b)
$$f_X(x; \mu) = \frac{1}{\sqrt{2\pi}} \frac{1}{x} \exp\left\{-\frac{1}{2}(\log x - \mu)^2\right\} \mathbb{I}_{[0,+\infty)}(x).$$

$$L(\mu; \boldsymbol{x}) = \frac{1}{(2\pi)^{n/2}} \cdot \left(\prod_i x_i\right) \exp\left\{-\frac{1}{2}\sum_i (\log x_i - \mu)^2\right\} \prod_i \mathbb{I}_{[0,+\infty)}(x_i).$$

$$l(\mu; \boldsymbol{x}) \propto -\frac{1}{2}\sum_i (\log x_i - \mu)^2.$$

$$\frac{\partial l(\mu; \boldsymbol{x})}{\partial \mu} = \frac{1}{2} 2 \sum_i (\log x_i - \mu) = \sum_i (\log x_i) - n\mu \geq 0$$

$$\Longleftrightarrow \quad \mu \leq \frac{\sum \log x_i}{n}.$$

Per il principio di invarianza degli MLE:

$$T_n = \hat{\theta}_{MLE} = \exp\left\{\frac{1}{2} + \frac{\sum \log X_i}{n}\right\}.$$

(c)
$$\mathbb{E}[\hat{\theta}_{MLE}] = \mathbb{E}\left[\exp\left\{\frac{1}{2} + \frac{\sum \log X_i}{n}\right\}\right] =$$

$$= \exp\left\{\frac{1}{2}\right\} \left(\exp\left\{\frac{\mu}{n} + \frac{1}{2n^2}\right\}\right)^n = \exp\left\{\frac{1}{2}\right\} \left(\exp\left\{\mu + \frac{1}{2n}\right\}\right) =$$

$$= \exp\left\{\mu + \frac{1}{2}\right\} \exp\left\{\frac{1}{2n}\right\}.$$

(d) L'UMVUE W_n è ottenuto semplicemente correggendo lo stimatore T_n:

$$W_n = \mathrm{e}^{-1/(2n)} T_n.$$

Infatti, per il teorema di Lehmann-Scheffé, W_n è funzione di statistica sufficiente e completa per θ, quindi è unico UMVUE di θ.

(e) Sia $Y = \log X \sim N(\mu, 1)$. La definizione di $I(\theta)$ per un campione i.i.d. è la seguente:

$$I(\theta) = n \cdot \mathbb{E}\left[\left(\frac{\partial \log f_Y(y)}{\partial \theta}\right)^2\right].$$

$$f_Y(y) = \frac{1}{\sqrt{2\pi}} \exp\left\{-\frac{1}{2}(y - \mu)^2\right\}.$$

$$\log f_Y(\log x) = -\frac{1}{2}\log(2\pi) - \frac{1}{2}(y - \mu)^2 =$$

$$= -\frac{1}{2}\log(2\pi) - \frac{1}{2}\left(y - \log\theta + \frac{1}{2}\right)^2.$$

$$\frac{\partial \log f_Y(y)}{\partial \theta} = \frac{1}{\theta}\left(y - \log\theta + \frac{1}{2}\right).$$

$$I(\theta) = n \cdot \mathbb{E}\left[\frac{1}{\theta^2}(Y - \log\theta + \frac{1}{2})^2\right] =$$

$$= n \cdot \frac{1}{\theta^2}\mathbb{E}\left[(Y - \log\theta + \frac{1}{2})^2\right] =$$

$$= n \cdot \frac{1}{\theta^2}\mathbb{E}[(Y - \mu)^2] = \frac{n}{\theta^2}\operatorname{Var}(Y) = \frac{n}{\theta^2}.$$

4.13

(a)
$$X_1, \ldots, X_n \sim Be(p); \quad T = X_1 X_2 X_3; \quad T \sim Be(p^3).$$
$$\mathbb{E}[T] = p^3.$$

(b) Calcoliamo il $MSE(T)$:

$$MSE(T) = \operatorname{Var}(T) = p^3(1 - p^3) = p^3(1 - p)(1 + p + p^2).$$

Calcoliamo il limite di Cramér-Rao:

$$I_1(p) = \mathbb{E}_p\left[\left(\frac{\partial(\log f_X(x; p))}{\partial p}\right)^2\right] =$$

$$= \mathbb{E}_p\left[\left(\frac{\partial(x \log p + (1 - x)\log(1 - p))}{\partial p}\right)^2\right] =$$

$$= \mathbb{E}_p\left[\left(\frac{x}{p} - \frac{1 - x}{1 - p}\right)^2\right] = \mathbb{E}_p\left[\frac{(x - px - p + px)^2}{(p(1 - p))^2}\right] =$$

$$= \mathbb{E}_p\left[\frac{(x - p)^2}{(p(1 - p))^2}\right] = \frac{1}{p(1 - p)}.$$

Il limite di Cramér-Rao quindi vale:

$$\frac{(3p^2)^2}{n\frac{1}{p(1-p)}} = \frac{9p^4 p(1-p)}{n} = \frac{9p^5(1-p)}{n}.$$

$$MSE(T) = p^3(1-p^3) = p^3(1-p)(1+p+p^2) \geq \frac{9}{n}p^5(1-p)$$

$$(1+p+p^2) \geq \frac{9}{n}p^2$$

$$(1+p) \geq \left(\frac{9}{n}-1\right)p^2 \quad (9/n \leq 3).$$

(c) So che $\sum_i X_i$ è statistica sufficiente e completa per p.
   $T = X_1 X_2 X_3$ è corretto per p^3.
   Allora $\mathbb{E}[T \mid \sum_i X_i]$ è UMVUE per p^3.

$$\mathbb{E}\left[T \mid \sum_i X_i = k\right] = \mathbb{P}\left\{T = 1 \mid \sum_i X_i = k\right\} = \frac{p^3 \binom{n-3}{k-3} p^{k-3}(1-p)^{n-k}}{\binom{n}{k}p^k(1-p)^{n-k}} =$$

$$= \frac{(n-3)!k!}{(k-3)!n!} = \frac{k(k-1)(k-2)}{n(n-1)(n-2)}.$$

Allora lo stimatore UMVUE è così definito:

$$\begin{cases} 0 & \text{se } \sum X_i \leq 2; \\ \frac{\sum X_i (\sum X_i -1)(\sum X_i -2)}{n(n-1)(n-2)} & \text{se } \sum X_i > 2. \end{cases}$$

4.14

(a) $$\mathbb{E}[T] = \mathbb{P}\{X_1 = 1, X_2 = 0\} = p(1-p).$$

(b) No, dato che $\text{Var}(T)$ e quindi $MSE(T)$ non dipendono da n.

(c) Sfrutto il teorema di Lehmann-Scheffé, considerando che $\sum X_i$ è statistica
   sufficiente e completa per p:

$$V(X_1, \ldots, X_n) = \mathbb{E}[T \mid \sum X_i = k] = 1 \cdot \mathbb{P}\{X_1 = 1, X_2 = 0 \mid \sum X_i = k\} =$$

$$= \frac{\mathbb{P}\{X_1 = 1, X_2 = 0, \sum_3^n X_i = k-1\}}{\mathbb{P}\{\sum_1^n X_i = k\}} =$$

$$= \frac{p(1-p)\binom{n-2}{k-1}p^{k-1}(1-p)^{n-2-k+1}}{\binom{n}{k}p^k(1-p)^{n-k}} =$$

$$= \frac{\binom{n-2}{k-1}}{\binom{n}{k}} = \frac{k(n-k)}{n(n-1)}.$$

Quindi:

$$V(X_1, \ldots, X_n) = \frac{\sum X_i (n - \sum X_i)}{n(n-1)} = \frac{n\overline{X}(1-\overline{X})}{n-1}.$$

Capitolo 5
Likelihood Ratio Test

5.1 Richiami di teoria

Definizione 5.1 (Errori nei test d'ipotesi) Consideriamo il seguente test d'ipotesi:

$$H_0 : \theta \in \Theta_0 \qquad \text{vs} \qquad H_0 : \theta \in \Theta_0^c.$$

Definiamo quindi:

- Errore di I tipo: H_0 è vera, cioè $\theta \in \Theta_0$, e si decide di rifiutare H_0.
- Errore di II tipo: H_0 è falsa, cioè $\theta \in \Theta_0^c$, e si decide di accettare H_0.

Si veda la Tabella 5.1.

Definiamo la Regione di Rifiuto, R. Allora:

$$\mathbb{P}_\theta\{X \in R\} = \begin{cases} \text{probabilità di commettere Errore del I tipo} & \text{se } \theta \in \Theta_0; \\ 1 - \text{probabilità di commettere Errore del II tipo} & \text{se } \theta \in \Theta_0^c. \end{cases}$$

Definizione 5.2 (Potenza del test) La funzione potenza di un test d'ipotesi con regione di rifiuto R è una funzione di θ così definita:

$$\beta(\theta) = \mathbb{P}_\theta\{X \in R\}.$$

Definizione 5.3 (Dimensione del test) La dimensione di un test con funzione potenza $\beta(\theta)$ è così definita:

$$\sup_{\theta \in \Theta_0} \beta(\theta) = \alpha;$$

dove $\alpha \in [0, 1]$.

Tabella 5.1 Errori nei test d'ipotesi

			Decisione	
			Accetto H_0	Rifiuto H_0
Verità		H_0	Corretto	Errore di I tipo
		H_1	Errore di II tipo	Corretto

© Springer-Verlag Italia S.r.l., part of Springer Nature 2020

F. Gasperoni, F. Ieva, A.M. Paganoni, *Eserciziario di Statistica Inferenziale*, UNITEXT 120,

https://doi.org/10.1007/978-88-470-3995-7_5

Definizione 5.4 (Livello del test) Il livello di un test con funzione potenza $\beta(\theta)$ è così definita:

$$\sup_{\theta \in \Theta_0} \beta(\theta) \leq \alpha;$$

dove $\alpha \in [0, 1]$.

Definizione 5.5 (Test non distorto) Un test con funzione potenza $\beta(\theta)$ è non distorto se:

$$\beta(\theta') \geq \beta(\theta'') \qquad \forall \theta' \in \Theta_0^c, \quad \theta'' \in \Theta_0.$$

Definizione 5.6 (Likelihood Ratio Test, LRT) Consideriamo il seguente test:

$$H_0 : \theta \in \Theta_0 \qquad \text{vs} \qquad H_1 : \theta \in \Theta_0^c.$$

La statistica test basata sul rapporto di verosimiglianza è così definita:

$$\lambda(x) = \frac{\sup_{\Theta_0} L(\theta; x)}{\sup_{\Theta} L(\theta; x)}.$$

Il test di rapporto di verosimiglianza, LRT, è un qualsiasi test la cui regione di rifiuto ha la seguente forma $\{x : \lambda(x) \leq c\}$, dove $c \in (0, 1)$.

5.2 Esercizi

Esercizio 5.1 Dato un campione casuale $X_1, \ldots, X_5$ da una legge $B(p)$, con p incognito e $0 \leq p \leq 1$, si vuole sottoporre a verifica l'ipotesi nulla $H_0 : p = 1/2$ contro l'ipotesi alternativa $H_1 : p \neq 1/2$. Si intende impiegare una regione critica del tipo

$$R = \left\{ \left| \overline{x}_5 - \frac{1}{2} \right| > c \right\}.$$

(a) Cercare i valori di c che danno un test di dimensione $\alpha = 10\%$.

(b) Cercare i valori di c che danno un test di livello $\alpha = 10\%$.

Esercizio 5.2 Un campione di ampiezza 1 è estratto da una distribuzione $\mathcal{P}(\lambda)$. Per verificare $H_0 : \lambda = 1$ contro $H_1 : \lambda = 2$, si consideri la regione critica $R = \{x > 3\}$. Si trovino le probabilità di errore di primo tipo e di secondo tipo e la potenza del test contro $\lambda = 2$.

Esercizio 5.3 Si consideri il modello statistico dato dalle leggi esponenziali $\mathcal{E}(\nu)$, $\nu > 0$, e sia $X_1, \ldots, X_n$ un campione casuale estratto da una popolazione descritta da tale modello. Trovare i test di dimensione α basati sul rapporto di verosimiglianza per:

(a) $\nu = \nu_0$ contro $\nu \neq \nu_0$.

(b) $\nu \leq \nu_0$ contro $\nu > \nu_0$.

Esercizio 5.4 Data $X \sim Bi(n, p)$, con n noto e p incognito in $[0, 1]$:

(a) Si cerchi un test di livello α basato sul rapporto di verosimiglianza per H_0 : $p \le p_0$ contro $H_1 : p > p_0$.

(b) Si scriva esplicitamente la regione di rifiuto nel caso $n = 5$, $p_0 = 0.3$, $\alpha = 0.03$.

Esercizio 5.5 Dato un campione casuale $X_1, \ldots, X_n$, $n \ge 2$, estratto da una popolazione $N(\mu, \sigma^2)$ con μ e σ entrambi incogniti, si trovino i test basati sul rapporto di verosimiglianza per $H_0 : \sigma = \sigma_0$ contro $H_1 : \sigma \ne \sigma_0$.

Esercizio 5.6 Sia $X_1, \ldots, X_n$ un campione casuale da una legge uniforme su $\{1, \ldots, N\}$, dove $N \in \mathbb{N}$. Trovare test basati sul rapporto di verosimiglianza, determinandone anche il livello α, per:

(a) $N \le N_0$ contro $N > N_0$.

(b) $N = N_0$ contro $N \ne N_0$.

Esercizio 5.7 Sia $X_1, \ldots, X_n$ un campione casuale da una legge uniforme sull'intervallo $[0, \theta]$, $\theta > 0$. Trovare i test basati sul rapporto di verosimiglianza, determinandone il anche il livello α, per:

(a) $\theta \le \theta_0$ contro $\theta > \theta_0$,

(b) $\theta = \theta_0$ contro $\theta \ne \theta_0$.

(c) Nel caso $\theta_0 = 1$ si trovi la minima ampiezza n del campione con cui il test di dimensione $\alpha = 5\%$ trovato in (b) risulta avere contro $\theta = 3/2$ una potenza di almeno 0.8.

Esercizio 5.8 Sia X un campione di ampiezza unitaria da una distribuzione con densità:

$$f(x|\theta) = \frac{2}{\theta^2}(\theta - x)\mathbb{I}_{(0,\theta)}(x)$$

con $\theta \in (0, \infty)$. Si consideri il test d' ipotesi:

$$H_0 : \theta = 1 \quad \text{vs} \quad H_1 : \theta > 1.$$

(a) Sia δ_0 il test con regione critica:

$$R_0 = \{X > 1\}.$$

   Si calcoli il suo livello e la sua funzione potenza.

(b) Si ripeta il ragionamento al punto precedente nel caso:

$$H_0 : \theta \le 1 \quad \text{vs} \quad H_1 : \theta > 1.$$

Esercizio 5.9 Sia $X_1, \ldots, X_n$ un campione casuale da

$$f_X(x; \theta) = \frac{\theta}{x^2}\, \mathbb{I}_{[\theta, +\infty)}(x), \qquad \theta > 0.$$

(a) Determinare la regione critica del test di dimensione α basato sul rapporto di verosimiglianza per:

$$H_0 : \theta \leq 1 \qquad \text{vs} \qquad H_1 : \theta > 1.$$

(b) Calcolare la funzione potenza del test trovato in (a) e disegnarne il grafico.
(c) Quanto deve essere grande n se si vuole che il test trovato in (a) di dimensione $\alpha = 0.04$ abbia potenza 1 contro $\theta = 3$?

Esercizio 5.10 Siano $X_1, \ldots, X_n$ un campione casuale da una popolazione Normale (θ, σ^2). Si consideri il test:

$$H_0 : \theta \leq \theta_0 \qquad \text{vs} \qquad H_1 : \theta > \theta_0.$$

(a) Nell'ipotesi in cui σ^2 sia nota, mostrare che il test per cui si rifiuta H_0 qualora

$$\overline{X} > \theta_0 + z_{1-\alpha}\sqrt{\sigma^2/n}$$

ha dimensione α. Mostrare inoltre che questo test è equivalente a quello che si ottiene dal rapporto di verosimiglianze.
(b) Nell'ipotesi in cui σ^2 sia incognita, mostrare che il test che rifiuta H_0 qualora

$$\overline{X} > \theta_0 + t_{n-1,1-\alpha}\sqrt{S^2/n}$$

è un test di dimensione α. Mostrare inoltre che questo test è equivalente a quello che si ottiene dal rapporto di verosimiglianze.

5.3 Soluzioni

5.1

(a)
$$\alpha = \mathbb{P}_{\frac{1}{2}}\left\{\left|\overline{X}_5 - \frac{1}{2}\right| > c\right\} = \mathbb{P}_{\frac{1}{2}}\left\{\frac{\sum X_i}{5} - \frac{1}{2} > c\right\} + \mathbb{P}_{\frac{1}{2}}\left\{\frac{\sum X_i}{5} - \frac{1}{2} < -c\right\} =$$

$$= \mathbb{P}_{\frac{1}{2}}\left\{\sum X_i > \left(\frac{1}{2} + c\right)\cdot 5\right\} + \mathbb{P}_{\frac{1}{2}}\left\{\sum X_i < \left(\frac{1}{2} - c\right)\cdot 5\right\}.$$

Sappiamo che, sotto H_0, $\sum X_i \sim Bin(5, 1/2)$. Definiamo $k = \left(\frac{1}{2} + c\right)\cdot 5$ e $\tilde{k} = \left(\frac{1}{2} - c\right)\cdot 5$ e investighiamo come variano questi valori al variare di c ($c \in [0,1]$). Osserviamo subito che $2.5 \leq k \leq 7.5$ e $-2.5 \leq \tilde{k} \leq 2.5$. Per uno studio completo si veda Tabella 5.2.

Tabella 5.2 Valori possibili di k, c e $\tilde{k}$

k	c	$\tilde{k}$
$2.5 \leq k \leq 3$	$0 \leq c \leq 1/10$	$2 \leq \tilde{k} \leq 2.5$
$3 \leq k \leq 4$	$1/10 \leq c \leq 3/10$	$1 \leq \tilde{k} \leq 2$
$4 \leq k \leq 5$	$3/10 \leq c \leq 1/2$	$0 \leq \tilde{k} \leq 1$
$k > 5$	$1/2 < c \leq 1$	$\tilde{k} > 0$

Tabella 5.3 Valori possibili di c e relativi valori di $\mathbb{P}\{x \in R\}$

c	$\mathbb{P}_{\frac{1}{2}}\{\sum X_i > k\}$	$\mathbb{P}_{\frac{1}{2}}\{\sum X_i < \tilde{k}\}$	Totale
$0 \leq c \leq 1/10$	$1/2$	$1/2$	1
$1/10 \leq c \leq 3/10$	$6/32$	$6/32$	$3/8 = 0.375$
$3/10 \leq c \leq 1/2$	$1/32$	$1/32$	$1/16 = 0.0625$
$c > 1/2$	0	0	0

In Tabella 5.3 sono riportati i possibili valori di α. Si osserva subito che il test non raggiunge mai una *dimensione* del 10%.

(b) Dalla Tabella 5.3 è immediato vedere che per avere un test di *livello* $\alpha = 10\%$, bisogna scegliere $c \geq 3/10$.

5.2

$$R = \{x : X > 3\}.$$

$$\mathbb{P}\{\text{Err. I tipo}\} = \mathbb{P}_{\lambda=1}\{X > 3\} = 1 - \mathbb{P}_{\lambda=1}\{X \leq 3\} =$$

$$= 1 - e^{-1}\left(1 + 1 + \frac{1}{2} + \frac{1}{6}\right) = 1 - e^{-1}\left(\frac{16}{6}\right) = 1 - \frac{8}{3e} = 0.019.$$

$$\mathbb{P}\{\text{Err. II tipo}\} = \mathbb{P}_{\lambda=2}\{X \leq 3\} =$$

$$= e^{-2}\left(1 + 2 + \frac{4}{2} + \frac{8}{6}\right) = e^{-2}\left(\frac{19}{3}\right) = 0.86.$$

La potenza contro $\lambda = 2$ è $1 - \mathbb{P}_{\lambda=2}\{X > 3\} = 0.14$.

5.3

(a)
$$H_0 : \nu = \nu_0 \qquad vs \qquad H_1 : \nu \neq \nu_0.$$

Calcoliamo $L(\nu; x)$ e applichiamo il LRT:

$$L(\nu; x) = \nu^n \exp\left\{-\nu \sum x_i\right\} \prod \mathbb{I}_{[0,+\infty]}(x_i).$$

$$\lambda(x) = \frac{L(\nu_0; x)}{\sup_{\nu>0} L(\nu; x)} = \frac{\nu_0^n \exp\left\{-\nu_0 \sum x_i\right\} \prod \mathbb{I}_{[0,+\infty]}(x_i)}{\sup_{\nu>0} \nu^n \exp\left\{-\nu \sum x_i\right\} \prod \mathbb{I}_{[0,+\infty]}(x_i)}.$$

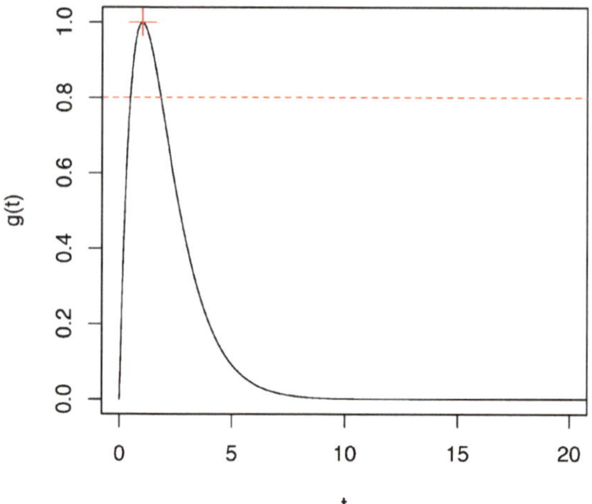

Fig. 5.1 Rappresentazione di $\lambda(\boldsymbol{x})$, in cui $g(t) = t \cdot (1 - e^t)$ e la linea orizzontale tratteggiata rappresenta k. Il massimo di $g(t)$ è 1 viene raggiunto in corrispondenza di $t = 1$ (il massimo è identificato con una croce)

Il *sup* del denominatore corrisponde alla $L(v; \boldsymbol{x})$ valutata in corrispondenza del $\hat{v}_{MLE} = 1/\overline{X}_n$.

$$\lambda(\boldsymbol{x}) = \frac{v_0^n \exp\left\{-v_0 \sum x_i\right\} \prod \mathbb{I}_{[0,+\infty]}(x_i)}{\left(\frac{1}{\overline{X}_n}\right)^n \exp\left\{-\left(\frac{1}{\overline{X}_n}\right) \sum x_i\right\} \prod \mathbb{I}_{[0,+\infty]}(x_i)} =$$

$$= \left(v_0 \overline{X}_n\right)^n \exp\left\{n - v_0 \sum x_i\right\} =$$

$$= \left(v_0 \overline{X}_n \exp\left\{1 - v_0 \overline{X}_n\right\}\right)^n.$$

Definiamo quindi la regione critica come: $R = \{\boldsymbol{x} : \lambda(\boldsymbol{x}) \leq c\}$ e $c \in [0, 1]$. Nei casi estremi ritroviamo risultati banali:

$$c = 0 \implies R = \emptyset \implies \text{non rifiuto mai} \implies \mathbb{P}\{\text{Err. tipo II}\} = 1.$$
$$c = 1 \implies R = \mathbb{R}^n \implies \text{rifiuto sempre} \implies \mathbb{P}\{\text{Err. tipo I}\} = 1.$$

Ci focalizziamo quindi su $c \in (0, 1)$.

$$R = \left\{\boldsymbol{x} : \left(v_0 \overline{X}_n \exp\left\{1 - v_0 \overline{X}_n\right\}\right)^n \leq c\right\} =$$

$$= \left\{\boldsymbol{x} : v_0 \overline{X}_n \exp\left\{1 - v_0 \overline{X}_n\right\} \leq c^{1/n} = k\right\}.$$

Si veda a questo punto la Fig. 5.1, dove $t = v_0 \overline{X}_n$. Possiamo dire che: $R = \left\{\boldsymbol{x} : v_0 \overline{X}_n \leq \bar{t}_1\right\} \cup \left\{\boldsymbol{x} : v_0 \overline{X}_n \geq \bar{t}_2\right\}$. Per definire $\bar{t}_1$ e $\bar{t}_2$, imponiamo che il livello del test sia pari ad α:

$$\alpha = \mathbb{P}_{v_0}\{\text{Errore I tipo}\} = \mathbb{P}_{v_0}\{\boldsymbol{x} \in R\} = \mathbb{P}_{v_0}\{v_0 \overline{X}_n \leq \bar{t}_1\} + \mathbb{P}_{v_0}\{v_0 \overline{X}_n \geq \bar{t}_2\}.$$

Studiamo la distribuzione di $\nu_0 \overline{X}_n$:

$$X_i \sim \mathcal{E}(\nu_0) = Gamma(1, \nu_0) \implies \sum X_i \sim Gamma(n, \nu_0)$$
$$\implies \nu_0 \overline{X}_n \sim Gamma(n, n).$$

Allora, una possibile scelta è data da: $\bar{t}_1 = \gamma_{\alpha/2}(n, n)$ e $\bar{t}_2 = \gamma_{1-\alpha/2}(n, n)$.

(b)
$$H_0 : \nu \le \nu_0 \qquad \text{vs} \qquad H_1 : \nu > \nu_0.$$

Svolgiamo un procedimento analogo a quello del punto (a).

$$\lambda(\boldsymbol{x}) = \frac{\sup_{0<\nu\le\nu_0} L(\nu_0; \boldsymbol{x})}{\sup_{\nu>0} L(\nu; \boldsymbol{x})} = \frac{\sup_{0<\nu\le\nu_0} \nu^n \exp\left\{-\nu \sum x_i\right\}}{\sup_{\nu>0} \nu^n \exp\left\{-\nu \sum x_i\right\}} =$$

$$= \frac{\sup_{0<\nu\le\nu_0} \nu^n \exp\left\{-\nu \sum x_i\right\}}{\left(\frac{1}{\overline{X}_n}\right)^n \exp\left\{-\left(\frac{1}{\overline{X}_n}\right) \sum x_i\right\}}.$$

Studiamo la derivata del numeratore per vedere dove (e se) viene raggiunto il sup:

$$\frac{\mathrm{d}}{\mathrm{d}\nu} \nu^n \exp\left\{-\nu \sum x_i\right\} \ge 0$$
$$\nu^{n-1} \exp\left\{-\nu \sum x_i\right\} \left(n - \nu \sum x_i\right) \ge 0$$
$$\nu \le 1/\overline{X}_n.$$

Il numeratore ha un massimo in corrispondenza di $\hat{\nu}_{MLE} = 1/\overline{X}_n$.
Quindi, dobbiamo distinguere due casi, in base al fatto che $\hat{\nu}_{MLE} = 1/\overline{X}_n$ ricada o meno nell'intervallo $(0, \nu_0]$:

$$\lambda(\boldsymbol{x}) = \begin{cases} \dfrac{\left(\frac{1}{\overline{X}_n}\right)^n \exp\left\{-\left(\frac{1}{\overline{X}_n}\right)\sum x_i\right\}}{\left(\frac{1}{\overline{X}_n}\right)^n \exp\left\{-\left(\frac{1}{\overline{X}_n}\right)\sum x_i\right\}} = 1, & \text{se } \nu_0 \ge 1/\overline{X}_n; \\[3ex] \dfrac{\nu_0^n \exp\left\{-\nu_0 \sum x_i\right\}}{\left(\frac{1}{\overline{X}_n}\right)^n \exp\left\{-\left(\frac{1}{\overline{X}_n}\right)\sum x_i\right\}} = \left(\nu_0 \overline{X}_n \exp\left\{1 - \nu_0 \overline{X}_n\right\}\right)^n, & \text{se } \nu_0 < 1/\overline{X}_n. \end{cases}$$

$$R = \left\{\boldsymbol{x} : 1 \le c, \nu_0 \overline{X}_n \ge 1\right\} \cup \left\{\boldsymbol{x} : \left(\nu_0 \overline{X}_n \exp\left\{1 - \nu_0 \overline{X}_n\right\}\right)^n \le c, \nu_0 \overline{X}_n < 1\right\} =$$
$$= \emptyset \cup \left\{\boldsymbol{x} : \nu_0 \overline{X}_n \exp\left\{1 - \nu_0 \overline{X}_n\right\} \le k, \nu_0 \overline{X}_n < 1\right\} =$$
$$= \left\{\boldsymbol{x} : \nu_0 \overline{X}_n \le \bar{t}_1\right\}.$$

$\overline{X}_n$ ha legge $Gamma(n, n\nu)$, allora $\nu \overline{X}_n \sim Gamma(n, n)$ e:

$$\alpha = \sup_{0<\nu\le\nu_0} \mathbb{P}\left\{\nu_0 \overline{X}_n \le \bar{t}_1\right\} = \sup_{0<\nu\le\nu_0} \mathbb{P}\left\{\nu \overline{X}_n \le \frac{\nu}{\nu_0}\bar{t}_1\right\} = \mathbb{P}_{\nu_0}\left\{\nu_0 \overline{X}_n \le \frac{\nu}{\nu_0}\bar{t}_1\right\}.$$

L'ultima uguaglianza è dovuta al fatto che il sup è raggiunto per $\nu = \nu_0$. Allora $\frac{\nu}{\nu_0}\bar{t}_1 = \gamma_\alpha(n, n)$.

5.4

(a) Calcoliamo $L(p; x)$ e applichiamo il LRT:

$$L(p; x) = \binom{n}{x} p^k (1 - p)^{n-x}.$$

$$\lambda(x) = \frac{\sup_{0 \leq p \leq p_0} L(p; x)}{\sup_{p \in [0,1]} L(p; x)} = \frac{\sup_{0 \leq p \leq p_0} \binom{n}{x} p^x (1 - p)^{n-x}}{\sup_{p \in [0,1]} \binom{n}{x} p^x (1 - p)^{n-x}}.$$

Il sup del denominatore corrisponde alla $L(p; x)$ valutata in corrispondenza del $\hat{p}_{MLE} = x/n$ (si veda Fig. 5.2).

$$\lambda(x) = \frac{\sup_{0 \leq p \leq p_0} p^x (1 - p)^{n-x}}{\left(\frac{x}{n}\right)^x (1 - \frac{x}{n})^{n-x}} = \begin{cases} 1, & \text{se } x/n \leq p_0 \leq 1; \\ (\frac{n \cdot p_0}{x})^x (\frac{n(1-p_0)}{n-x})^{n-x}, & \text{se } 0 \leq p_0 < x/n. \end{cases}$$

$$R = \left\{ x : 1 \leq c, x/n \leq p_0 \leq 1 \right\} \cup$$

$$\cup \left\{ x : \left(\frac{n \cdot p_0}{x}\right)^x \left(\frac{n(1 - p_0)}{n - x}\right)^{n-x} \leq c, 0 \leq p_0 < x/n \right\} =$$

$$= \emptyset \cup \left\{ x : x \log \left(\frac{n \cdot p_0}{x}\right) + (n - x) \log \left(\frac{n(1 - p_0)}{n - x}\right) \leq \log c, \right.$$

$$\left. 0 \leq p_0 < x/n \right\} =$$

$$= \left\{ x : x \log (n \cdot p_0) - x \log x + (n - x) \log [n(1 - p_0)] - \right.$$

$$\left. - (n - x) \log (n - x) \leq \log c, 0 \leq p_0 < x/n \right\}.$$

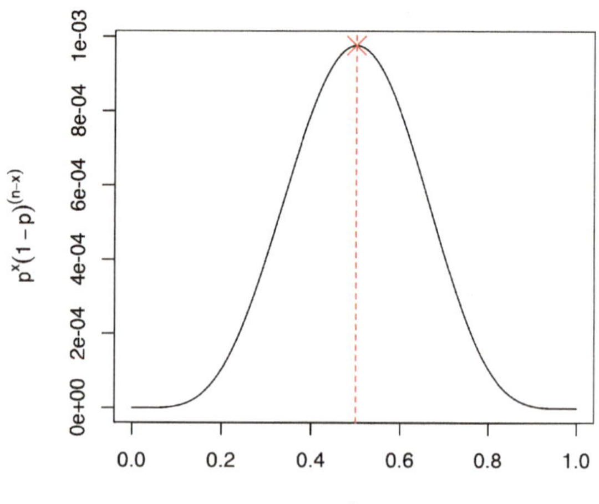

Fig. 5.2 Rappresentazione di $L(p; x)$. Il massimo di $L(p; x)$ viene raggiunto per $p = \frac{x}{n}$ (in questo caso 0.5, dato che abbiamo scelto arbitrariamente $x = 5$ ed $n = 10$)

Cerchiamo di esplicitare in funzione di x. Studiamo quindi la derivata di
$f(x) = x \log (n \cdot p_0) - x \log x + (n - x) \log [n(1 - p_0)] - (n - x) \log (n - x)$.

$$f'(x) = \log(n \cdot p_0) - \log(x) - 1 - \log [n(1 - p_0)] + \log (n - x) + 1 =$$
$$= \log \left(\frac{n \cdot p_0}{n(1 - p_0)} \right) + \log \left(\frac{n - x}{x} \right) =$$
$$= \log \left(\frac{p_0}{1 - p_0} \right) + \log \left(\frac{n - x}{x} \right) =$$
$$= \log \left(\frac{p_0}{1 - p_0} \frac{n - x}{x} \right) = \log \left(\frac{p_0}{x} \frac{n - x}{1 - p_0} \right) \leq 0 \quad \text{per } p_0 \leq \frac{x}{n}.$$

Quindi concludiamo che:

$$R = \left\{ x : x \geq \tilde{c} \right\}.$$

Cioè, se registraimo un numero alto di successi, rifiutiamo H_0.
Esplicitare $\tilde{c}$, richiedendo che il test abbia livello α:

$$\alpha = \sup_{0 \leq p \leq p_0} \mathbb{P}\{X \geq \tilde{c}\} = \sup_{0 \leq p \leq p_0} 1 - \mathbb{P}\{X < \tilde{c}\} =$$
$$= \sup_{0 \leq p \leq p_0} 1 - \sum_{x=0}^{\tilde{c}-1} \binom{n}{x} p^x (1 - p)^{(n-x)}$$

Si può provare che il sup viene realizzato per $p = p_0$ e di conseguenza
calcolare numericamente $\tilde{c}$.

(b)

$$\tilde{c} = 0 \implies \binom{5}{0} 0.3^0 (1 - 0.3)^{(5-0)} = 1.$$

$$\tilde{c} = 1 \implies \binom{5}{1} 0.3^1 (1 - 0.3)^{(5-1)} = 0.8319.$$

$$\tilde{c} = 2 \implies \binom{5}{2} 0.3^2 (1 - 0.3)^{(5-2)} = 0.3087.$$

$$\tilde{c} = 3 \implies \binom{5}{3} 0.3^3 (1 - 0.3)^{(5-3)} = 0.1631.$$

$$\tilde{c} = 4 \implies \binom{5}{4} 0.3^4 (1 - 0.3)^{(5-4)} = 0.0308.$$

$$\tilde{c} = 5 \implies \binom{5}{5} 0.3^5 (1 - 0.3)^{(5-5)} = 0.0024.$$

Il test non raggiunge mai dimensione α, ma livello α sì: $R = \{x > 4\}$.

5.5

Calcoliamo la statistica del LRT, sapendo che S_0^2 è MLE per σ^2:

$$\lambda(x) = \frac{(2\pi\sigma_0^2)^{-\frac{n}{2}} \exp\left\{-\frac{1}{2\sigma_0^2}\sum_i(x_i - \overline{X})^2\right\}}{(2\pi S_0^2)^{-\frac{n}{2}} \exp\left\{-\frac{1}{2S_0^2}\sum_i(x_i - \overline{X})^2\right\}} =$$

$$= \left(\frac{S_0^2}{\sigma_0^2}\right)^{\frac{n}{2}} \exp\left\{-\frac{1}{2}\left(\frac{\sum_i(x_i - \overline{X})^2}{\sigma_0^2} - n\right)\right\} =$$

$$= \left(\frac{S_0^2}{\sigma_0^2}\right)^{\frac{n}{2}} \exp\left\{\frac{n}{2}\left(1 - \frac{S_0^2}{\sigma_0^2}\right)\right\}.$$

Si ottiene come regione di rifiuto (o regione critica) R:

$$R = \{\lambda \le c\} \iff \left\{\frac{S_0^2}{\sigma_0^2}\exp\left\{1 - \frac{S_0^2}{\sigma_0^2}\right\} \le \sqrt[n]{c} = k\right\}.$$

Sia $t = \frac{S_0^2}{\sigma_0^2}$. Dobbiamo quindi studiare la funzione $g(t) = t\exp(1 - t)$ (si veda Fig. 5.1).

$$g'(t) = \exp\{1 - t\} - t\exp\{1 - t\} = \exp\{1 - t\}(1 - t);$$

quindi $g(t)$ è monotona crescente in $[0, 1]$ e monotona decrescente in $[1, +\infty)$.

$$R = \left\{\frac{S_0^2}{\sigma_0^2} < s_1\right\} \cup \left\{\frac{S_0^2}{\sigma_0^2} > s_2\right\}.$$

Dato che sotto H_0: $\frac{S_0^2}{\sigma_0^2} = \frac{n-1}{n}\frac{S^2}{\sigma_0^2} \sim \frac{1}{n}\chi^2(n - 1)$, possiamo scrivere R come:

$$R = \left\{(n - 1)\frac{S^2}{\sigma_0^2} < \chi^2_{\alpha/2}(n - 1)\right\} \cup \left\{(n - 1)\frac{S^2}{\sigma_0^2} > \chi^2_{1-\alpha/2}(n - 1)\right\}.$$

5.6

(a) $N \le N_0$ contro $N > N_0$.

$$L(N; x) = \prod_1^n \frac{1}{N}\mathbb{I}_{\{1,\dots,N\}}(x_i) = \frac{1}{N^n}\mathbb{I}_{\{x_{(n)},+\infty\}}(N).$$

$$\lambda(x) = \frac{\sup_{N \le N_0} L(N; x)}{\sup_{N \in \{1,+\infty\}} L(N; x)} = \frac{\sup_{N \le N_0}\frac{1}{N^n}\mathbb{I}_{\{x_{(n)},+\infty\}}(N)}{\sup_{N \in \{1,+\infty\}}\frac{1}{N^n}\mathbb{I}_{\{x_{(n)},+\infty\}}(N)} =$$

$$= \begin{cases} 0, & \text{se } x_{(n)} > N_0; \\ 1, & \text{se } x_{(n)} \le N_0. \end{cases}$$

Impostiamo la R, focalizzandoci su $c \in (0, 1)$.

$$R = \left\{ \boldsymbol{x} : 1 \leq c, \quad x_{(n)} \leq N_0 \right\} \cup \left\{ \boldsymbol{x} : 0 \leq c, \quad x_{(n)} > N_0 \right\} =$$

$$= \varnothing \cup \left\{ x_{(n)} > N_0 \right\}.$$

Scegliamo uns R di livello α:

$$\alpha = \sup_{N \leq N_0} \mathbb{P} \left\{ X_{(n)} > N_0 \right\} = 0.$$

(b) $N = N_0$ contro $N \neq N_0$.

$$\lambda(\boldsymbol{x}) = \frac{\sup_{N = N_0} L(N; \boldsymbol{x})}{\sup_{N \in \{1, +\infty)} L(N; \boldsymbol{x})} = \frac{\sup_{N = N_0} \frac{1}{N^n} \mathbb{I}_{\{x_{(n)}, +\infty\}}(N)}{\sup_{N \in \{1, +\infty)} \frac{1}{N^n} \mathbb{I}_{\{x_{(n)}, +\infty\}}(N)} =$$

$$= \begin{cases} 0, & \text{se } x_{(n)} > N_0; \\ (x_{(n)}/N_0)^n, & \text{se } x_{(n)} \leq N_0. \end{cases}$$

Impostiamo la R, focalizzandoci su $c \in (0, 1)$:

$$R = \left\{ \boldsymbol{x} : (x_{(n)}/N_0)^n \leq c, \quad x_{(n)} \leq N_0 \right\} \cup \left\{ \boldsymbol{x} : 0 \leq c, \quad x_{(n)} > N_0 \right\} =$$

$$= \left\{ x_{(n)} \leq c^{1/n} N_0 \right\} \cup \left\{ x_{(n)} > N_0 \right\}.$$

Scegliamo una R di livello α:

$$\alpha = \sup_{N = N_0} \mathbb{P} \left\{ X_{(n)} \leq c^{1/n} N_0 \right\} + \mathbb{P} \left\{ X_{(n)} > N_0 \right\} = \left(\frac{\lfloor c^{1/n} N_0 \rfloor}{N_0} \right)^n;$$

dove $\lfloor a \rfloor$, $a \in \mathbb{R}$, indica la parte intera inferiore di a.

5.7

(a) Calcoliamo $L(\theta; \boldsymbol{x})$ (si veda Fig. 5.3):

$$L(\theta; \boldsymbol{x}) = \prod_1^n \frac{1}{\theta} \mathbb{I}_{[0,\theta]}(x_i) = \frac{1}{\theta^n} \mathbb{I}_{[x_{(n)}, +\infty]}(\theta).$$

$$\lambda(\boldsymbol{x}) = \frac{\sup_{0 \leq \theta \leq \theta_0} L(\theta; \boldsymbol{x})}{\sup_{\theta \in [0, +\infty)} L(\theta; \boldsymbol{x})} = \frac{\sup_{0 \leq \theta \leq \theta_0} \frac{1}{\theta^n} \mathbb{I}_{[x_{(n)}, +\infty]}(\theta)}{\sup_{\theta \in [0, +\infty)} \frac{1}{\theta^n} \mathbb{I}_{[x_{(n)}, +\infty]}(\theta)}.$$

Il sup del denominatore corrisponde alla $L(\theta; \boldsymbol{x})$ valutata in corrispondenza del $\hat{\theta}_{MLE} = X_{(n)}$.

$$\lambda(\boldsymbol{x}) = \frac{\sup_{0 \leq \theta \leq \theta_0} \frac{1}{\theta^n} \mathbb{I}_{[x_{(n)}, +\infty]}(\theta)}{\frac{1}{x_{(n)}^n}} = \begin{cases} 1, & \text{se } x_{(n)} \leq \theta_0; \\ 0, & \text{se } x_{(n)} > \theta_0. \end{cases}$$

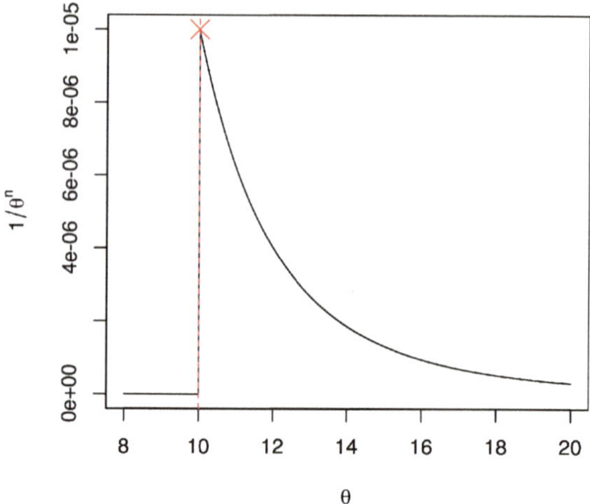

Fig. 5.3 Rappresentazione di $L(\theta; \boldsymbol{x})$. Il massimo di $L(\theta; \boldsymbol{x})$, evidenziato nel grafico con una croce, viene raggiunto in corrispondenza di $\theta = X_{(n)}$ (in questo caso pari a 10)

Impostiamo la R, focalizzandoci su $c \in (0, 1)$:

$$R = \left\{\boldsymbol{x} : 1 \leq c, x_{(n)} \leq \theta_0\right\} \cup \left\{\boldsymbol{x} : 0 \leq c, x_{(n)} > \theta_0\right\} =$$
$$= \emptyset \cup \left\{x_{(n)} > \theta_0\right\}.$$

Scegliamo una R di livello α:

$$\alpha = \sup_{0 \leq \theta \leq \theta_0} \mathbb{P}\left\{X_{(n)} > \theta_0\right\} = \sup_{0 \leq \theta \leq \theta_0} 1 - \mathbb{P}\left\{X_{(n)} \leq \theta_0\right\} =$$
$$= \sup_{0 \leq \theta \leq \theta_0} 1 - \left(\mathbb{P}\left\{X_1 \leq \theta_0\right\}\right)^n = \sup_{0 \leq \theta \leq \theta_0} 1 - (\theta_0/\theta)^n = 0.$$

(b) Impostiamo il LRT:

$$\lambda(\boldsymbol{x}) = \frac{\sup_{\theta=\theta_0} L(\theta; \boldsymbol{x})}{\sup_{\theta \in [0, +\infty)} L(\theta; \boldsymbol{x})} = \frac{\frac{1}{\theta_0^n} \mathbb{I}_{[x_{(n)}, +\infty]}(\theta_0)}{\sup_{\theta \in [0, +\infty)} \frac{1}{\theta^n} \mathbb{I}_{[x_{(n)}, +\infty]}(\theta)}.$$

Il sup del denominatore corrisponde alla $L(\theta; \boldsymbol{x})$ valutata in corrispondenza del $\hat{\theta}_{MLE} = X_{(n)}$.

$$\lambda(\boldsymbol{x}) = \frac{\frac{1}{\theta_0^n} \mathbb{I}_{[x_{(n)}, +\infty]}(\theta_0)}{\frac{1}{x_{(n)}^n}} = \begin{cases} (x_{(n)}/\theta_0)^n, & \text{se } x_{(n)} \leq \theta_0; \\ 0, & \text{se } x_{(n)} > \theta_0. \end{cases}$$

Impostiamo la R, focalizzandoci su $c \in (0, 1)$:

$$R = \left\{\boldsymbol{x} : (x_{(n)}/\theta_0)^n \leq c, x_{(n)} \leq \theta_0\right\} \cup \left\{\boldsymbol{x} : 0 \leq c, x_{(n)} > \theta_0\right\} =$$
$$= \left\{x_{(n)} \leq \theta_0 \sqrt[n]{c}\right\} \cup \left\{x_{(n)} > \theta_0\right\}.$$

Scegliamo una R di livello α:

$$\alpha = \sup_{\theta=\theta_0} \mathbb{P}\left\{X_{(n)} \leq \theta_0 \sqrt[n]{c}\right\} + \mathbb{P}\left\{X_{(n)} > \theta_0\right\} =$$

$$= \mathbb{P}\left\{X_{(n)} \leq \theta_0 \sqrt[n]{c}\right\} + 1 - \mathbb{P}\left\{X_{(n)} \leq \theta_0\right\} =$$

$$= \left(\mathbb{P}\left\{X_1 \leq \theta_0 \sqrt[n]{c}\right\}\right)^n + 1 - \left(\mathbb{P}\left\{X_1 \leq \theta_0\right\}\right)^n =$$

$$= (\theta_0 \sqrt[n]{c}/\theta_0)^n + 1 - (\theta_0/\theta_0)^n = c.$$

Quindi: $R_\alpha = \left\{x_{(n)} \leq \theta_0 \sqrt[n]{\alpha}\right\} \cup \left\{x_{(n)} > \theta_0\right\}$.

(c)

$$\beta(\theta) = \mathbb{P}\{\boldsymbol{x} \in R_\alpha\} = \mathbb{P}\{X_{(n)} \leq \theta_0 \sqrt[n]{\alpha}\} + \mathbb{P}\{X_{(n)} > \theta_0\} =$$

$$= (\theta_0 \sqrt[n]{\alpha}/\theta)^n + 1 - (\theta_0/\theta)^n.$$

Sostituendo $\alpha = 5\%$ e $\theta_0 = 1$, otteniamo la seguente funzione potenza:

$$\beta(\theta) = (\sqrt[n]{0.05}/\theta)^n + 1 - (1/\theta)^n.$$

Valutiamo la funzione in $\theta = 3/2$ e imponiamo che superi 80%.

$$\beta(3/2) = 0.05 \cdot (2/3)^n + 1 - (2/3)^n \geq 0.8$$

$$-0.95 \cdot (2/3)^n \geq -0.2$$

$$(2/3)^n \leq 0.211$$

$$n \geq \frac{\log(0.211)}{\log(2/3)} = 3.84 \implies n \geq 4.$$

5.8

(a)

$$\alpha = \sup_{\theta \in \Theta_0} \mathbb{P}\{X \in R\} = \sup_{\theta=1} \mathbb{P}\{X > 1\} =$$

$$= \sup_{\theta=1} 1 - \mathbb{P}\{X \leq 1\} = 1 - \mathbb{P}_1\{X \leq 1\} =$$

$$= 1 - \int_0^1 2(1-x)\,\mathrm{d}x = 1 - (2x - x^2)\Big|_0^1 = 1 - 2 + 1 = 0.$$

$$\beta(\theta) = \mathbb{P}\{X \in R\} = \sup_{\theta=1} \mathbb{P}\{X > 1\} =$$

$$= \int_1^\theta \frac{2}{\theta^2}(\theta - x)\,\mathrm{d}x = \left(\frac{2}{\theta}x - \frac{2}{\theta^2}\frac{x^2}{2}\right)\Big|_0^\theta =$$

$$= 2 - \frac{2}{\theta} - 1 + \frac{1}{\theta^2} = 1 - \frac{2}{\theta} + \frac{1}{\theta^2} = \left(1 - \frac{1}{\theta}\right)^2 = \left(\frac{\theta-1}{\theta}\right)^2.$$

La funzione potenza $\beta(\theta)$ è rappresentata in Fig. 5.4.

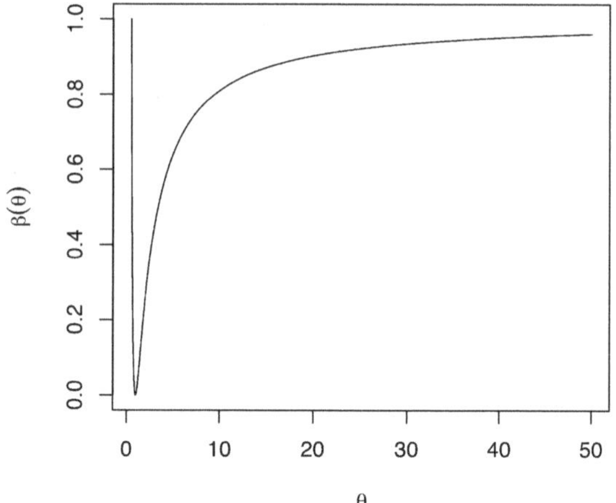

Fig. 5.4 Rappresentazione di $\beta(\theta) = \left(\frac{\theta-1}{\theta}\right)^2$. Si può notare che $\beta(\theta) \to +\infty$, per $\theta \to 0$; mentre $\beta(\theta) \to 1$, per $\theta \to +\infty$

(b) $H_0 : \theta \leq 1$ vs $H_1 : \theta > 1$.

$$\alpha = \sup_{\theta \in \Theta_0} \mathbb{P}\{X \in R\} = \sup_{\theta \leq 1} \mathbb{P}\{X > 1\} = \sup_{\theta \leq 1} 1 - \mathbb{P}\{X \leq 1\} =$$

$$= \sup_{\theta \leq 1} 1 - \int_0^1 \frac{2}{\theta^2}(\theta - x)\mathbb{I}_{(0,\theta)}(x)\,\mathrm{d}x = 1 - \int_0^\theta \frac{2}{\theta^2}(\theta - x)\,\mathrm{d}x = 0.$$

$$\beta(\theta) = \mathbb{P}\{X \in R\} = \mathbb{P}\{X > 1\} = 1 - \mathbb{P}\{X \leq 1\} =$$

$$= 1 - \int_0^1 \frac{2}{\theta^2}(\theta - x)\mathbb{I}_{(0,\theta)}(x)\,\mathrm{d}x =$$

$$= \begin{cases} 1 - \int_0^\theta \frac{2}{\theta^2}(\theta - x)\,\mathrm{d}x = 1 - 1 = 0 & \text{se } \theta < 1; \\ 1 - \int_0^1 \frac{2}{\theta^2}(\theta - x)\,\mathrm{d}x = 1 - \frac{2}{\theta} + \frac{1}{\theta^2} & \text{se } \theta \geq 1. \end{cases}$$

La funzione potenza $\beta(\theta)$ è rappresentata in Fig. 5.5.

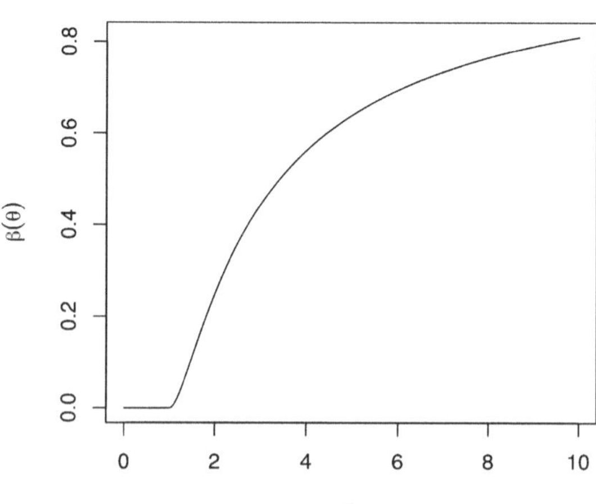

Fig. 5.5 Rappresentazione di $\beta(\theta) = \left(1 - \frac{2}{\theta} + \frac{1}{\theta^2}\right)\mathbb{I}_{\{\theta \geq 1\}}$

5.9

(a) Calcoliamo $L(\theta; \boldsymbol{x})$ (si veda Fig. 5.6).

$$L(\theta; \boldsymbol{x}) = \frac{\theta^n}{\prod x_i^2} \prod \mathbb{I}_{[0,+\infty]}(x_i) = \frac{\theta^n}{\prod x_i^2} \mathbb{I}_{[0,X_{(1)}]}(\theta).$$

Applichiamo la definizione di LRT.

$$\lambda(\boldsymbol{x}) = \frac{\sup_{0<\theta\leq 1} L(\theta; \boldsymbol{x})}{\sup_{\theta>0} L(\theta; \boldsymbol{x})}.$$

Il sup del denominatore corrisponde alla $L(\theta; \boldsymbol{x})$ valutata in corrispondenza del $\hat{\theta}_{MLE} = X_{(1)}$.

$$\lambda(\boldsymbol{x}) = \begin{cases} \frac{X_{(1)}^n}{\prod x_i^2} / \frac{X_{(1)}^n}{\prod x_i^2} = 1, & \text{se } 1 \geq X_{(1)}; \\ \frac{1}{\prod x_i^2} / \frac{X_{(1)}^n}{\prod x_i^2} = \left(\frac{1}{X_{(1)}}\right)^n, & \text{se } 1 < X_{(1)}. \end{cases}$$

Imponiamo che la R sia di livello α e focalizziamoci su $c \in (0,1)$:

$$R = \{\boldsymbol{x} : \lambda(\boldsymbol{x}) \leq c\} =$$

$$= \{\boldsymbol{x} : 1 \leq c, X_{(1)} \leq 1\} \cup \left\{\boldsymbol{x} : \left(\frac{1}{X_{(1)}}\right)^n \leq c, X_{(1)} > 1\right\} =$$

$$= \emptyset \cup \{\boldsymbol{x} : X_{(1)} \geq 1/c^{1/n} = 1/k, X_{(1)} > 1\} = \{\boldsymbol{x} : X_{(1)} \geq 1/k\}.$$

$$\alpha = \sup_{0<\theta\leq 1} \mathbb{P}\{\boldsymbol{x} \in R\} = \sup_{0<\theta\leq 1} \mathbb{P}\{X_{(1)} \geq 1/k\} = \sup_{0<\theta\leq 1} \left(\int_{1/k}^{+\infty} \theta/x^2 \, dx\right)^n =$$

$$= \sup_{0<\theta\leq 1} \left(\theta \cdot \frac{-1}{x} \Big|_{1/k}^{+\infty}\right)^n = \sup_{0<\theta\leq 1} \left(k\theta\right)^n = k^n \implies k = \sqrt[n]{\alpha}.$$

$$R_\alpha = \{\boldsymbol{x} : X_{(1)} \geq 1/\sqrt[n]{\alpha}\}.$$

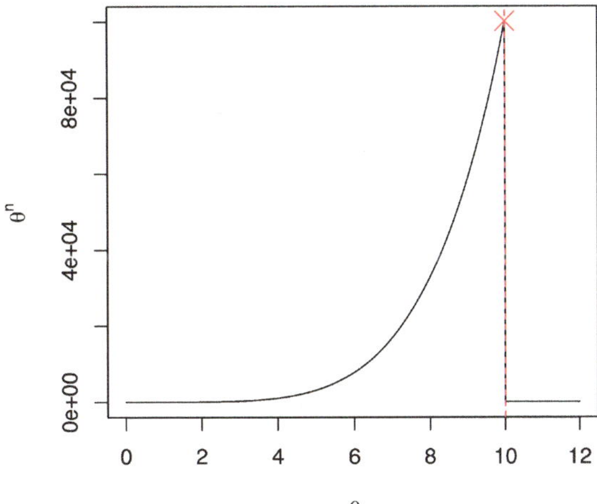

Fig. 5.6 Rappresentazione di $L(\theta; \boldsymbol{x})$. Il massimo di $L(\theta; \boldsymbol{x})$ è rappresentato con una croce ed è raggiunto in corrispondenza di $\theta = X_{(1)}$ (10 in questo caso)

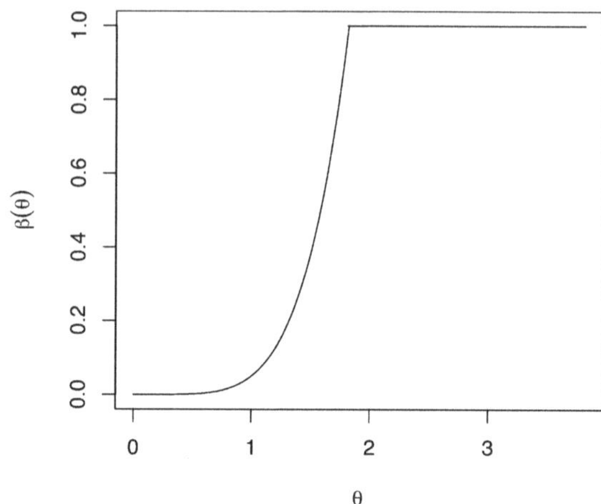

Fig. 5.7 Rappresentazione di $\beta(\theta)$. Il punto angoloso è registrato in corrispondenza di $\theta = 1/\sqrt[n]{\alpha}$ (in questo caso circa pari a 1.82, dato che abbiamo scelto $n = 5$ e $\alpha = 0.05$)

(b) Calcoliamo la funzione potenza del test trovato in (a):

$$\beta(\theta) = \mathbb{P}\{x \in R\} = \left(\int_{1/\sqrt[n]{\alpha}}^{+\infty} \theta/x^2 \, dx \right)^n = \begin{cases} 1, & \text{se } \theta \geq 1/\sqrt[n]{\alpha}; \\ \alpha\theta^n, & \text{se } \theta < 1/\sqrt[n]{\alpha}. \end{cases}$$

La funzione $\beta(\theta)$ è rappresentata in Fig. 5.7.

(c) Calcoliamo il minimo valore di n tale per cui il test di dimensione $\alpha = 0.04$ trovato in (a) abbia potenza 1 contro $\theta = 3$.

$$\beta(\theta) = 1 \implies \theta \geq 1/\sqrt[n]{\alpha} \implies \alpha \geq 1/\theta^n \implies \log\alpha \geq -n\log\theta$$

$$\implies n \geq -\frac{\log\alpha}{\log\theta} = -\frac{\log 0.04}{\log 3} = 2.93.$$

Concludiamo che $n \geq 3$.

5.10

(a) Mostriamo che la dimensione di R è effettivamente α, ricordando che $\overline{X} \sim N(\theta, \sigma^2/n)$:

$$\alpha = \sup_{\theta \leq \theta_0} \mathbb{P}\{x \in R\} = \sup_{\theta \leq \theta_0} \mathbb{P}\{\overline{X} > \theta_0 + z_{1-\alpha}\sqrt{\sigma^2/n}\} =$$

$$= \sup_{\theta \leq \theta_0} \mathbb{P}\left\{ \frac{\overline{X} - \theta}{\sqrt{\sigma^2/n}} > \frac{\theta_0 + z_{1-\alpha}\sqrt{\sigma^2/n} - \theta}{\sqrt{\sigma^2/n}} \right\} =$$

$$= \sup_{\theta \leq \theta_0} 1 - \Phi\left(\frac{\theta - \theta_0}{\sqrt{\sigma^2/n}} + z_{1-\alpha} \right) =$$

$$= 1 - \Phi(z_{1-\alpha}) = 1 - (1 - \alpha) = \alpha.$$

Mostriamo ora che si può ottenere la stessa R tramite LRT:

$$\lambda(x) = \frac{\sup_{\theta \le \theta_0} L(\theta; x)}{\sup_{\theta \in \mathbb{R}} L(\theta; x)} = \frac{\sup_{\theta \le \theta_0} (2\pi\sigma^2)^{-n/2} \exp\left\{-\frac{\sum(x_i-\theta)^2}{2\sigma^2}\right\}}{\sup_{\theta \in \mathbb{R}} (2\pi\sigma^2)^{-n/2} \exp\left\{-\frac{\sum(x_i-\theta)^2}{2\sigma^2}\right\}}.$$

Il sup del denominatore corrisponde alla $L(\theta; x)$ valutata in corrispondenza del $\hat{\theta}_{MLE} = \overline{X}$.

$$\lambda(x) = \frac{\sup_{\theta \le \theta_0} \exp\left\{-\frac{\sum(x_i-\theta)^2}{2\sigma^2}\right\}}{\exp\left\{-\frac{\sum(x_i-\overline{X})^2}{2\sigma^2}\right\}} = \frac{\sup_{\theta \le \theta_0} \exp\left\{-\frac{\sum(x_i-\overline{X}+\overline{X}-\theta)^2}{2\sigma^2}\right\}}{\exp\left\{-\frac{\sum(x_i-\overline{X})^2}{2\sigma^2}\right\}} =$$

$$= \frac{\sup_{\theta \le \theta_0} \exp\left\{-\frac{\sum(x_i-\overline{X})^2+(\overline{X}-\theta)^2+2(x_i-\overline{X})(\overline{X}-\theta)}{2\sigma^2}\right\}}{\exp\left\{-\frac{\sum(x_i-\overline{X})^2}{2\sigma^2}\right\}} =$$

$$= \frac{\sup_{\theta \le \theta_0} \exp\left\{-\frac{\sum(x_i-\overline{X})^2+(\overline{X}-\theta)^2}{2\sigma^2}\right\}}{\exp\left\{-\frac{\sum(x_i-\overline{X})^2}{2\sigma^2}\right\}} = \sup_{\theta \le \theta_0} \exp\left\{-\frac{\sum(\overline{X}-\theta)^2}{2\sigma^2}\right\}.$$

Possiamo concludere che:

$$\lambda(x) = \begin{cases} 1, & \text{se } \overline{X} < \theta_0; \\ \exp\left\{-\frac{n\cdot(\overline{X}_n-\theta_0)^2}{2\sigma^2}\right\}, & \text{se } \overline{X} \ge \theta_0. \end{cases}$$

Impostiamo la R, focalizzandoci su $c \in (0, 1)$:

$$R = \{x : \lambda(x) \le c\} =$$

$$= \{x : 1 \le c, \overline{X} < \theta_0\} \cup \left\{x : \exp\left\{-\frac{n\cdot(\overline{X}-\theta_0)^2}{2\sigma^2}\right\} \le c, \overline{X} \ge \theta_0\right\} =$$

$$= \emptyset \cup \left\{x : \exp\left\{-\frac{n\cdot(\overline{X}-\theta_0)^2}{2\sigma^2}\right\} \le c, \overline{X} \ge \theta_0\right\} =$$

$$= \left\{x : \overline{X} \ge \sqrt{-\frac{2\sigma^2}{n}\log c} + \theta_0, \overline{X} \ge \theta_0\right\}.$$

Ora imponiamo la dimensione di R pari ad α:

$$\alpha = \sup_{\theta \le \theta_0} \mathbb{P}\{x \in R\} = \sup_{\theta \le \theta_0} \mathbb{P}\left\{\overline{X} \ge \sqrt{-\frac{2\sigma^2}{n}\log c} + \theta_0\right\} =$$

$$= \sup_{\theta \le \theta_0} \mathbb{P}\left\{\frac{\overline{X}-\theta}{\sqrt{\sigma^2/n}} \ge \frac{\sqrt{-\frac{2\sigma^2}{n}\log c} + \theta_0 - \theta}{\sqrt{\sigma^2/n}}\right\} =$$

$$= \sup_{\theta \le \theta_0} 1 - \Phi\left(\frac{\theta_0 - \theta + \sqrt{-\frac{2\sigma^2}{n}\log c}}{\sqrt{\sigma^2/n}}\right) =$$

$$= 1 - \Phi\left(\sqrt{-2\log c}\right) \implies \sqrt{-2\log c} = z_{1-\alpha} \implies c = e^{-\frac{z_{1-\alpha}^2}{2}}.$$

Allora $R_\alpha = \{x : \overline{X} > \theta_0 + z_{1-\alpha}\sqrt{\sigma^2/n}\}$.

(b) Mostriamo che la dimensione di questa R è effettivamente α, ricordando che $\dfrac{\overline{X}-\theta}{\sqrt{S^2/n}} \sim t_{n-1}$.

$$\alpha = \sup_{\theta \le \theta_0} \mathbb{P}\{x \in R\} = \sup_{\theta \le \theta_0} \mathbb{P}\{\overline{X} > \theta_0 + t_{n-1,1-\alpha}\sqrt{S^2/n}\} =$$

$$= \sup_{\theta \le \theta_0} \mathbb{P}\left\{\frac{\overline{X}-\theta}{\sqrt{S^2/n}} > \frac{\theta_0 + t_{n-1,1-\alpha}\sqrt{S^2/n} - \theta}{\sqrt{S^2/n}}\right\} =$$

$$= \sup_{\theta \le \theta_0} 1 - t_{n-1}\left(\frac{\theta_0 - \theta}{\sqrt{S^2/n}} + t_{n-1,1-\alpha}\right) = 1 - (1-\alpha) = \alpha.$$

Mostriamo ora che si può ottenere la stessa R tramite LRT:

$$\lambda(x) = \frac{\sup_{\theta \le \theta_0, \sigma^2 > 0} L(\theta; x)}{\sup_{\theta \in \mathbb{R}, \sigma^2 > 0} L(\theta; x)} = \frac{\sup_{\theta \le \theta_0, \sigma^2 > 0}(2\pi\sigma^2)^{-n/2}\exp\left\{-\frac{\sum(x_i-\theta)^2}{2\sigma^2}\right\}}{\sup_{\theta \in \mathbb{R}, \sigma^2 > 0}(2\pi\sigma^2)^{-n/2}\exp\left\{-\frac{\sum(x_i-\theta)^2}{2\sigma^2}\right\}}.$$

Il sup del denominatore corrisponde alla $L(\theta; x)$ valutata in corrispondenza del $\hat{\theta}_{MLE} = \overline{X}$ e $\hat{\sigma}^2_{MLE} = \hat{\sigma}^2 = \frac{\sum(x_i-\overline{X})^2}{n} = \frac{n-1}{n}S^2$.

$$\lambda(x) = \frac{\sup_{\theta \le \theta_0, \sigma^2 > 0} \sigma^{-n}\exp\left\{-\frac{\sum(x_i-\theta)^2}{2\sigma^2}\right\}}{\hat{\sigma}^{-n}\exp\left\{-\frac{\sum(x_i-\overline{X})^2}{2\hat{\sigma}^2}\right\}} =$$

$$= \frac{\sup_{\theta \le \theta_0, \sigma^2 > 0} \sigma^{-n}\exp\left\{-\frac{\sum(x_i-\overline{X}+\overline{X}-\theta)^2}{2\sigma^2}\right\}}{\hat{\sigma}^{-n}\exp\left\{-\frac{\sum(x_i-\overline{X})^2}{2\hat{\sigma}^2}\right\}} =$$

$$= \frac{\sup_{\theta \le \theta_0, \sigma^2 > 0} \sigma^{-n}\exp\left\{-\frac{\sum(x_i-\overline{X})^2+(\overline{X}-\theta)^2+2(x_i-\overline{X})(\overline{X}-\theta)}{2\sigma^2}\right\}}{\hat{\sigma}^{-n}\exp\left\{-\frac{\sum(x_i-\overline{X})^2}{2\hat{\sigma}^2}\right\}} =$$

$$= \frac{\sup_{\theta \le \theta_0, \sigma^2 > 0} \sigma^{-n}\exp\left\{-\frac{\sum(x_i-\overline{X})^2+(\overline{X}-\theta)^2}{2\sigma^2}\right\}}{\hat{\sigma}^{-n}\exp\left\{-\frac{\sum(x_i-\overline{X})^2}{2\hat{\sigma}^2}\right\}}.$$

Scrivendo $\hat{\sigma}^2_0 = \frac{\sum(x_i-\theta_0)^2}{n} = S_0^2 = (\overline{X}-\theta_0)^2 + \frac{n-1}{n}S^2$, possiamo concludere che:

$$\lambda(x) = \begin{cases} 1, & \text{se } \overline{X} < \theta_0; \\[2ex] \dfrac{\hat{\sigma}_0^{-n}\exp\left\{-\frac{\sum(x_i-\overline{X})^2+(\overline{X}-\theta_0)^2}{2\hat{\sigma}_0^2}\right\}}{\hat{\sigma}^{-n}\exp\left\{-\frac{\sum(x_i-\overline{X})^2}{2\hat{\sigma}^2}\right\}} = \left(\frac{\hat{\sigma}^2}{\hat{\sigma}_0^2}\right)^{n/2}, & \text{se } \overline{X} \ge \theta_0. \end{cases}$$

Impostiamo la R, focalizzandoci su $c \in (0, 1)$:

$$R = \{x : \lambda(x) \le c\} = \{x : 1 \le c, \overline{X} < \theta_0\} \cup \left\{x : \left(\frac{\hat{\sigma}^2}{\hat{\sigma}_0^2}\right)^{n/2} \le c, \overline{X} \ge \theta_0\right\} =$$

$$= \emptyset \cup \left\{x : \frac{\hat{\sigma}^2}{\hat{\sigma}_0^2} \le c^{2/n} = k, \overline{X} \ge \theta_0\right\} =$$

$$= \left\{x : \frac{\frac{n-1}{n}S^2}{(\overline{X} - \theta_0)^2 + \frac{n-1}{n}S^2} \le k, \overline{X} \ge \theta_0\right\} =$$

$$= \left\{x : \frac{(\overline{X} - \theta_0)^2}{S^2} + \frac{n-1}{n} \ge \frac{n-1}{nk}, \overline{X} \ge \theta_0\right\} =$$

$$= \left\{x : \left(\frac{\overline{X} - \theta_0}{S}\right)^2 \ge \frac{n-1}{nk} - \frac{n-1}{n}, \overline{X} \ge \theta_0\right\} =$$

$$= \left\{x : \left(\frac{\overline{X} - \theta_0}{S/\sqrt{n}}\right)^2 \ge \frac{n-1}{k} - (n-1), \overline{X} \ge \theta_0\right\} =$$

$$= \left\{x : \frac{\overline{X} - \theta_0}{S/\sqrt{n}} \ge \sqrt{\frac{n-1}{k} - (n-1)} = \tilde{k}, \overline{X} \ge \theta_0\right\} =$$

$$= \left\{x : \overline{X} \ge \theta_0 + \frac{S}{\sqrt{n}} \cdot \tilde{k}\right\}.$$

Ora imponiamo la dimensione di R pari ad α:

$$\alpha = \sup_{\theta \le \theta_0} \mathbb{P}\{x \in R\} = \sup_{\theta \le \theta_0} \mathbb{P}\left\{\overline{X} \ge \theta_0 + \frac{S}{\sqrt{n}} \cdot \tilde{k}\right\} =$$

$$= \sup_{\theta \le \theta_0} 1 - \mathbb{P}\left\{\frac{\overline{X} - \theta}{\sqrt{S^2/n}} \le \frac{\theta_0 + \frac{S}{\sqrt{n}} \cdot \tilde{k} - \theta}{\sqrt{S^2/n}}\right\} =$$

$$= \sup_{\theta \le \theta_0} 1 - t_{n-1}\left(\frac{\theta_0 + \frac{S}{\sqrt{n}} \cdot \tilde{k} - \theta}{\sqrt{S^2/n}}\right) =$$

$$= 1 - t_{n-1}(\tilde{k}) \implies t_{n-1}(\tilde{k}) = t_{n-1,1-\alpha}.$$

Allora $R_\alpha = \{x : \overline{X} > \theta_0 + t_{n-1,1-\alpha}\sqrt{S^2/n}\}$.

Capitolo 6
Test uniformemente più potente

6.1 Richiami di teoria

Definizione 6.1 (Test uniformemente più potente) Sia $\mathcal{C}$ una classe di test $H_0 : \theta \in \Theta_0$ vs $H_1 : \theta \in \Theta_0^c$. Un test della classe $\mathcal{C}$ con funzione potenza $\beta(\theta)$ è il test uniformemente più potente, UMP, della classe $\mathcal{C}$, se:

$$\beta(\theta) \geq \beta'(\theta) \qquad \forall \theta \in \Theta_0^c, \qquad \forall \beta \text{ funzione potenza associata ad un test in } \mathcal{C}.$$

Teorema 6.2 (Neyman-Pearson) *Consideriamo la seguente classe di test:*

$$\begin{cases} H_0 : \theta = \theta_0; \\ H_1 : \theta = \theta_1; \end{cases}$$

in cui la densità di probabilità associata a X è $f(X; \theta_i)$ con $i \in \{0, 1\}$. Se usiamo un test la cui regione di rifiuto soddisfa:

$$\begin{aligned} x \in R \quad & se\ f(x; \theta_1) > k f(x; \theta_0) \qquad e \\ x \in R^c \quad & se\ f(x; \theta_1) < k f(x; \theta_0) \end{aligned} \tag{6.1}$$

per un qualche $k \geq 0$ e

$$\alpha = \mathbb{P}_{\theta_0}\{X \in R\}. \tag{6.2}$$

Allora:

- *(Sufficiente) Ogni test che soddisfa le Eq. 6.1, 6.2 è un test UMP di livello α.*
- *(Necessario) Se esiste un test che soddisfa le Eq. 6.1, 6.2 con $k > 0$, allora ogni test UMP di livello α è anche un test di dimensione α (soddisfa l'Eq. 6.2), e ogni test UMP di livello α soddisfa l'Eq. 6.1 a parte un insieme A, che soddisfa $\mathbb{P}_{\theta_0}\{X \in A\} = \mathbb{P}_{\theta_1}\{X \in A\} = 0$.*

© Springer-Verlag Italia S.r.l., part of Springer Nature 2020
F. Gasperoni, F. Ieva, A.M. Paganoni, *Eserciziario di Statistica Inferenziale*, UNITEXT 120,
https://doi.org/10.1007/978-88-470-3995-7_6

Tabella 6.1 Teorema di Karlin-Rubin (Teorema 6.4) al variare delle ipotesi e del MLR

TEST	MLR	R
$H_0 : \theta \leq \theta_0$ contro $H_1 : \theta > \theta_0$	non decrescente	$R = \{T > t_0\}$
$H_0 : \theta \leq \theta_0$ contro $H_1 : \theta > \theta_0$	non crescente	$R = \{-T > t_0\}$
$H_0 : \theta \geq \theta_0$ contro $H_1 : \theta < \theta_0$	non decrescente	$R = \{T < t_0\}$
$H_0 : \theta \geq \theta_0$ contro $H_1 : \theta < \theta_0$	non crescente	$R = \{-T < t_0\}$

Definizione 6.3 (Rapporto di verosimiglianza monotono) Una famiglia di densità di probabilità $\{g(t;\theta) : \theta \in \Theta \subset \mathbb{R}\}$ per una v.a. T ha rapporto di verosimiglianza monotono, Monotone Likelihood, Ratio MLR, se, $\forall\, \theta_2$ e $\forall\, \theta_1$ tali che $\theta_2 > \theta_1$, $g(t;\theta_2)/g(t;\theta_1)$ è una funzione monotona (non crescente o non decrescente) di t.

Teorema 6.4 (Karlin-Rubin) *Consideriamo la seguente classe di test:*

$$\begin{cases} H_0 : \theta \leq \theta_0; \\ H_1 : \theta > \theta_0. \end{cases}$$

Supponiamo che T sia statistica sufficiente per θ e che la famiglia di densità di probabilità $\{g(t;\theta) : \theta \in \Theta\}$ di T abbia MLR non decrescente. Allora per ogni t_0, il test che rifiuta H_0 se e solo se $T > t_0$ è UMP test di livello α, dove $\alpha = \mathbb{P}_{\theta_0}\{T > t_0\}$. Le altre casistiche sono riportate in Tabella 6.1.

6.2   Esercizi

Esercizio 6.1 Data la famiglia di leggi:

$$f_X(x;\theta) = \frac{2}{\theta^2}\left(\theta - x\right) \mathbb{I}_{(0,\theta)}(x)\,;$$

si vuole sottoporre a verifica $H_0 : \theta = \theta_0$ contro $H_1 : \theta = \theta_1$, con $0 < \theta_1 < \theta_0$.

(a) Trovare un test più potente di livello α basato su un campione di ampiezza 1.
(b) Calcolare la potenza del test di cui al punto precedente contro θ_1.

Esercizio 6.2 Si trovi un test più potente di livello α basato su un campione di ampiezza 1 per verificare $H_0 : X \sim N(0,1)$ contro $H_1 : X \sim \mathcal{C}(0,1)$, ovvero X variabile di Cauchy di mediana 0.

Esercizio 6.3 Sia $X_1, \ldots, X_n$ un campione casuale da una popolazione $N(\mu, \sigma_0^2)$, con $\mu \in \mathbb{R}$ incognito e $\sigma_0^2 > 0$ noto.

(a) Trovare un test più potente di livello α per $H_0 : \mu = \mu_0$ contro $H_1 : \mu = \mu_1$, con $\mu_1 > \mu_0$.
(b) Dedurre da (a) un test uniformemente più potente di livello α per $H_0 : \mu = \mu_0$ contro $H_1 : \mu > \mu_0$.

Esercizio 6.4 Per una variabile X si consideri il modello statistico definito da:

$$f(x;\theta) = \theta\, x^{\theta-1}, \qquad 0 < x < 1.$$

(a) Trovare un test di Neyman-Pearson di dimensione α (basato su un campione di ampiezza 1) per $H_0 : \theta = 1$ contro $H_1 : \theta = \theta_1$, con $\theta_1 > 1$.

(b) Il test trovato in (a) è distorto?

(c) Per le ipotesi statistiche del punto (a), fissato $\theta_1 > 1$, si calcoli la potenza massima che può avere un arbitrario test di dimensione α.

(d) Dedurre da (a) un test uniformemente più potente di livello α per $H_0 : \theta = 1$ contro $H_1 : \theta > 1$.

Esercizio 6.5 Si trovi un test più potente di livello α basato su un campione di ampiezza 1 per verificare $H_0 : X \sim f_0$ contro $H_1 : X \sim f_1$, dove:

$$f_0(x) = \frac{e^{-x^2/2}}{\sqrt{2\pi}}, \qquad f_1(x) = \frac{e^{-|x|}}{2}.$$

Esercizio 6.6 Si mostri che il modello statistico definito da

$$f(x;\theta) = \frac{1}{\pi[1 + (x - \theta)^2]}, \qquad \theta \in \mathbb{R},$$

non ha rapporto di verosimiglianza monotono in X.

Esercizio 6.7 Fissati due numeri naturali $n < N$, si mostri che il modello statistico ipergeometrico $G(N, M, n)$, $0 \le M \le N$, ha rapporto di verosimiglianza monotono.

Esercizio 6.8 Data la famiglia di leggi esponenziali $\mathcal{E}(\lambda)$, $\lambda > 0$, trovare un test uniformemente più potente di livello α per $H_0 : \lambda \le \lambda_0$ contro $H_1 : \lambda > \lambda_0$ basato su un campione di ampiezza n.

Esercizio 6.9 Si consideri un campione casuale $X_1, \ldots, X_n$ da una popolazione $U[0, \theta]$, $\theta > 0$. Per sottoporre a verifica $H_0 : \theta \le \theta_0$ contro $H_1 : \theta > \theta_0$, si consideri la regione di rifiuto:

$$R_\alpha = \left\{ x_{(n)} > (1 - \alpha)^{1/n} \theta_0 \right\}.$$

(a) Si verifichi che R_α ha dimensione α e se ne calcoli la funzione potenza.

(b) Il test dato da R_α è distorto?

(c) Si mostri che il modello ha rapporto di verosimiglianza monotono rispetto a $T = X_{(n)}$.

(d) Si deduca da (c) che R_α definisce un test uniformemente più potente di ogni test di livello α per $H_0 : \theta \le \theta_0$ contro $H_1 : \theta > \theta_0$.

Esercizio 6.10 Sia X un campione di ampiezza unitaria da una distribuzione con densità:

$$f_X(x; \theta) = \frac{2}{\theta^2}(\theta - x)\mathbb{I}_{(0,\theta)}(x)$$

con $\theta \in (0, \infty)$. Si consideri il problema di prova delle ipotesi:

$$H_0 : \theta = 1 \quad \text{vs} \quad H_1 : \theta > 1.$$

Fissato $\alpha \in (0, 1)$, si costruisca la regione di rifiuto del test δ_1 uniformemente più potente di livello α e se ne calcoli la funzione potenza.

Esercizio 6.11 Si consideri un'unica variabile X descritta dal modello statistico:

$$f_X(x; \theta) = \frac{e^{x-\theta}}{\left(1 + e^{x-\theta}\right)^2}, \qquad -\infty < x < +\infty, \qquad -\infty < \theta < +\infty.$$

Sia $\alpha \in (0, 1)$.

(a) Trovare un test più potente di livello α per $H_0 : \theta = 0$ contro $H_1 : \theta = 1$.
(b) Trovare un test uniformemente più potente di livello α per $H_0 : \theta = 0$ contro $H_1 : \theta > 0$.
(c) Mostrare che il modello ha rapporto di verosimiglianza monotono in X.
(d) Trovare un test UMP di livello α per $H_0 : \theta \leq 0$ contro $H_1 : \theta > 0$.
(e) Calcolare la potenza del test in (a) nel caso $\alpha = 0.3$.

Esercizio 6.12 Per $n \geq 1$, sia $X_1, \ldots, X_n$ un campione casuale da una distribuzione avente densità:

$$f_X(x; \theta) = \begin{cases} \frac{1}{\theta}m x^{m-1} e^{-\frac{x^m}{\theta}} & \text{se } x > 0; \\ 0 & \text{altrimenti;} \end{cases}$$

ove m è un numero naturale noto e θ un parametro positivo ignoto. Dato $\theta_0 > 0$, si determini la regione di rifiuto del test di livello $\alpha \in (0, 1)$ uniformemente più potente per verificare le ipotesi:

$$H_0 : \theta = \theta_0 \quad \text{contro} \quad H_1 : \theta > \theta_0.$$

6.3 Soluzioni

6.1

(a) Per trovare un test più potente di livello α basato su un campione di ampiezza 1, applichiamo N-P (Teorema 6.2).

Fig. 6.1 Rappresentazione di $g(x) = \dfrac{(\theta_1 - x)}{(\theta_0 - x)}$. Nel grafico a sinistra (**a**) la funzione è rappresentata su $\mathbb{R}$ e sono evidenziati gli asintoti. Nel grafico a destra (**b**) la funzione viene valutata solo su $x \in (0, \theta_1)$, che è il reale dominio della nostra funzione. La linea tratteggiata nel grafico a destra rappresenta un possibile valore di $y = \tilde{k}$

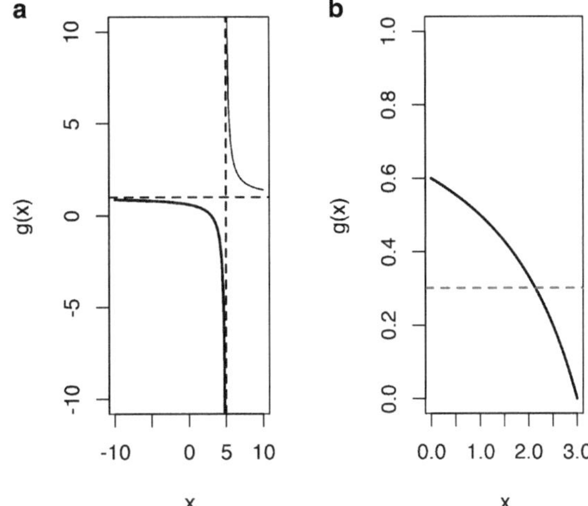

Calcoliamo la regione di rifiuto:

$$R = \{x : f(x; \theta_1) > k \cdot f(x; \theta_0)\} =$$

$$= \left\{x : \frac{2}{\theta_1^2}(\theta_1 - x)\, \mathbb{I}_{(0,\theta_1)}(x) > k \cdot \frac{2}{\theta_0^2}(\theta_0 - x)\, \mathbb{I}_{(0,\theta_0)}(x)\right\}$$

$$= \begin{cases} \left\{x : \frac{2}{\theta_1^2}(\theta_1 - x) > k \cdot \frac{2}{\theta_0^2}(\theta_0 - x)\, \mathbb{I}_{(0,\theta_0)}(x)\right\} & \text{se } 0 < x < \theta_1; \\[2mm] \left\{x : 0 > k \cdot \frac{2}{\theta_0^2}(\theta_0 - x)\, \mathbb{I}_{(0,\theta_0)}(x)\right\} = \emptyset & \text{se } \theta_1 \leq x \leq \theta_0; \\[2mm] \left\{x : 0 > 0\right\} = \emptyset & \text{se } x > \theta_0. \end{cases}$$

Consideriamo l'unico caso non banale, ovvero $x \in (0, \theta_1)$. Allora:

$$R = \left\{x : \frac{(\theta_1 - x)}{(\theta_0 - x)} > k \cdot \frac{\theta_1^2}{\theta_0^2} = \tilde{k}\right\}.$$

Definiamo $g(x) = \dfrac{(\theta_1 - x)}{(\theta_0 - x)}$. Questa è una funzione omografica che ha come asintoto verticale $x = \theta_1$ e come asintoto orizzontale $y = 1$ (vedi Fig. 6.1a). In Fig. 6.1b viene invece rappresentata $g(x)$ nel suo reale dominio, cioè $x \in (0, \theta_1)$, mentre la linea tratteggiata corrisponde ad un possibile valore di $\tilde{k}$. Possiamo quindi concludere che la regione di rifiuto è della forma $\{X < c\}$, dove $c \in (0, \theta_1)$.

Imponiamo quindi che il test sia di livello α:

$$\alpha = \mathbb{P}_{\theta_0}\{X \in R\} = \mathbb{P}_{\theta_0}\{X < c\} =$$

$$= \int_0^c \frac{2}{\theta_0^2}(\theta_0 - x)\, \mathrm{d}x = \frac{2}{\theta_0}x - \frac{x^2}{\theta_0^2}\bigg|_0^c =$$

$$= \frac{c}{\theta_0}\left(2 - \frac{c}{\theta_0}\right) \qquad \Rightarrow \qquad c = \theta_0(1 - \sqrt{1 - \alpha}).$$

(b)
$$\beta(\theta_1) = \mathbb{P}_{\theta_1}\{X < \theta_0(1 - \sqrt{1-\alpha})\} =$$

$$= \int_0^{\theta_0(1-\sqrt{1-\alpha})} \frac{2}{\theta_1^2}(\theta_1 - x)\,dx = \left.\frac{2}{\theta_1}x - \frac{x^2}{\theta_1^2}\right|_0^{\theta_0(1-\sqrt{1-\alpha})} =$$

$$= \frac{\theta_0(1 - \sqrt{1-\alpha})}{\theta_1}\left(2 - \frac{\theta_0(1 - \sqrt{1-\alpha})}{\theta_1}\right).$$

6.2

In questo caso possiamo applicare N-P (Teorema 6.2).

$$R = \{x : f_1(x) > k \cdot f_0(x)\} \qquad k \geq 0.$$

Calcoliamo R:

$$R = \{x : f_1(x) > k \cdot f_0(x)\} = \left\{x : \frac{1}{\pi(1 + x^2)} > \frac{1}{\sqrt{2\pi}}ke^{-x^2/2}\right\} =$$

$$= \left\{x : \frac{e^{x^2/2}}{(1 + x^2)} > \frac{\pi}{\sqrt{2\pi}}k = \tilde{k}\right\}.$$

Osserviamo che $g(x) = \frac{e^{x^2/2}}{(1+x^2)}$ è una funzione pari, non negativa, definita su tutto $\mathbb{R}$. Dato che la $g(x)$ è pari, è sufficiente studiare $g(t) = \frac{e^{t/2}}{(1+t)}$ con $t = x^2 \geq 0$.

$$g'(t) = \frac{e^{t/2}}{(1 + t)}\frac{t - 1}{2}.$$

Allora $g(t)$ è crescente per $t \geq 1$, mentre è decrescente per $t < 1$.

$\max(g(x^2)) = 1$, raggiunto in $x = 0$ (n.b. massimo locale); $\min(g(x^2)) = \exp\{1/2\}/2$, raggiunto in $x = \pm 1$ (n.b. minimi globali).

Rappresentiamo la funzione $g(x^2)$ in Fig. 6.2, evidenziando tre diversi possibili $\tilde{k}$ con linee diverse. Per definire la regione di rifiuto dobbiamo distinguere in base a $\tilde{k}$:

$$R = \left\{x : \frac{e^{x^2/2}}{(1 + x^2)} > \frac{\pi}{\sqrt{2\pi}}k = \tilde{k}\right\} =$$

$$= \begin{cases} \mathbb{R} & \text{se } \tilde{k} < \exp\{1/2\}/2; \\ \{-c_1 < x < c_1\} \cup \{x < -c_2\} \cup \{x > c_2\} & \text{se } \exp\{1/2\}/2 < \tilde{k} < 1; \\ \{x < -c_2\} \cup \{x > c_2\} & \text{se } \tilde{k} > 1. \end{cases}$$

Impostiamo quindi il livello di sificatività del test.

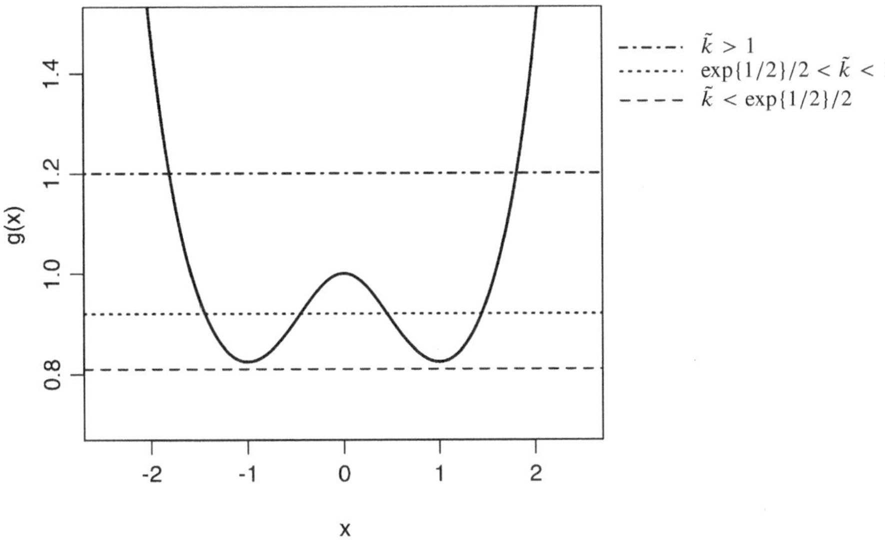

Fig. 6.2 Rappresentazione di $g(x) = \dfrac{e^{x^2/2}}{(1+x^2)}$

Il primo caso è banale. Concentriamoci sul secondo e terzo caso.

Caso 2: $\exp\{1/2\}/2 < \tilde{k} < 1$.

$$
\begin{aligned}
\alpha &= \mathbb{P}_{H_0}\{-c_1 < X < c_1\} + \mathbb{P}_{H_0}\{X < -c_2\} + \mathbb{P}_{H_0}\{X > c_2\} = \\
&= \phi(c_1) - \phi(-c_1) + \phi(-c_2) + 1 - \phi(c_2) = \\
&= 2\phi(c_1) - 1 + 2(1 - \phi(c_2)) = \\
&= 2\phi(c_1) - 1 + 2 - 2\phi(c_2) = \\
&= 1 + 2\phi(c_1) - 2\phi(c_2).
\end{aligned}
$$

Possiamo trovare c_1 e c_2, risolvendo numericamente il seguente sistema:

$$
\begin{cases}
\alpha = 1 + 2\phi(c_1) - 2\phi(c_2); \\
g(c_1) = g(c_2).
\end{cases}
\tag{6.3}
$$

Caso 3: $\tilde{k} > 1$.

$$
\alpha = \mathbb{P}_{H_0}\{X < -c_2\} + \mathbb{P}_{H_0}\{X > c_2\} = 2(1 - \phi(c_2)). \implies c_2 = z_{1-\alpha/2}.
$$

6.3

(a) Applichiamo N-P (Teorema 6.2) :

$$
f(\boldsymbol{x};\mu) = \left(\frac{1}{\sqrt{2\pi\sigma_0^2}}\right)^n \exp\left\{-\frac{1}{2\sigma_0^2}\sum_{i=1}^n (x_i-\mu)^2\right\} =
$$

$$
= \underbrace{\left(\frac{1}{\sqrt{2\pi\sigma_0^2}}\right)^n \exp\left\{-\frac{1}{2\sigma_0^2}\sum_{i=1}^n x_i^2\right\}}_{h(\boldsymbol{x})} \cdot \underbrace{\exp\left\{\frac{n\overline{x}_n\mu}{\sigma_0^2} - \frac{n\mu^2}{\sigma_0^2}\right\}}_{g(t;\mu)}.
$$

Applichiamo N-P (Teorema 6.2) per le statistiche sufficienti.

Osservazione

$$
g(t;\mu_1) > k\,g(t;\mu_0) \iff \frac{nt\mu_1}{\sigma_0^2} - \frac{n\mu_1^2}{2\sigma_0^2} > \log k + \left(\frac{nt\mu_0}{\sigma_0^2} - \frac{n\mu_0^2}{2\sigma_0^2}\right)
$$

$$
\iff nt(\mu_1-\mu_0) > \log k' + \frac{n}{2}(\mu_1^2-\mu_0^2)
$$

$$
\overset{\mu_1>\mu_0}{\iff} t > \frac{2\log k' + n(\mu_1^2-\mu_0^2)}{n(\mu_1-\mu_0)}.
$$

Allora $R = \{\boldsymbol{x} : \overline{X} > c\}$. Imponiamo quindi che il test sia di livello α:

$$
\alpha = \mathbb{P}_{H_0}\{X \in R\} = \mathbb{P}\left\{\frac{\overline{X}_n - \mu_0}{\sigma_0/\sqrt{n}} > \frac{c-\mu_0}{\sigma_0/\sqrt{n}}\right\} \iff \frac{c-\mu_0}{\sigma_0/\sqrt{n}} = z_{1-\alpha}.
$$

Possiamo quindi scrivere la regione di rifiuto del test UMP di livello α come:

$$
R_\alpha = \left\{\overline{X}_n > \mu_0 + \frac{\sigma_0}{\sqrt{n}}z_{1-\alpha}\right\}.
$$

(b) Visto che il likelihood ratio è *monotono* e $\overline{X}$ è statistica sufficiente, allora il test caratterizzato da $R_\alpha = \left\{\overline{X}_n > \mu_0 + \frac{\sigma_0}{\sqrt{n}}z_{1-\alpha}\right\}$ è ancora UMP di livello α.

6.4

(a) Applichiamo N-P (Teorema 6.2). Ricaviamo la regione di rifiuto:

$$
R = \{x : f(x;\theta_1) > k \cdot f(x;1)\} = \{x : \theta_1 x^{\theta_1-1}\,\mathbb{I}_{(0,1)}(x) > k \cdot \mathbb{I}_{(0,1)}(x)\} =
$$

$$
= \left\{x : x > \left(\frac{k}{\theta_1}\right)^{1/(\theta_1-1)} = \tilde{k}\right\} = \{x : x > \tilde{k}\}.
$$

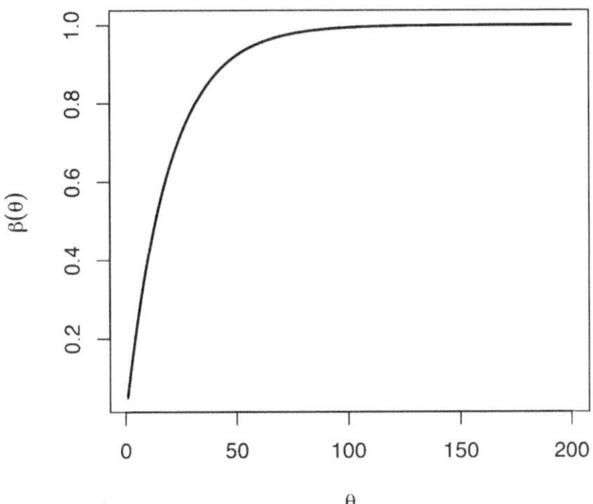

Fig. 6.3 Rappresentazione della funzione potenza $\beta(\theta)$ associata al test ($\theta \geq 1$)

Impostiamo il livello del test pari ad α.

$$\alpha = \mathbb{P}_1\{X \in R\} = \mathbb{P}_1\{X > \tilde{k}\} = \int_{\tilde{k}}^{1} \mathrm{d}x = 1 - \tilde{k} \implies \tilde{k} = 1 - \alpha.$$

Allora: $R_\alpha = \{X > 1 - \alpha\}$.

(b) Per rispondere alla domanda calcoliamo la funzione potenza:

$$\beta(\theta) = \mathbb{P}_\theta\{X > 1 - \alpha\} = \int_{1-\alpha}^{1} \theta \, x^{\theta-1} \, \mathrm{d}x = x^\theta \Big|_{1-\theta}^{1} = 1 - (1 - \alpha)^\theta.$$

Notiamo subito che la funzione potenza è monotona crescente quindi soddisfa il requisito per essere un test *non distorto*:

$$\beta(\theta') \geq \beta(\theta'') \qquad \forall \theta' > 1, \, \theta'' = 1.$$

Si veda la Fig. 6.3.

(c) Dato che N-P (Teorema 6.2) ci garantisce di aver trovato un test UMP, per definizione di UMP, possiamo affermare che:

$$\beta'(\theta) \leq 1 - (1 - \alpha)^{\theta_1}.$$

β' è funzione potenza associata ad un generico test della stessa classe del test considerato (test di livello α).

(d) Dato che la R_α non dipende da θ_1, possiamo affermare che: il test di livello α, associato al test $H_0 : \theta = 1$ contro $H_1 : \theta > 1$, è UMP di livello α.

6.5

$$\begin{cases} H_0 : X \sim f_0 & f_0(x) = \dfrac{e^{-x^2/2}}{\sqrt{2\pi}}; \\[2ex] H_1 : X \sim f_1 & f_1(x) = \dfrac{e^{-|x|}}{\sqrt{2}}. \end{cases}$$

Applichiamo N-P (Teorema 6.2):

$$R = \{f_1 > kf_0\} = \left\{ \frac{e^{-|x|}}{\sqrt{2}} > k \cdot \frac{e^{-x^2/2}}{\sqrt{2\pi}} \right\} =$$

$$= \left\{ \frac{e^{-|x|}}{\sqrt{2}} \cdot \frac{\sqrt{2\pi}}{e^{-x^2/2}} > k \right\} =$$

$$= \left\{ \frac{e^{-|x|}}{e^{-x^2/2}} > c \right\} =$$

$$= \left\{ e^{x^2/2-|x|} > c \right\} =$$

$$= \left\{ x^2/2 - |x| > c' \right\}.$$

La funzione $g(x) = x^2/2 - |x|$ è pari, ed esiste su tutto $\mathbb{R}$. In Fig. 6.4 è rappresentata $g(x)$ e le linee relative a diversi possibili valori di c'.

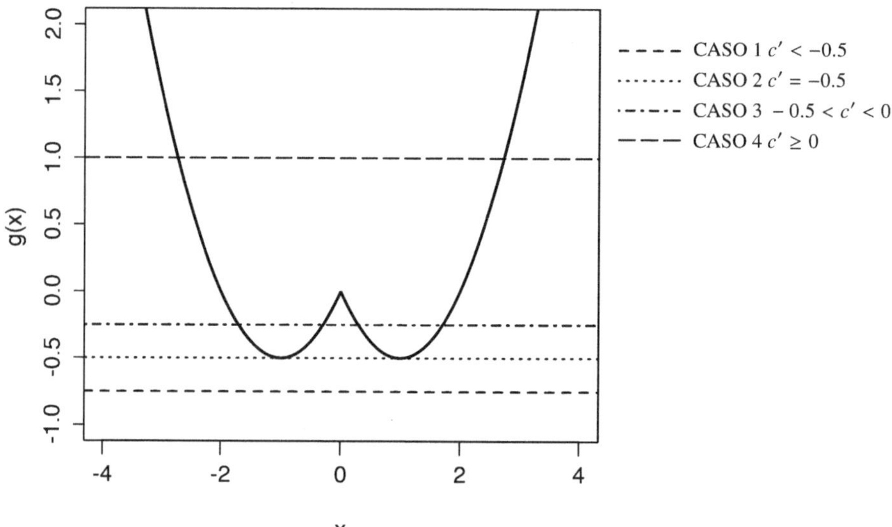

Fig. 6.4 Rappresentazione di $g(x) = x^2/2 - |x|$ e diversi valori di c'

Dobbiamo quindi distinguere 4 casi:

CASO 1 $c' < -0.5$ $\Rightarrow$ $R = \mathbb{R}$;

CASO 2 $c' = -0.5$ $\Rightarrow$ $R = \mathbb{R} \setminus \{\pm 1\}$;

CASO 3 $-0.5 < c' < 0$ $\Rightarrow$ $R = \{|X| \le x_1\} \cup \{|X| > x_2\}$ $0 \le x_1 \le 1 < x_2 < 2$;

CASO 4 $c' \ge 0$ $\Rightarrow$ $R = \{|X| > x_3\}$ $x_3 > 2$.

CASO 1 $\alpha = 1$;

CASO 2 $\alpha = 1$;

CASO 3 $\alpha = 1 - 2[\phi(x_2) - \phi(x_1)]$;

CASO 4 $\alpha = 2(1 - \phi(x_3))$.

6.6

Sia $\theta_1 < \theta_2$.

$$\frac{f(x;\theta_1)}{f(x;\theta_2)} = \frac{1 + (x - \theta_2)^2}{1 + (x - \theta_1)^2}.$$

$$\lim_{x \to \pm\infty} \frac{1 + (x - \theta_2)^2}{1 + (x - \theta_1)^2} = 1.$$

Quindi non può essere monotono in x.

6.7

$$n < N, \qquad G(N, M, n), \qquad 0 \le M \le N.$$

$$X \sim G(N, M, n) \qquad f(x; M) = \frac{\binom{M}{x}\binom{N-M}{n-x}}{\binom{N}{n}}.$$

Consideriamo M ed $M + 1$ e calcoliamo il likelihood ratio:

$$\frac{f(x; M + 1)}{f(x; M)} = \frac{\binom{M+1}{x}\binom{N-M-1}{n-x}}{\binom{M}{x}\binom{N-M}{n-x}} = \frac{M + 1}{N - M} \cdot \frac{N - M - n + x}{M + 1 - x};$$

che è crescente in x.

6.8

Applichiamo il Teorema di K-R (Teorema 6.4).

(a) Ricaviamo statistica sufficiente per θ. Scriviamo la densità congiunta:

$$f_x(x; \theta) = \lambda^n e^{-\lambda \sum x_i}.$$

Notiamo immediatamente che densità $\mathcal{E}$ appartiene alla famiglia esponenziale, quindi:

$$T(X) = \sum X_i$$

è statistica sufficiente (si può vedere subito che è anche completa perché $\lambda \in (0, +\infty)$, che contiene un aperto di $\mathbb{R}$).

(b) Ricaviamo la legge di T: $T(X) \sim g(t;\lambda)$.

$$X_i \sim \mathcal{E}(\lambda) \stackrel{d}{=} Gamma(1,\lambda) \qquad \Longrightarrow \qquad T = \sum X_i \sim Gamma(n,\lambda).$$

(c) Verifichiamo che T abbia MLR (Monotone Likelihood Ratio).
Sia $\lambda_2 > \lambda_1$.

$$\frac{g(t;\lambda_2)}{g(t;\lambda_1)} = \frac{1/\Gamma(n)\mathrm{e}^{-\lambda_2 t} \cdot \lambda_2^2 \cdot t^{n-1}}{1/\Gamma(n)\mathrm{e}^{-\lambda_1 t} \cdot \lambda_1^2 \cdot t^{n-1}} = \mathrm{e}^{(\lambda_1-\lambda_2)t} \cdot \left(\frac{\lambda_2}{\lambda_1}\right)^n.$$

Il likelihood ratio è *monotono decrescente*.

Valendo le ipotesi per l'applicazione di K-R (Teorema 6.4), possiamo dire che:

$$R = \{-T > t_0\} = \{T < -t_0 = \tilde{t}_0\}.$$

Impostiamo il livello del test:

$$\alpha = \sup_{0<\lambda\leq\lambda_0} \mathbb{P}\{T < \tilde{t}_0\} = \mathbb{P}_{\lambda_0}\{T < \tilde{t}_0\} \qquad \Longrightarrow \qquad \tilde{t}_0 = \gamma^\alpha_{n,\lambda_0}.$$

6.9

(a) Calcoliamo la legge di $X_{(n)}$:

$$\mathbb{P}\{X_{(n)} \leq t\} = (\mathbb{P}\{X_i \leq t\})^n = \left(\frac{t}{\theta}\right)^n \mathbb{I}_{(0,\theta)}(t) = \left(\frac{t}{\theta}\right)^n \mathbb{I}_{(t,+\infty)}(\theta).$$

Allora calcoliamo α:

$$\alpha = \sup_{\theta\leq\theta_0} \mathbb{P}\{X \in R_\alpha\} = \sup_{\theta\leq\theta_0} \mathbb{P}\left\{X_{(n)} > (1-\alpha)^{1/n}\theta_0\right\} =$$

$$= \sup_{\theta\leq\theta_0} 1 - \mathbb{P}\left\{X_{(n)} \leq (1-\alpha)^{1/n}\theta_0\right\} =$$

$$= \sup_{\theta\leq\theta_0} \left[1 - \left(\frac{1}{\theta}(1-\alpha)^{1/n}\theta_0\right)^n\right] =$$

$$= [1 - (1-\alpha)] = \alpha.$$

Il *sup* è raggiunto per $\theta = \theta_0$. Calcoliamo allora la funzione potenza $\beta(\theta)$:

$$\beta(\theta) = \mathbb{P}_\theta\{X \in R_\alpha\} = \mathbb{P}\left\{X_{(n)} > (1-\alpha)^{1/n}\theta_0\right\} =$$

$$= 1 - \mathbb{P}\left\{X_{(n)} \leq (1-\alpha)^{1/n}\theta_0\right\} =$$

$$= 1 - \frac{[(1-\alpha)^{1/n}\theta_0]^n}{\theta^n}\mathbb{I}_{(0,\theta)}((1-\alpha)^{1/n}\theta_0).$$

(b) Notiamo subito che la funzione potenza è monotona crescente quindi soddisfa il requisito per essere un test *non distorto*:

$$\beta(\theta') \geq \beta(\theta'') \qquad \forall \theta' > \theta_0,\ \theta'' \leq \theta_0.$$

(c) Dal punto (a) ricaviamo subito che:

$$f_{X_{(n)}}(t) = n\frac{t^{(n-1)}}{\theta^n}\mathbb{I}_{(0,\theta)}(t).$$

Calcoliamo il MLR, considerando $\theta_2 > \theta_1$:

$$\frac{g(t;\theta_2)}{g(t;\theta_1)} = \frac{n\frac{t^{(n-1)}}{\theta_2^n}\mathbb{I}_{(0,\theta_2)}(t)}{n\frac{t^{(n-1)}}{\theta_1^n}\mathbb{I}_{(0,\theta_1)}(t)} = \frac{\theta_1^n\,\mathbb{I}_{(0,\theta_2)}(t)}{\theta_2^n\,\mathbb{I}_{(0,\theta_1)}(t)} = \begin{cases} \left(\frac{\theta_1}{\theta_2}\right)^n, & \text{se } t \leq \theta_1; \\ +\infty, & \text{se } t > \theta_1. \end{cases}$$

Notiamo subito che il MLR è *monotono crescente*.

(d) Consideriamo il seguente test: $H_0 : \theta \leq \theta_0$ contro $H_1 : \theta > \theta_0$. Dato che il test non è semplice, per trovare l'UMP di livello α, proviamo ad applicare K-R (Teorema 6.4). Sappiamo che $T = X_{(n)}$ è statistica sufficiente per θ e che ha MLR *monotono crescente*. Valendo le ipotesi per l'applicazione di K-R (Teorema 6.4), possiamo dire che il test UMP ha la seguente regione di rifiuto:

$$R = \{X_{(n)} > t_0\}.$$

Inoltre dai punti precedenti possiamo concludere che:

$$R_\alpha = \left\{X_{(n)} > (1-\alpha)^{1/n}\theta_0\right\}.$$

6.10

Per rispondere alla domanda impostiamo il seguente test, in modo da applicare N-P (Teorema 6.2).

$$H_0 : \theta = 1 \quad \text{vs} \quad H_1 : \theta = \theta_1 \quad \theta_1 > 1.$$

Definiamo la regione di rifiuto:

$$R = \left\{x : f(x;\theta_1) > k \cdot f(x;1)\right\} =$$

$$= \left\{x : \frac{2}{\theta_1^2}(\theta_1 - x)\mathbb{I}_{(0,\theta_1)}(x) > k \cdot 2(1-x)\mathbb{I}_{(0,1)}(x)\right\} =$$

$$= \begin{cases} \left\{x : \frac{2}{\theta_1^2}(\theta_1 - x) > k \cdot 2(1-x)\right\} = \{x : \frac{\theta-x}{1-x} > k\theta^2\} & \text{se } 0 < x \leq 1; \\ \left\{x : \frac{2}{\theta_1^2}(\theta_1 - x) > 0\right\} = \{1 < x \leq \theta_1\} & \text{se } 1 < x \leq \theta_1; \\ \{x : 0 > 0\} = \emptyset & \text{se } x > \theta_1. \end{cases}$$

Ci focalizziamo sull'unico caso non banale e notiamo che $g(x) = \frac{\theta - x}{1 - x}$ è monotona crescente ed ha come codominio $[\theta_1, +\infty]$. Quindi:

$$R = \{X > c\}.$$

Imponiamo che il livello del test sia α.

$$\alpha = \sup_{\theta \in \Theta_0} \mathbb{P}\{X > c\} = \mathbb{P}_1\{X > c\} =$$

$$= \int_c^1 2(1 - x)\, dx = 2x - x^2 \Big|_c^1 =$$

$$= 2 - 1 - (2c - c^2) = (1 - c)^2.$$

Possiamo concludere che: $c = 1 - \sqrt{\alpha}$.

$$R_\alpha = \{X > 1 - \sqrt{\alpha}\}.$$

N-P (Teorema 6.2) ci garantisce che questo test è UMP di livello α.
    Valutiamo la funzione potenza:

$$\beta(\theta) = \mathbb{P}_\theta\{X > 1 - \sqrt{\alpha}\} = \int_{1-\sqrt{\alpha}}^{\theta} \frac{2}{\theta^2}(\theta - x)dx = \frac{2}{\theta}x - \frac{x^2}{\theta^2}\Big|_{1-\sqrt{\alpha}}^{\theta} =$$

$$= 2 - 1 - \frac{2}{\theta}(1 - \sqrt{\alpha}) + \frac{1}{\theta^2}(1 - \sqrt{\alpha})^2 =$$

$$= 1 - \frac{2}{\theta}(1 - \sqrt{\alpha}) + \frac{1}{\theta^2}(1 - \sqrt{\alpha})^2 =$$

$$= \left(1 - \frac{(1 - \sqrt{\alpha})}{\theta}\right)^2.$$

Questo vale se $1 - \sqrt{\alpha} < \theta$, altrimenti $\beta(\theta) = 0$.

6.11

(a)
$$\begin{cases} H_0 : \theta = 0; \\ H_1 : \theta = 1. \end{cases}$$

Applichiamo N-P (Teorema 6.2):

$$R = \{x : f(x; 1) > k f(x; 0)\} = \left\{ \frac{e^{x-1}}{(1 + e^{x-1})^2} > k \frac{e^x}{(1 + e^x)^2} \right\} =$$

$$= \left\{ x : \frac{(1 + e^x)^2}{(1 + e^{x-1})^2} > k \frac{e^x}{e^{x-1}} = k' \right\} =$$

$$= \left\{ x : \frac{1 + e^x}{1 + e^{x-1}} > \tilde{k} \right\} =$$

$$= \left\{ x : 1 + e^x > \tilde{k}(1 + e^{x-1}) \right\} =$$

$$= \left\{ x : e^x(1 - \tilde{k}) > \tilde{k} - 1 + \frac{\tilde{k}}{c} \right\}.$$

Allora la regione di rifiuto è della forma: $\{X > \gamma\}$.
Imponiamo quindi che il livello del test sia pari ad α:

$$\alpha = \mathbb{P}_0\{X > \gamma\} = \int_{\gamma}^{+\infty} \frac{e^x}{(1 + e^x)^2}\, dx = \left. -\frac{1}{1 + e^x} \right|_{\gamma}^{+\infty} = \frac{1}{1 + e^{\gamma}} = \alpha.$$

Quindi:

$$R_\alpha = \left\{ X > \log\left(\frac{1 - \alpha}{\alpha} \right) \right\}$$

è test UMP di livello α.
(b) Dato che la R, in caso di ipotesi semplici, non dipende da H_1:

$$R = \left\{ x : X > \log\left(\frac{1 - \alpha}{\alpha} \right) \right\}.$$

(c) Siano $\theta_2 > \theta_1$:

$$\frac{f(x; \theta_2)}{f(x; \theta_1)} = e^{x - \theta_2} e^{-x + \theta_1} \left(\frac{1 + e^{x - \theta_1}}{1 + e^{x - \theta_2}} \right)^2.$$

$$\frac{d}{dx}\left(\frac{1 + e^{x - \theta_1}}{1 + e^{x - \theta_2}} \right) = \frac{e^{x - \theta_1}(1 + e^{x - \theta_2}) - (1 - e^{x - \theta_1})e^{x - \theta_2}}{(1 + e^{x - \theta_2})^2} =$$

$$= \frac{e^{x - \theta_1} - e^{x - \theta_2}}{(1 + e^{x - \theta_2})^2} > 0.$$

Il rapporto di verosimiglianza è *monotono crescente* in x.

(d) Test UMP di livello α per le seguenti ipotesi:

$$\begin{cases} H_0 : \theta \leq 0; \\ H_1 : \theta > 0. \end{cases}$$

è della forma $R = \{X > k\}$, secondo K-R (Teorema 6.4) Imponiamo quindi che $\mathbb{P}_0\{X \in R\} = \alpha$. Allora:

$$R_\alpha = \left\{ X > \log\left(\frac{1-\alpha}{\alpha}\right) \right\}.$$

(e)
$$\alpha = 0.3 \qquad \Rightarrow \qquad \left\{ X > \log\left(\frac{0.7}{0.3}\right) = 0.8473 \right\}.$$

$$\beta_1(\theta) = \mathbb{P}_1\{X > 0.8473\} = \int\limits_{0.8473}^{+\infty} \frac{e^{x-1}}{(1+e^{x-1})^2}\, dx =$$

$$= -\frac{1}{1+e^{x-1}}\Bigg|_{0.8473}^{+\infty} = \frac{1}{1+e^{0.8473-1}} \simeq 0.5381.$$

6.12

Procedo usando N-P (Teorema 6.2) sul seguente test:

$$H_0 : \theta = \theta_0 \quad \text{vs} \quad H_1 : \theta = \theta_1 \qquad \theta_1 > \theta_0.$$

Se la regione di rifiuto non dipende da θ_1, allora possiamo dire di aver trovato il test UMP di livello α.

$$R = \left\{ x : f(x;\theta_1) > k \cdot f(x;\theta_0) \right\} =$$

$$= \left\{ x : \frac{1}{\theta_1} m x^{m-1} e^{-\frac{x^m}{\theta_1}} \mathbb{I}_{(0,+\infty)}(x) > k \cdot \frac{1}{\theta_0} m x^{m-1} e^{-\frac{x^m}{\theta_0}} \mathbb{I}_{(0,+\infty)}(x) \right\} =$$

$$= \left\{ x : e^{\frac{x^m}{\theta_0} - \frac{x^m}{\theta_1}} > k \cdot \frac{\theta_1}{\theta_0} \right\} =$$

$$= \left\{ x : x^m \left(\frac{1}{\theta_0} - \frac{1}{\theta_1} \right) > \log\left(k \cdot \frac{\theta_1}{\theta_0} \right) \right\} =$$

$$= \left\{ x : x > \left[\log\left(k \cdot \frac{\theta_1}{\theta_0} \right) \frac{\theta_0\theta_1}{\theta_1 - \theta_0} \right]^{1/m} = c \right\}.$$

Quindi la regione di rifiuto è della forma: $R = \{x : x > c\}$.

Imponiamo quindi che sia di livello α:

$$\alpha = \sup_{\theta=\theta_0} = \mathbb{P}\{X > c\} = 1 - \mathbb{P}\{X \le c\} =$$

$$= 1 - \int_0^c \frac{1}{\theta_0} m x^{m-1} e^{-\frac{x^m}{\theta_0}} \, \mathrm{d}x = 1 + e^{-\frac{x^m}{\theta_0}} \Big|_0^c = 1 + e^{-\frac{c^m}{\theta_0}} - 1 = e^{-\frac{c^m}{\theta_0}}.$$

Allora:

$$c = (-\theta_0 \log \alpha)^{1/m}.$$

Quindi $R_\alpha = \{X > (-\theta_0 \log \alpha)^{1/m}\}$. Dato che non dipende da θ_1, concludiamo che questa regione di rifiuto è anche la regione di rifiuto di livello α del test UMP:

$$H_0 : \theta = \theta_0 \quad \text{vs} \quad H_1 : \theta > \theta_0.$$

N.B. Si può svolgere l'esercizio anche sfruttando $T = \sum_i X_i$ statistica sufficiente.

Capitolo 7
Intervalli di confidenza

7.1 Richiami di teoria

Definizione 7.1 (Stima intervallare) La stima intervallare di un parametro reale θ è costituita da una qualsiasi coppia di statistiche $L(X)$ e $U(X)$ del campione X che soddisfano $L(X) \leq U(X)$. L'intervallo aleatorio $[L(X), U(X)]$ è detto stima intervallare per θ.

Definizione 7.2 (Probabilità di copertura) La probabilità di copertura di una stima intervallare $[L(X), U(X)]$ per θ è definita come:

$$\mathbb{P}_\theta(\theta \in [L(X), U(X)]).$$

Definizione 7.3 (Livello di confidenza) Il livello di confidenza di una stima intervallare $[L(X), U(X)]$ per θ è definito come:

$$\inf_\theta \mathbb{P}_\theta(\theta \in [L(X), U(X)]).$$

Teorema 7.4 (Intervallo di confidenza e regione di accettazione) *Per ciascun* $\theta_0 \in \Theta$, *sia* $A(\theta_0)$ *la regione di accettazione di livello* α *del test* $H_0 : \theta = \theta_0$. *Per ciascun* $x \in \mathcal{X}$, *si definisca un intervallo* $IC(x)$ *come:*

$$IC(x) = \{\theta_0 : x \in A(\theta_0)\}.$$

Allora l'intervallo aleatorio $IC(X)$ *è un intervallo di confidenza di livello* $1 - \alpha$. *Alternativamente, sia* $IC(X)$ *un intervallo di confidenza di livello* $1 - \alpha$. *Per ogni* $\theta_0 \in \Theta$, *si definisca:*

$$A(\theta_0) = \{x : \theta_0 \in C(x)\}.$$

Allora $A(\theta_0)$ *è la regione di accettazione di livello* α *associata al test* $H_0 : \theta = \theta_0$.

Definizione 7.5 (Quantità pivotale) Una variabile aleatoria $Q(X; \theta)$ è una quantità pivotale (o pivot) se la distribuzione di $Q(X; \theta)$ non dipende da θ.

© Springer-Verlag Italia S.r.l., part of Springer Nature 2020
F. Gasperoni, F. Ieva, A.M. Paganoni, *Eserciziario di Statistica Inferenziale*, UNITEXT 120,
https://doi.org/10.1007/978-88-470-3995-7_7

Teorema 7.6 (Pivoting della funzione di ripartizione) *Sia T una statistica con funzione di ripartizione continua $F_T(t; \theta)$. Siano α_1 e α_2 due valori fissati, tali che $\alpha_1 + \alpha_2 = \alpha$ e $\alpha \in (0, 1)$. Supponiamo che $\forall t \in \mathcal{T}$, le funzioni $\theta_L(t)$ e $\theta_U(t)$ possano essere definite come segue:*

- *Se $F_T(t; \theta)$ è funzione decrescente di θ $\forall t$, definiamo $\theta_L(t)$ e $\theta_U(t)$ come:*

$$F_T(t; \theta_U(t)) = \alpha_1, \qquad F_T(t; \theta_L(t)) = 1 - \alpha_2.$$

- *Se $F_T(t; \theta)$ è funzione crescente di θ $\forall t$, definiamo $\theta_L(t)$ e $\theta_U(t)$ come:*

$$F_T(t; \theta_U(t)) = 1 - \alpha_2, \qquad F_T(t; \theta_L(t)) = \alpha_1.$$

Allora l'intervallo aleatorio $[\theta_L(t), \theta_U(t)]$ è un intervallo di confidenza di livello $1 - \alpha$ per θ.

Teorema 7.7 (Lunghezza minima e unimodalità della densità) *Sia $f_X(x)$ una densità di probabilità unimodale. Se l'intervallo $[a, b]$ soddisfa le seguenti caratteristiche:*

- $\int_a^b f_X(x)\, dx = 1 - \alpha$;
- $f(a) = f(b) > 0$;
- $a \le x^* \le b$, *dove x^* è la moda di $f_X(x)$.*

Allora $[a, b]$ è l'intervallo a lunghezza minima tra quelli che soddisfano la prima condizione.

7.2 Esercizi

Esercizio 7.1 Si consideri il modello statistico dato dalle leggi esponenziali $\mathcal{E}(\nu)$, $\nu > 0$, e sia $X_1, \ldots, X_n$ un campione casuale estratto da una popolazione descritta da tale modello. Trovare gli intervalli di confidenza per ν di livello $\gamma = 1 - \alpha$ costruiti sulla base di:

(a) LRT per $\nu = \nu_0$ contro $\nu \ne \nu_0$.
(b) Quantità pivotale $Q = 2\nu \sum_{i=1}^{n} X_i$.

Esercizio 7.2 Per un campione di ampiezza 1 dalla legge:

$$f(x; \theta) = \frac{2}{\theta^2}(\theta - x), \qquad 0 < x < \theta;$$

si trovino gli intervalli di confidenza per θ di livello $\gamma = 1 - \alpha$ costruiti tramite:

(a) LRT per $\theta = \theta_0$ contro $\theta \ne \theta_0$.
(b) Quantità pivotale $F_\theta(X)$.
(c) Quantità pivotale X/θ, scegliendo quello del tipo $(x, f(x))$.
(d) Quale intervallo sceglieresti per una stima di θ ad un livello $\gamma = 0.95$?

Esercizio 7.3 Sia $X_1, \ldots, X_n$ un campione casuale da una popolazione $N(\mu, \sigma^2)$. Si trovi un intervallo di confidenza per σ^2 di livello $\gamma = 1 - \alpha$ nei casi:

(a) μ noto.
(b) μ incognito.

Esercizio 7.4 Si considerino i campioni casuali $X_1, \ldots, X_n$ da una popolazione $N(\mu_1, \sigma^2)$ e $Y_1, \ldots, Y_m$ da una popolazione $N(\mu_2, \sigma^2)$. Si trovi un intervallo di confidenza per $\mu_1 - \mu_2$ di livello $\gamma = 1 - \alpha$ nei casi:

(a) σ^2 noto.
(b) σ^2 incognito.

Esercizio 7.5 Sia X una singola osservazione da una *beta*$(\theta, 1)$:

$$f(x; \theta) = \theta\, x^{\theta-1}\, \mathbb{I}_{(0,1)}(x), \qquad \theta > 0.$$

(a) Si trovi la legge di $Y = -\frac{1}{\log X}$ e si calcoli il livello di confidenza dell'intervallo $\left(\frac{Y}{2}, Y\right)$ per θ.
(b) Si mostri che X^θ è una quantità pivotale e la si usi per costruire un intervallo di confidenza per θ di livello arbitrario $1 - \alpha$, $\alpha \in (0, 1)$, scegliendo quello di ampiezza minima.
(c) Si confronti l'intervallo $\left(\frac{Y}{2}, Y\right)$ con l'intervallo trovato in (b) di pari livello.

Esercizio 7.6 Si consideri il modello statistico:

$$f(x; \mu) = \frac{1}{2}\, e^{-|x-\mu|}, \qquad -\infty < x < +\infty, \quad -\infty < \mu < +\infty.$$

Dato X campione di ampiezza 1:

(a) Si verifichi che la quantità $Q = X - \mu$ è pivotale.
(b) Si determini per μ l'intervallo di confidenza basato su Q di livello $1 - \alpha$ e di lunghezza minima.

7.3 Soluzioni

7.1

(a) Confrontando con il risultato dell'Esercizio 5.3, la regione di rifiuto di livello α del test:

$$H_0 : v = v_0 \qquad \text{vs} \qquad H_1 : v \neq v_0;$$

risulta essere:

$$R = \left\{\overline{X}_n < \bar{t}_1/v_0\right\} \cup \left\{\overline{X}_n > \bar{t}_2/v_0\right\}$$
$$\Downarrow$$
$$\left\{\frac{\bar{t}_1}{v} \leq \overline{X}_n \leq \frac{\bar{t}_2}{v}\right\} = \left\{\frac{\bar{t}_1}{\overline{X}_n} \leq v \leq \frac{\bar{t}_2}{\overline{X}_n}\right\}.$$

Scegliendo $\bar{t}_1 = \gamma_{\alpha/2}(n,n)$ e $\bar{t}_2 = \gamma_{1-\alpha/2}(n,n)$ si ottiene:

$$IC(1-\alpha) = \left[\frac{\gamma_{\alpha/2}(n,n)}{\overline{X}_n}; \frac{\gamma_{1-\alpha/2}(n,n)}{\overline{X}_n}\right].$$

(b) Consideriamo la v.a. $Q = 2v\sum X_i$ e si osservi che:

$$\sum X_i \sim Gamma(n,v) \quad \Rightarrow \quad 2v\sum X_i \sim Gamma(n,1/2) \overset{d}{=} \chi^2(2n).$$

Definiamo quindi l'IC basato su Q, con livello di confidenza $1-\alpha$:

$$\begin{cases} IC = \left[a \leq 2v\sum X_i \leq b\right]; \\ \mathbb{P}\{a \leq Q \leq b\} = 1-\alpha. \end{cases}$$

Scegliendo $a = \chi^2_{\alpha/2}(2n)$ e $b = \chi^2_{1-\alpha/2}(2n)$, otteniamo:

$$IC_{(1-\alpha)} = \left[\frac{\chi^2_{\alpha/2}(2n)}{2\sum X_i} \leq v \leq \frac{\chi^2_{1-\alpha/2}(2n)}{2\sum X_i}\right].$$

Osservazione

Ricordiamo che $\gamma_\alpha(n,n) = \frac{\chi^2(2n)}{2n}$.

Infatti sia $X \sim Gamma(n,n)$, allora:

$$\alpha = \mathbb{P}\left\{X \leq \gamma_\alpha(n,n)\right\} = \mathbb{P}\left\{2nX \leq 2n\gamma_\alpha(n,n)\right\}$$

e $n2X \sim Gamma(n,1/2) \overset{d}{=} \chi^2(2n)$.
Quindi $\gamma_\alpha(n,n) = \frac{\chi^2(2n)}{2n}$ e

$$IC(1-\alpha) = \left[\frac{n\gamma_{\alpha/2}(n,n)}{\sum X_i}; \frac{n\gamma_{1-\alpha/2}(n,n)}{\sum X_i}\right] = \left[\frac{\chi^2_{\alpha/2}(2n)}{2\sum X_i}; \frac{\chi^2_{1-\alpha/2}(2n)}{2\sum X_i}\right].$$

Concludiamo che i due IC ricavati al punto (a) e al punto (b) coincidono.

7.2

(a) Si osservi che su un campione di ampiezza 1 si ha:

$$L(\theta; x) = \frac{2}{\theta^2}(\theta - x)\mathbb{I}_{[x;+\infty)}(\theta).$$

$$\frac{\partial L}{\partial \theta} = -\frac{2}{\theta^2} + \frac{4x}{\theta^3} = 0 \quad \Rightarrow \quad \hat{\theta}_{MLE} = 2X.$$

Da qui il LRT per $H_0 : \theta = \theta_0$ vs $H_1 : \theta \neq \theta_0$:

$$\lambda(x) = \frac{\frac{2}{\theta_0^2}(\theta_0 - x)\mathbb{I}_{[0;\theta_0]}(x)}{\frac{2}{4x^2}(2x - x)} = \frac{4x}{\theta_0^2}(\theta_0 - x)\mathbb{I}_{[0,\theta_0]}(x).$$

$$R = \{\lambda(x) \leq c\} = \{x > \theta_0\} \cup \left\{\frac{4x}{\theta_0^2}(\theta_0 - x) < c\right\} =$$

$$= \{4x(\theta_0 - x) < k'\} = \{4x\theta_0 - 4x^2 < k'\} =$$

$$= \{x^2 - \theta_0 x + h > 0\} \quad \Rightarrow \quad x = \frac{\theta_0 \pm \sqrt{\theta_0^2 - 4h}}{2} = \frac{\theta_0}{2} \pm \tilde{h}.$$

$$\alpha = 1 - \int_{\frac{\theta_0}{2}-\tilde{h}}^{\frac{\theta_0}{2}+\tilde{h}} \frac{2}{\theta_0^2}(\theta_0 - x)\, \mathrm{d}x =$$

$$= 1 - \frac{1}{\theta_0^2}\left[-(\theta_0 - x)^2\right]_{\frac{\theta_0}{2}-\tilde{h}}^{\frac{\theta_0}{2}+\tilde{h}} =$$

$$= 1 - \frac{1}{\theta_0^2}[2\theta_0\tilde{h}] = 1 - \frac{2\tilde{h}}{\theta_0} \quad \Rightarrow \quad \tilde{h} = \frac{\theta_0}{2}(1 - \alpha).$$

$$R_\alpha = \left\{X < \frac{1}{2}\theta_0\alpha\right\} \cup \left\{X > \theta_0\left(1 - \frac{\alpha}{2}\right)\right\}.$$

Da cui:

$$IC_{(1-\alpha)} = \left[\frac{2X}{2-\alpha} \leq \theta \leq \frac{2X}{\alpha}\right].$$

(b) $Q = F_X(x; \theta) \sim U_{[0,1]}$:

$$F_X(x) = \begin{cases} 0 & x \leq 0; \\ \frac{2}{\theta^2}\left(\theta x - \frac{x^2}{2}\right) & 0 < x \leq \theta; \\ 1 & x > \theta. \end{cases}$$

Allora $F_X(X) = \frac{2}{\theta^2}\left(\theta X - \frac{X^2}{2}\right)$.

Osserviamo che:

$$g(\theta) = \frac{2}{\theta^2}\left(\theta x - \frac{x^2}{2}\right).$$

$$g'(\theta) = \frac{2\theta^2 x - 2\theta(\theta x - x^2/2)}{\theta^4} = \frac{2x(x-\theta)}{\theta^3} < 0.$$

$$g(\theta) = k \iff \frac{2}{\theta^2}\left(\theta x - \frac{x^2}{2}\right) = k \iff \frac{x}{\theta^2}(2\theta - x) = k$$

$$\iff \theta = \frac{x + \sqrt{x^2(1-k)}}{k}.$$

Quindi:

$$IC_{(1-\alpha)} = \left[\frac{\alpha}{2} \le F_\theta(x) \le 1 - \frac{\alpha}{2}\right] =$$

$$= \left[X\left(\frac{1+\sqrt{\alpha/2}}{1-\alpha/2}\right) ; X\left(\frac{1+\sqrt{1-\alpha/2}}{\alpha/2}\right)\right].$$

(c) Consideriamo la quantità pivotale $Q = \frac{X}{\theta}$.

$$F_Q(q) = \mathbb{P}\left\{\frac{X}{\theta} \le q\right\} = \mathbb{P}\{X \le \theta q\} = \frac{2\theta^2 q}{\theta^2} - \frac{\theta^2 q^2}{\theta^2} = q(2-q).$$

Dato che stiamo cercando un IC del tipo $[X; f(X)]$ di livello $1-\alpha$, imponiamo che:

$$\mathbb{P}\{c < Q < 1\} = 1 - \alpha.$$

$$2q - q^2\big|_c^1 = 1 - \alpha \iff 1 - 2c + c^2 = (c-1)^2 = 1 - \alpha.$$

$$c = 1 - \sqrt{1-\alpha}.$$

Quindi concludiamo che:

$$IC_{(1-\alpha)} = \left[X \le \theta \le \frac{X}{1-\sqrt{1-\alpha}}\right].$$

(d) $1 - \alpha = 0.95$. Sostituendo questo valore negli IC calcolati ai punti precedenti otteniamo:

$$\begin{cases} \text{(a)} & L = 38.97X; \\ \text{(b)} & L = 78.31X; \\ \text{(c)} & L = 38.49X. \end{cases}$$

Scegliamo quindi l'IC trovato al punto (c).

7.3

(a) Se μ noto:

$$T := \frac{\sum (X_i - \mu)^2}{\sigma^2} \sim \chi^2(n).$$

T è quantità pivotale. Cerchiamo quindi un IC con livello di confidenza pari ad $1 - \alpha$:

$$\begin{cases} \qquad\quad IC = [a < T < b]; \\ \mathbb{P}\{a < T < b\} = 1 - \alpha. \end{cases}$$

Possiamo scegliere $a = \chi^2_{\alpha/2}(n)$ e $b = \chi^2_{1-\alpha/2}(n)$ per cui:

$$IC_{(1-\alpha)} = \left[\frac{\sum (X_i - \mu)^2}{\chi^2_{1-\alpha/2}(n)} ; \frac{\sum (X_i - \mu)^2}{\chi^2_{\alpha/2}(n)} \right].$$

(b) Se μ incognito:

$$\frac{(n-1)S^2}{\sigma^2} = \frac{\sum (X_i - \overline{X}_n)^2}{\sigma^2} \sim \chi^2(n-1).$$

Per cui, analogamente al punto prima, otteniamo:

$$IC_{(1-\alpha)} = \left[\frac{(n-1)S^2}{\chi^2_{1-\alpha/2}(n-1)} ; \frac{(n-1)S^2}{\chi^2_{\alpha/2}(n-1)} \right].$$

7.4

(a) Se σ^2 noto, osserviamo che:

$$\overline{X}_n - \overline{Y}_n \sim N\left(\mu_1 - \mu_2, \sigma^2 \left(\frac{1}{n} + \frac{1}{m} \right) \right).$$

Standardizzando otteniamo:

$$Q = \frac{\overline{X}_n - \overline{Y}_n - (\mu_1 - \mu_2)}{\sigma \sqrt{\frac{1}{n} + \frac{1}{m}}} \sim N(0,1).$$

Q è quantità pivotale. Allora:

$$IC(1-\alpha) = \left[\overline{X}_n - \overline{Y}_n \pm z_{1-\frac{\alpha}{2}} \sigma \sqrt{\frac{1}{n} + \frac{1}{m}} \right].$$

(b) Se σ^2 incognito, ricordiamo la definizione di S_p^2 (stimatore pooled della varianza):

$$S_p^2 = \frac{(n-1)S_1^2 + (m-1)S_2^2}{(n+m-2)}.$$

$$Q = \frac{\overline{X}_n - \overline{Y}_n - (\mu_1 - \mu_2)}{S_p \sqrt{\frac{1}{n} + \frac{1}{m}}} \sim t(n+m-2).$$

Q è quantità pivotale. Allora:

$$IC(1-\alpha) = \left[\overline{X}_n - \overline{Y}_n \pm t_{1-\frac{\alpha}{2}}(n+m-2) S_p \sqrt{\frac{1}{n} + \frac{1}{m}} \right].$$

7.5

(a)
$$Y = -\frac{1}{\log X} = g(X).$$

$$-\frac{1}{Y} = \log X.$$

$$X = e^{-\frac{1}{Y}}.$$

$$g_Y(y) = f_X(g^{-1}(y))|g^{-1}(y)|.$$

$$g_Y(y) = \theta \left(e^{-\frac{1}{y}} \right)^{\theta-1} \frac{e^{-\frac{1}{y}}}{y^2} \mathbb{I}_{(0,+\infty)}(y) = \theta \frac{e^{-\frac{\theta}{y}}}{y^2} \mathbb{I}_{(0,+\infty)}(y).$$

Consideriamo:

$$IC = \left(\frac{Y}{2}, Y \right);$$

e calcoliamone il livello di confidenza:

$$\inf_\theta \mathbb{P}_\theta \left(\frac{Y}{2} < \theta < Y \right) = \inf_\theta \mathbb{P}_\theta \left(\theta < Y < 2\theta \right) =$$

$$= \inf_\theta \int_\theta^{2\theta} \theta \frac{e^{-\frac{\theta}{y}}}{y^2} \, dy =$$

$$= \inf_\theta e^{-\frac{\theta}{y}} \Big|_\theta^{2\theta} = e^{-\frac{1}{2}} - e^{-1} = 0.2333.$$

Si noti che non dipende da θ.

(b) $Q = X^\theta$ è una quantità pivotale, infatti:

$$Q = h(X) = X^\theta.$$

$$X = h^{-1}(Q) = Q^{\frac{1}{\theta}}.$$

$$f_Q(q) = f_X(q^{\frac{1}{\theta}})\left|\frac{1}{\theta}q^{\frac{1-\theta}{\theta}}\right| = \theta q^{\frac{\theta-1}{\theta}}\frac{1}{\theta}q^{\frac{1-\theta}{\theta}} = 1 \qquad 0 < q < 1.$$

$$Q \sim U_{[0,1]}.$$

Scriviamo l'intervallo di confidenza con livello di confidenza pari a $1 - \alpha$:

$$\begin{cases} IC = [a < X^\theta < b] \iff [\log a < \theta \log X < \log b] \\ \qquad\qquad\qquad\qquad \iff \left[\dfrac{\log b}{\log X} < \theta < \dfrac{\log a}{\log X}\right]; \\ b - a = 1 - \alpha. \end{cases}$$

Minimizziamo la lunghezza dell'IC, $L \propto (\log a - \log b)$:

$$\begin{cases} \min_{(b,a)}(\log b - \log a); \\ \quad a = b - (1 - \alpha). \end{cases}$$

$$\Downarrow$$

$$\min_{b \in [0,1]} (\log b - \log(b - (1 - \alpha))) =$$

$$= \min_{b \in [0,1]} \log\left(\frac{b}{b - (1 - \alpha)}\right) =$$

$$= \max_{b \in [0,1]} \log\left(1 - \frac{1 - \alpha}{b}\right).$$

La lunghezza minima è raggiunta per $b = 1$.

Quindi l'IC di lunghezza minima e livello di confidenza pari a $1 - \alpha$ è:

$$IC(1 - \alpha) = \left[0, \frac{\log \alpha}{\log X}\right].$$

(c)
$$IC_{(1-\alpha)} = \left(\frac{Y}{2}, Y\right) = \left(-\frac{1}{2 \log X}, -\frac{1}{\log X}\right)$$

è dello stesso tipo dell'IC calcolato al punto (b), con:

$$\begin{cases} \log b = -\frac{1}{2} \iff b = e^{-\frac{1}{2}}; \\ \log a = -1 \iff a = e^{-1}. \end{cases}$$

Essendo gli IC calcolati al punto (a) e al punto (b) dello stesso tipo ed essendo l'IC al punto (b) a lunghezza minima, l'IC al punto (a) ha lunghezza certamente maggiore dell'IC al punto (b).

7.6

(a) X è campione di ampiezza 1. Calcoliamo la legge di Q:

$$f_Q(q) = \mathbb{P}\left\{X - \mu \le q\right\} = \mathbb{P}\left\{X \le q + \mu\right\} =$$

$$= \int_{-\infty}^{q+\mu} \frac{1}{2} e^{-|x-\mu|}\, dx \overset{y=x-\mu}{=} \int_{-\infty}^{q} \frac{1}{2} e^{-|y|}\, dy.$$

Quindi Q è quantità pivotale ($Q \sim f_X(x;0)$).

(b)
$$\begin{cases} IC = [a < X - \mu < b] \quad \Rightarrow \quad [X - b < \mu < X - a]\,; \\[2mm] 1 - \alpha = \dfrac{1}{2}\displaystyle\int_a^b e^{-|x|}\, dx. \end{cases}$$

La lunghezza dell'intervallo è $b - a$. Inoltre $f_X(x;0)$ è densità unimodale. Quindi la lunghezza minima si ha per $|a| = |b|$, $a = -b$. Imponiamo quindi che il livello di confidenza dell'intervallo sia pari ad $1 - \alpha$:

$$1 - \alpha = \frac{1}{2}\int_{-b}^{b} e^{-|x|}\, dx = \int_{0}^{b} e^{-x}\, dx = 1 - e^{-b} \quad \Rightarrow \quad b = -\log(\alpha) = \log\frac{1}{\alpha}.$$

Otteniamo quindi:

$$IC_{(1-\alpha)} = \left[X \pm \log\frac{1}{\alpha}\right].$$

Capitolo 8
Statistica asintotica

8.1 Richiami di teoria

Definizione 8.1 (Consistenza) Una sequenza di stimatori $W_n = W_n(X)$ è consistente per il parametro θ se, $\forall \varepsilon > 0$ e $\forall \theta \in \Theta$, vale:

$$\lim_{n \to +\infty} \mathbb{P}_\theta \left(|W_n - \theta| < \varepsilon \right) = 1;$$

cioè $W_n \xrightarrow{p} \theta$.

Teorema 8.2 *Sia W_n una successione di stimatori consistenti per θ, tale che:*

- $\lim_{n \to +\infty} \mathbb{E}_\theta[W_n] = \theta$;
- $\lim_{n \to +\infty} \mathrm{Var}_\theta(W_n) = 0$;

allora W_n è stimatore consistente per θ.

Teorema 8.3 (Consistenza per MLE) *Siano $X_1, \ldots, X_n$ v.a. i.i.d. tali che $X_i \sim f_X(x; \theta)$ e $L(\theta; x)$ la corrispondente verosimiglianza. Sia $\hat{\theta}$ il MLE di θ e $\tau(\theta)$ una funzione continua di θ. Sotto opportune condizioni di regolarità per $f_X(x; \theta)$ e $L(\theta; x)$ (si veda Miscellanea 10.6.2 [3]), allora $\forall \varepsilon > 0$ e $\forall \theta \in \Theta$:*

$$\lim_{n \to +\infty} \mathbb{P}_\theta \{ |\tau(\hat{\theta}) - \tau(\theta)| \geq \varepsilon \} = 0.$$

Allora $\tau(\hat{\theta})$ è stimatore consistente per $\tau(\theta)$.

Definizione 8.4 (Varianza limite) Consideriamo uno stimatore T_n. Se, data una successione k_n, vale:

$$\lim_{n \to +\infty} k_n \, \mathrm{Var}(T_n) = \tau^2 < +\infty;$$

allora τ^2 è detta varianza limite o limite della varianza.

© Springer-Verlag Italia S.r.l., part of Springer Nature 2020

F. Gasperoni, F. Ieva, A.M. Paganoni, *Eserciziario di Statistica Inferenziale*, UNITEXT 120,

https://doi.org/10.1007/978-88-470-3995-7_8

Definizione 8.5 (Varianza asintotica) Consideriamo uno stimatore T_n, tale per cui:

$$k_n(T_n - \tau(\theta)) \xrightarrow{\mathcal{L}} N(0, \sigma^2).$$

Allora σ^2 è detta varianza asintotica della distribuzione di T_n.

Definizione 8.6 (Asintotica efficienza) Una sequenza di stimatori W_n è asintoticamente efficiente per il parametro $\tau(\theta)$ se:

$$\sqrt{n}\,(W_n - \tau(\theta)) \xrightarrow{\mathcal{L}} N(0, v(\theta));$$

dove:

$$v(\theta) = \frac{(\tau'(\theta))^2}{\mathbb{E}_\theta\left[\left(\frac{\partial}{\partial\theta}\log f_X(x;\theta)\right)^2\right]}.$$

Quindi la varianza asintotica coincide con il limite di Cramér-Rao.

Teorema 8.7 (Asintotica efficienza per MLE) *Siano $X_1, \ldots, X_n$ v.a. i.i.d. tali che $X_i \sim f_X(x;\theta)$ e sia $\hat\theta$ il MLE di θ e $\tau(\theta)$ una funzione continua di θ. Sotto opportune condizioni di regolarità per $f_X(x;\theta)$ e $L(\theta;x)$ (si veda Miscellanea 10.6.2 [3]), vale:*

$$\sqrt{n}\left(\tau(\hat\theta) - \tau(\theta)\right) \xrightarrow{\mathcal{L}} N(0, v(\theta));$$

dove $v(\theta)$ è il limite inferiore di Cramér-Rao. Quindi $\tau(\hat\theta)$ è stimatore consistente e asintoticamente efficiente per $\tau(\theta)$.

Definizione 8.8 (Efficienza asintotica relativa) Consideriamo due stimatori W_n e V_n per $\tau(\theta)$ tali che:

$$\sqrt{n}\,(W_n - \tau(\theta)) \xrightarrow{\mathcal{L}} N(0, \sigma_W^2);$$
$$\sqrt{n}\,(V_n - \tau(\theta)) \xrightarrow{\mathcal{L}} N(0, \sigma_V^2).$$

Si definisce efficienza asintotica relativa (asymptotic relative efficiency, ARE) il seguente rapporto:

$$ARE(V_n, W_n) = \frac{\sigma_W^2}{\sigma_V^2}.$$

8.2 Esercizi

Esercizio 8.1 Il tempo di risposta di un calcolatore all'input di un terminale si descrive mediante una variabile aleatoria di legge esponenziale $\mathcal{E}(\theta)$, con θ incognito. Si intendono misurare n tempi di risposta $T_1, \ldots, T_n$ per stimare il tempo atteso di risposta $1/\theta$ e per stimare il parametro θ.

Sia $\overline{T}_n = \frac{1}{n} \sum_{i=1}^{n} T_i$ lo stimatore di $1/\theta$.

(a) Mostrare che è uno stimatore non distorto.

(b) Determinarne la legge.

(c) Studiarne asintotica normalità, consistenza ed efficienza asintotica.

Si consideri ora la stima di θ.

(d) Ricavare da $1/\overline{T}_n$ uno stimatore non distorto $\hat{\theta}_n$ di θ.

(e) Studiarne asintotica normalità, consistenza ed efficienza asintotica.

(f) Costruire una regione critica di livello (approssimativamente) α per sottoporre a test $H_0 : \theta = \theta_0$ contro $H_1 : \theta \neq \theta_0$.

(g) Si deduca da $\hat{\theta}_n$ una quantità asintoticamente pivotale con cui costruire un intervallo di confidenza per θ di livello (approssimativamente) $1 - \alpha$.

(h) Si trovi una trasformazione $g : [0, +\infty) \to \mathbb{R}$ che stabilizzi la varianza asintotica di $g(\hat{\theta}_n)$, ovvero tale che la varianza asintotica di $g(\hat{\theta}_n)$ sia indipendente da θ.

(i) Si proponga un intervallo di confidenza per θ di livello (approssimativamente) $1 - \alpha$ costruito sulla base di $g(\hat{\theta}_n)$. Si confronti tale intervallo di confidenza con quello ottenuto al punto (g).

Esercizio 8.2 Sia $X_1, \ldots, X_n$ un campione casuale da una legge uniforme sull'intervallo $[0, \theta]$, $\theta > 0$.

(a) Studiare la consistenza di $X_{(n)}$, stimatore di massima verosimiglianza di θ, e di $X_{(n)}(n + 1)/n$, stimatore corretto di θ.

(b) Per l'intervallo di confidenza per θ di livello $1 - \alpha$ di ampiezza minima che si può costruire con la quantità pivotale $X_{(n)}/\theta$, si studi il limite di tale ampiezza per $n \to \infty$.

Esercizio 8.3 Sia $X_1, \ldots, X_n$ una famiglia di variabili aleatorie indipendenti e tutte distribuite secondo una legge esponenziale di media τ. Ciascun X_i rappresenta l'istante di disintegrazione di un nucleo di un certo elemento radioattivo. Per ogni $t \geq 0$ fissato, sia Y_i la v. a. che vale 1 se l'i-esimo nucleo è ancora in vita all'istante t e 0 altrimenti.

Si considerino i seguenti stimatori di τ:

- V_n, MLE basato sul campione $Y_1, \ldots, Y_n$.
- $W_n = n \min\{X_1, \ldots, X_n\}$.
- T_n, UMVUE basato sul campione $X_1, \ldots, X_n$.

Si risponda quindi alle seguenti domande:

(a) Determinare le leggi degli stimatori W_n e T_n.
(b) Si studi la normalità asintotica e consistenza di V_n, W_n e T_n.
(c) Qual è lo stimatore migliore?

Esercizio 8.4 Sia $(X_1, \ldots, X_n)$ un campione casuale estratto da una distribuzione di Poisson di parametro $\lambda > 0$. Sia $\tau(\lambda) = e^{-\lambda}(1 + \lambda)$. Per stimare τ si considerino lo MLE e lo UMVUE. Stabilire se sono stimatori consistenti.

Esercizio 8.5 Sia $X_1, \ldots, X_n$ un campione di variabili aleatorie indipendenti di densità beta$(\theta, 1)$,

$$f_X(x; \theta) = \theta x^{\theta-1} \mathbb{I}_{(0,1)}(x), \qquad \theta > 0;$$

e siano $\hat{\theta}_n$ e $\hat{\theta}_{ML}$ rispettivamente gli stimatori UMVUE ed MLE di θ.

(a) Discutere consistenza, asintotica normalità e asintotica efficienza dei due stimatori.
(b) Costruire le regioni critiche di livello (approssimativamente) α per sottoporre a test $H_0 : \theta = \theta_0$ contro $H_1 : \theta > \theta_0$.

Esercizio 8.6 Sia $X_1, \ldots, X_n$ un campione casuale da una $Gamma(2, 1/\theta)$ con $\theta > 0$. Si ha quindi

$$f_X(x; \theta) = \theta^{-2} x \, e^{-x/\theta} \mathbb{I}_{(0,+\infty)}(x).$$

Sia $\hat{\theta}_n$ lo stimatore di massima verosimiglianza per θ.

(a) Verificate che $\hat{\theta}_n$ è consistente.
(b) Determinate la distribuzione asintotica di $\hat{\theta}_n$.
(c) Determinate lo stimatore $\hat{\sigma}_n^2$ di massima verosimiglianza per la varianza di X_1.
(d) Determinate la distribuzione asintotica di $\hat{\sigma}_n^2$.

Esercizio 8.7 Sia $X_1, \ldots, X_n$ un campione casuale da

$$f_X(x; \theta) = \frac{1}{2}\left(1 + \theta x\right) \mathbb{I}_{(-1,1)}(x), \qquad \theta \in [-1, 1].$$

(a) Si determini col metodo dei momenti uno stimatore $\hat{\theta}_n$ di θ.
(b) Si determini la distribuzione asintotica di $\hat{\theta}_n$.
(c) Si proponga un intervallo di confidenza asintotico di livello $1 - \alpha$ per θ.

Esercizio 8.8 Dato un campione casuale $X_1, \ldots, X_n$ da una distribuzione di Bernoulli $Be(p)$, si consideri $V_n(\boldsymbol{X}) = n\overline{X}_n(1 - \overline{X}_n)/(n-1)$ stimatore UMVUE della varianza σ^2 della distribuzione.

(a) Mostrare che $V_n(\boldsymbol{X})$ è consistente per σ^2.
(b) Determinare la legge asintotica di $V_n(\boldsymbol{X})$.

8.3 Soluzioni

8.1

(a)
$$\mathbb{E}[\overline{T}_n] = \frac{1}{n}\sum_{i=1}^{n}\mathbb{E}[T_i] = \frac{1}{\theta}.$$

Quindi $\overline{T}_n$ è stimatore non distorto per $\frac{1}{\theta}$.

(b)
$$\sum_{i=1}^{n} T_i \sim Gamma(n,\theta) \implies \overline{T}_n \sim Gamma(n,n\theta).$$

(c) Per il TCL (Teorema 1.25):
$$\sqrt{n}\left(\overline{T}_n - \frac{1}{\theta}\right) \xrightarrow{\mathcal{L}} N\left(0,\frac{1}{\theta^2}\right).$$

L'asintotica normalità implica la consistenza.
Calcoliamo il Limite di Cramér-Rao, considerando che $\tau(\theta) = \frac{1}{\theta}$:

$$\frac{(\tau'(\theta))^2}{I_1(\theta)} = \frac{\frac{1}{\theta^4}}{\mathbb{E}\left[\left(\frac{\partial}{\partial\theta}\log f(x;\theta)\right)^2\right]} =$$

$$= \frac{1}{\theta^4\mathbb{E}\left[\frac{\partial}{\partial\theta}(\log\theta - \theta x)^2\right]} =$$

$$= \frac{1}{\theta^4\mathbb{E}[(X - \frac{1}{\theta})^2]} =$$

$$= \frac{1}{\theta^4\,\mathrm{Var}(T_i)} = \frac{\theta^2}{\theta^4} = \frac{1}{\theta^2}.$$

Quindi $\overline{T}_n$ è asintoticamente efficiente.

(d)
$$\mathbb{E}\left[\frac{1}{\overline{T}_n}\right] = n\mathbb{E}\left[\frac{1}{\sum T_i}\right] = \frac{n}{n-1}\theta.$$

Quindi uno stimatore non distorto per θ è:
$$\hat{\theta}_n = \frac{n-1}{n}\frac{1}{\overline{T}_n} = \frac{n-1}{\sum T_i}.$$

(e) A partire dai risultati del punto (c), applichiamo il metodo delta (Teorema 1.26) con $g(t) = 1/t$ e $g'(t) = -1/t^2$ e otteniamo:

$$\sqrt{n}\left(\frac{1}{\overline{T}_n} - \theta\right) \xrightarrow{\mathcal{L}} N\left(0,\frac{1}{\theta^2}\left(-\frac{1}{(\frac{1}{\theta^2})^2}\right)^2\right) = N\left(0,\theta^2\right).$$

Applicando il Teorema di Slutsky (1.24), concludiamo che:

$$\hat{\theta}_n = \frac{n-1}{n} \frac{1}{\overline{T}_n}$$

è asintoticamente normale, cioè:

$$\sqrt{n}(\hat{\theta}_n - \theta) \xrightarrow{\mathcal{L}} N(0, \theta^2).$$

Il Limite di Cramér Rao vale:

$$\frac{1}{\mathrm{Var}(T_i)} = \theta^2;$$

quindi $\hat{\theta}_n$ è anche asintoticamente efficiente.

(f)   Consideriamo il test:

$$H_0 : \theta = \theta_0 \quad \text{vs} \quad H_1 : \theta \neq \theta_0.$$

Dato che $\hat{\theta}_n \approx N(\theta, \theta^2)$, la regione di rifiuto di livello approssimativamente α è:

$$R_\alpha = \left\{ \frac{|\hat{\theta}_n - \theta_0|}{\theta_0/\sqrt{n}} > z_{1-\frac{\alpha}{2}} \right\} = \left\{ |\hat{\theta}_n - \theta_0| > z_{1-\frac{\alpha}{2}} \frac{\theta_0}{\sqrt{n}} \right\}.$$

(g)   Analogamente al punto precedente, dato che:

$$\frac{\hat{\theta}_n - \theta}{\theta/\sqrt{n}} \approx N(0, 1);$$

$$1 - \alpha = \mathbb{P}\left\{ -z_{1-\frac{\alpha}{2}} \leq \frac{\hat{\theta}_n - \theta}{\theta/\sqrt{n}} \leq z_{1-\frac{\alpha}{2}} \right\} =$$

$$= \mathbb{P}\left\{ \theta\left(1 - z_{1-\frac{\alpha}{2}}/\sqrt{n}\right) \leq \hat{\theta}_n \leq \theta\left(1 + z_{1-\frac{\alpha}{2}}/\sqrt{n}\right) \right\};$$

l'IC asintotico risulta essere:

$$IC_{1-\alpha} = \left[\frac{\hat{\theta}_n}{1 + z_{1-\frac{\alpha}{2}}/\sqrt{n}} ; \frac{\hat{\theta}_n}{1 - z_{1-\frac{\alpha}{2}}/\sqrt{n}} \right].$$

(h) $g(\hat{\theta}_n)$ ha varianza asintotica $\theta^2 g'(\theta)^2$ (secondo il metodo delta 1.26). Imponiamo che la varianza asintotica sia pari ad 1, quindi $g'(\theta) = \frac{1}{\theta}$, ovvero $g(\theta) = \log \theta$. Definiamo:

$$W_n = \log \hat{\theta}_n;$$

che è tale che:

$$\sqrt{n}\,(W_n - \log \theta) \xrightarrow{\mathcal{L}} N(0, 1).$$

(i) L'IC asintotico basato su W_n si può costruire osservando che asintoticamente:

$$1 - \alpha = \left[W_n - z_{1-\frac{\alpha}{2}} / \sqrt{n} \le \log \theta \le W_n + z_{1-\frac{\alpha}{2}} / \sqrt{n} \right];$$

quindi:

$$IC_{1-\alpha} = \left[e^{W_n} e^{-z_{1-\frac{\alpha}{2}}/\sqrt{n}}; e^{W_n} e^{z_{1-\frac{\alpha}{2}}/\sqrt{n}}; \right].$$

Sviluppando al I ordine gli estremi di questo IC si ritrova quello ricavato al punto (g).

8.2

(a) Per il calcolo del MLE e della relativa media e varianza si veda l'Esercizio 4.2.

$$\mathbb{E}[X_{(n)}] = \frac{n}{n+1}\theta;$$

$$\mathrm{Var}(X_{(n)}) = \frac{n}{(n+1)^2(n+2)}\theta^2.$$

La legge del MLE risulta:

$$F_{X_{(n)}}(t) = \begin{cases} 0 & t < 0; \\ \left(\frac{t}{\theta}\right)^n & 0 \le t \le \theta; \\ 1 & t > \theta. \end{cases}$$

Quindi $X_{(n)} \xrightarrow{\mathcal{L}} \theta$ e dato che θ è costante, $X_{(n)} \xrightarrow{p} \theta$.
Consideriamo ora $T_n = X_{(n)}(n+1)/n$.
T_n è stimatore non distorto per θ, infatti: $\mathbb{E}[T_n] = \theta$.
Allora:

$$MSE(T_n) = \mathrm{Var}(T_n) = \frac{(n+1)^2}{n^2} \frac{n}{(n+1)^2(n+2)}\theta^2 = \frac{\theta^2}{n(n+2)} \to 0.$$

Quindi, per il Teorema 8.2, T_n è consistente.

(b) $Q = X_{(n)}/\theta$ è quantità pivotale dato che:

$$F_Q(t) = \mathbb{P}\{X_{(n)}/\theta \le t\} = \mathbb{P}\{X_{(n)} \le t\theta\} = \begin{cases} 0 & t < 0; \\ t^n & 0 \le t \le 1; \\ 1 & t > 1. \end{cases}$$

Calcoliamo quindi un IC che abbia livello di confidenza pari ad $1 - \alpha$.

$$\begin{cases} IC = \left[a \le X_{(n)}/\theta \le b\right] = \left[\frac{X_{(n)}}{b}; \frac{X_{(n)}}{a} \right]; \\ 1 - \alpha = b^n - a^n. \end{cases}$$

La lunghezza dell'IC è proporzionale a $1/a - 1/b$. Individuiamo quindi la coppia (a, b) che ci permetta di avere l'IC di lunghezza minima. Risolviamo il seguente problema di ottimo vincolato:

$$\begin{cases} \min_{a,b} \dfrac{1}{a} - \dfrac{1}{b}; \\ 1 - \alpha = b^n - a^n. \end{cases}$$

Deriviamo entrambe le espressioni rispetto ad a:

$$\begin{cases} \dfrac{\partial L}{\partial a} = -\dfrac{1}{a^2} + \dfrac{1}{b^2}\dfrac{db}{da} \\ 0 = nb^{n-1}\dfrac{db}{da} - na^{n-1} \end{cases} \Rightarrow \begin{cases} -\dfrac{1}{a^2} + \dfrac{1}{b^2}\left(\dfrac{a}{b}\right)^{n-1} = \dfrac{a^{n+1} - b^{n+1}}{a^2 b^{n+1}} < 0; \\ \dfrac{db}{da} = \left(\dfrac{a}{b}\right)^{n-1}. \end{cases}$$

Quindi la lunghezza minima si ottiene in corrispondenza del valore massimo di a, quindi $b = 1$ e $a = \sqrt[n]{\alpha}$. L'IC risulta:

$$IC_{1-\alpha} = \left[X_{(n)}; \dfrac{X_{(n)}}{\sqrt[n]{\alpha}} \right];$$

la cui lunghezza vale $\dfrac{1}{\sqrt[n]{\alpha}} - 1 \overset{n \to +\infty}{\to} 0$.

8.3

(a) Dal testo evinciamo che:

$$X_1, \ldots, X_n \sim \mathcal{E}\left(\frac{1}{\tau}\right), \qquad Y_i = \mathbb{I}_{\{X_i > t\}} \implies Y_i \sim Be(e^{-t/\tau}).$$

Dato che $\overline{Y}_n$ è MLE per $e^{-t/\tau}$, per il principio di invarianza il seguente stimatore V_n:

$$V_n := -\dfrac{t}{\log \overline{Y}_n}$$

è MLE per τ.

Consideriamo lo stimatore W_n, così definito:

$$W_n := n \, \min\{X_1, \ldots, X_n\} = n X_{(1)}.$$

Calcoliamone la legge.

Si sa che: $X_{(1)} \sim \mathcal{E}\left(\frac{n}{\tau}\right)$, quindi:

$$\mathbb{P}\{W_n > t\} = \mathbb{P}\{n X_{(1)} > t\} = \mathbb{P}\{X_{(1)} > t/n\} = e^{-t/\tau}.$$

Quindi:

$$W_n \sim \mathcal{E}\left(\frac{1}{\tau}\right).$$

Consideriamo lo stimatore T_n, UMVUE per τ:

$$T_n := \overline{X}_n.$$

Calcoliamone la legge. Si sa che: $X_1 \sim \mathcal{E}\left(\frac{1}{\tau}\right)$, quindi:

$$\sum X_i \sim Gamma\left(n, \frac{1}{\tau}\right) \implies T_n \sim Gamma\left(n, \frac{n}{\tau}\right).$$

(b) Valutiamo l'asintotica normalità di V_n, W_n e T_n. Per il TCL (1.25) sappiamo che:

$$\sqrt{n}\left(\overline{Y}_n - \mathrm{e}^{-t/\tau}\right) \xrightarrow{\mathcal{L}} N\left(0, \mathrm{e}^{-t/\tau}(1 - \mathrm{e}^{-t/\tau})\right).$$

Per valutare l'asintotica normalità di $V_n = -\frac{t}{\log \overline{Y}_n}$, sfruttiamo il metodo delta (Teorema 1.26), con $g(\overline{Y}_n) = -\frac{t}{\log \overline{Y}_n}$.

$$g(x) = -\frac{t}{\log x} \qquad g'(x) = \frac{t}{(\log x)^2}\frac{1}{x},$$

quindi:

$$\sqrt{n}(V_n - \tau) \xrightarrow{\mathcal{L}} N\left(0, \mathrm{e}^{-t/\tau}(1 - \mathrm{e}^{-t/\tau}) \cdot \frac{t^2}{\left(-\frac{t}{\tau}\right)^4}\mathrm{e}^{2t/\tau}\right) =$$

$$= N\left(0, \frac{\tau^4}{t^2}\mathrm{e}^{t/\tau}(1 - \mathrm{e}^{-t/\tau})\right).$$

W_n non è asintoticamente normale e non è consistente.

$$\sqrt{n}(T_n - \tau) \xrightarrow{\mathcal{L}} N(0, \tau^2).$$

(c) Per valutare lo stimatore migliore, calcoliamo l'ARE fra V_n e T_n:

$$ARE(T_n, V_n) = \frac{\tau^2 t^2}{\tau^4 \mathrm{e}^{t/\tau}(1 - \mathrm{e}^{-t/\tau})}.$$

L'ARE dipende da τ, quindi non possiamo identificare uno stimatore migliore.

8.4

$$X_i \sim P(\lambda), \qquad \tau(\lambda) = e^{-\lambda}(1 + \lambda).$$

Per il principio di invarianza, il MLE di $\tau(\lambda)$ è $(1 + \overline{X}_n)e^{-\overline{X}_n}$.
Per la LFGN 1.19, vale:

$$(1 + \overline{X}_n)e^{-\overline{X}_n} \overset{q.c.}{\to} \tau(\lambda);$$

quindi il MLE è consistente.
Consideriamo l' UMVUE:

$$\underbrace{\left(1 - \frac{1}{n}\right)^{n\overline{X}_n}}_{\to (e^{-1})^\lambda} \underbrace{\left(1 + \overline{X}_n \frac{n}{n-1}\right)}_{\to (1+\lambda)} \to e^{-\lambda}(1 + \lambda).$$

Quindi l'UMVUE è consistente. Per il calcolo dell'UMVUE si faccia riferimento all'Esercizio 4.11.

8.5

(a)
$$X_i \sim \theta x^{\theta-1} \mathbb{I}_{(0,1)}(x), \qquad \theta > 0.$$

Nell'Esercizio 4.9 si è calcolato l'UMVUE $\hat{\theta}_n$ e il suo valore atteso e varianza. Riportiamo di seguito i risultati ottenuti:

$$\hat{\theta}_n = -\frac{n-1}{\sum_i \log X_i}.$$
$$\mathbb{E}[\hat{\theta}_n] = \theta.$$
$$\mathrm{Var}(\hat{\theta}_n) = \frac{\theta^2}{n-2}.$$

Sfruttando il Teorema 8.2, concludiamo che $\hat{\theta}_n$ è consistente.
Valutiamo ora l'asintotica normalità.

$$Y_i = -\log X_i \sim \mathcal{E}(\theta) \overset{TCL}{\Longrightarrow} \sqrt{n}\left(\overline{Y}_n - \frac{1}{\theta}\right) \overset{\mathcal{L}}{\to} N\left(0, \frac{1}{\theta^2}\right).$$

Tramite il metodo delta (Teorema 1.26):

$$-\frac{n}{\sum \log X_i} \implies \sqrt{n}\left(\frac{1}{\overline{Y}_n} - \theta\right). \overset{\mathcal{L}}{\to} N\left(0, \theta^2\right)$$

Quindi per il Teorema di Slutsky (1.24):

$$\sqrt{n}\left(\hat{\theta}_n - \theta\right) \overset{\mathcal{L}}{\to} N(0, \theta^2).$$

$\hat{\theta}_n$ è asintoticamente efficiente $\frac{\theta^2}{n} = \frac{1}{nI(\theta)}$.

(b) Consideriamo il test:

$$H_0 : \theta = \theta_0 \quad \text{vs} \quad H_1 : \theta > \theta_0.$$

La regione critica è:

$$R_\alpha = \left\{ \hat{\theta}_n > \theta_0 + z_{1-\alpha} \frac{\theta_0}{\sqrt{n}} \right\}.$$

8.6

(a)
$$f(x;\theta) = \theta^{-2} x \, e^{-x/\theta} \mathbb{I}_{(0,+\infty)}(x).$$

$$L(\theta;\boldsymbol{x}) = \theta^{-2n} \prod x_i e^{-\frac{\sum_i x_i}{\theta}} \mathbb{I}_{(0,+\infty)}(x_i).$$

$$l(\theta;\boldsymbol{x}) \propto -2n \log \theta - \frac{\sum_i x_i}{\theta}.$$

$$\frac{\partial l(\theta;\boldsymbol{x})}{\partial \theta} = -\frac{2n}{\theta} + \frac{\sum_i x_i}{\theta^2} > 0 \iff \theta < \frac{\overline{X}_n}{2}.$$

Quindi $\hat{\theta}_n = \frac{\overline{X}_n}{2}$ è MLE per θ.
Per la LFGN (1.19) vale:

$$\overline{X}_n \overset{q.c.}{\to} \mathbb{E}[X_i] = 2\theta.$$

Quindi $\hat{\theta}_n$ è consistente per θ.

(b) Il TCL (1.25) garantisce che:

$$\sqrt{n}\left(\hat{\theta}_n - \theta\right) \overset{\mathcal{L}}{\to} N\left(0, \frac{2\theta^2}{4}\right) = N\left(0, \frac{\theta^2}{2}\right).$$

(c)
$$\text{Var}(X_i) = 2\theta^2;$$

quindi per il principio d'invarianza vale:

$$\hat{\sigma}_n^2 = 2\hat{\theta}_n^2 = \frac{\overline{X}_n^2}{2}.$$

(d) Sfruttiamo il metodo delta (Teorema 1.26), considerando $g(x) = \frac{1}{2}x^2$ e $g'(x) = x$:

$$\sqrt{n}\left(\hat{\sigma}_n^2 - 2\theta^2\right) \overset{\mathcal{L}}{\to} N\left(0, 2\theta^2 \cdot (2\theta)^2\right) = N(0, 8\theta^4).$$

8.7

(a)
$$\mathbb{E}[X_i] = \frac{1}{2} \int_{-1}^{1} (1 + \theta x) x \, dx = \frac{\theta}{2} \int_{-1}^{1} x^2 \, dx = \frac{\theta}{2} \frac{2}{3} = \frac{\theta}{3}.$$

Quindi lo stimatore ottenuto col metodo dei momenti è:

$$\hat{\theta}_n = 3\overline{X}_n.$$

Si osservi che $\hat{\theta}_n \overset{q.c.}{\to} \theta$.

(b)

$$\mathrm{Var}(X_i) = \mathbb{E}[X_i^2] - (\mathbb{E}[X_i])^2 = \frac{1}{2}\int_{-1}^{1} x^2\,dx - \frac{\theta^2}{9} = \frac{1}{3} - \frac{\theta^2}{9} = \frac{3-\theta^2}{9}.$$

Allora, il TCL (1.25) garantisce che:

$$\sqrt{n}(\hat{\theta}_n - \theta) \xrightarrow{\mathcal{L}} N(0, 3-\theta^2).$$

(c) Sfruttando il Teorema di Slutsky (1.24), otteniamo:

$$\frac{\hat{\theta}_n - \theta}{\sqrt{\frac{3-\hat{\theta}_n^2}{n}}} \approx N(0, 1).$$

Quindi

$$IC_{(1-\alpha)} = \left[\hat{\theta}_n \pm z_{1-\frac{\alpha}{2}} \sqrt{\frac{3-\hat{\theta}_n^2}{n}} \right] = \left[3\overline{X}_n \pm z_{1-\frac{\alpha}{2}} \sqrt{\frac{3-9\overline{X}_n^2}{n}} \right].$$

8.8

(a) Per la LFGN (1.19):

$$V_n(X) = n\overline{X}_n(1 - \overline{X}_n)/(n-1) \xrightarrow{q.c.} p(1-p) = \sigma^2.$$

Quindi V_n è stimatore consistente per σ^2.

(b) Per il TCL (1.25):

$$\sqrt{n}\left(\overline{X}_n - p\right) \xrightarrow{\mathcal{L}} N(0, p(1-p)).$$

Per provare l'asintotica normalità di V_n sfruttiamo il Teorema di Slutsky (1.24) con $g(x) = x(1-x)$, $g'(x) = 1 - 2x$ e $g''(x) = -2$.
Se $p \neq 1/2$:

$$\sqrt{n}\left(\overline{X}_n(1-\overline{X}_n) - p(1-p)\right) \xrightarrow{\mathcal{L}} N\left(0, \frac{(1-2p)^2 p(1-p)}{n}\right).$$

Se $p = 1/2$:

$$\sqrt{n}\left(\overline{X}_n(1-\overline{X}_n) - \frac{1}{4}\right) \xrightarrow{\mathcal{L}} -\frac{1}{4}\chi^2(1).$$

Quindi $V_n \xrightarrow{\mathcal{L}} \frac{1}{4} - \frac{1}{4n}\chi^2(1).$

Parte II
Modelli di regressione e analisi della varianza

Capitolo 9
Regressione lineare

9.1   Richiami di teoria

Si affronta lo studio statistico del comportamento di una v.a. Y (detta risposta o variabile dipendente) rispetto ad altre grandezze $X_1, X_2, \dots, X_r$ (dette predittori o variabili indipendenti) che in questa trattazione saranno assunte deterministiche.

Assumiamo che possa sussistere la seguente relazione:

$$Y = \beta_0 + \beta_1 X_1 + \cdots + \beta_r X_r + \varepsilon; \tag{9.1}$$

dove ε è una v.a. a media nulla e varianza σ^2. $\beta_0, \beta_1, \dots, \beta_r$ e σ^2 sono parametri reali ed incogniti.

Supponendo di avere un campione di n osservazioni congiunte Y_i e delle relative x_{ij}, $j = 1, \dots, r$ e $i = 1, \dots, n$, allora per ogni osservazione vale:

$$Y_i = \beta_0 + \beta_1 x_{i1} + \cdots + \beta_r x_{ir} + \varepsilon_i \quad i = 1, \dots, n; \tag{9.2}$$

L'Eq. (9.2) può essere scritta in modo compatto come:

$$Y = \mathbb{X}\boldsymbol{\beta} + \boldsymbol{\varepsilon}; \tag{9.3}$$

dove:

- $Y \in \mathbb{R}^n$ è il vettore delle risposte aleatorie, $\boldsymbol{y}$ sono le relative realizzazioni $\boldsymbol{y} = (y_1, \dots, y_n)^T$.
- $\mathbb{X} \in \mathbb{R}^{n \times (r+1)}$ è la matrice disegno, in cui la prima colonna è il vettore unitario $(1, \dots, 1)^T$ e le successive colonne sono i vettori $\boldsymbol{x}_j = (x_{1j}, \dots, x_{nj})^T$.

Materiale Supplementare Online È disponibile online un supplemento a questo capitolo (https://doi.org/10.1007/978-88-470-3995-7_9), contenente dati, altri approfondimenti ed esercizi.

© Springer-Verlag Italia S.r.l., part of Springer Nature 2020
F. Gasperoni, F. Ieva, A.M. Paganoni, *Eserciziario di Statistica Inferenziale*, UNITEXT 120,
https://doi.org/10.1007/978-88-470-3995-7_9

- $\boldsymbol{\beta} \in \mathbb{R}^{r+1}$ è il vettore dei parametri di regressione incogniti.
- $\boldsymbol{\varepsilon} \in \mathbb{R}^n$ è il vettore degli errori, aleatorio e non noto, tale che $\mathbb{E}[\boldsymbol{\varepsilon}] = \boldsymbol{0}$ e $\mathrm{Var}(\boldsymbol{\varepsilon}) = \sigma^2 \mathbb{I}_n$.

Il modello descritto in Eq. (9.2) è detto lineare, poiché lineare rispetto ai $\boldsymbol{\beta}$.

9.1.1 Stimatori dei parametri incogniti della regressione: metodo dei minimi quadrati

Il metodo dei minimi quadrati (Least Square, LS) è un approccio utilizzato per ottenere lo stimatore dei $\boldsymbol{\beta}$. Questo metodo si basa sulla minimizzazione del quadrato dell' errore, ovvero:

$$\hat{\boldsymbol{\beta}} = \arg\min_{\beta} \sum_{i=1}^{n} \varepsilon_i^2 = \arg\min_{\beta} \boldsymbol{\varepsilon}^T \boldsymbol{\varepsilon} = \arg\min_{\beta}(\boldsymbol{y} - \mathbb{X}\boldsymbol{\beta})^T (\boldsymbol{y} - \mathbb{X}\boldsymbol{\beta}). \tag{9.4}$$

Differenziando rispetto a $\boldsymbol{\beta}$ e ponendo il differenziale a $\boldsymbol{0}$, ricaviamo lo stimatore ottimo:

$$\hat{\boldsymbol{\beta}} = (\mathbb{X}^T\mathbb{X})^{-1}\mathbb{X}^T\boldsymbol{y}. \tag{9.5}$$

Le stime ottenute con il metodo dei minimi quadrati sono la proiezione delle $\boldsymbol{y}$ sullo spazio colonna della matrice disegno $\mathbb{X}$, $Col(\mathbb{X})$ (vedi Fig. 9.1).

Inoltre possiamo definire le seguenti quantità:

- $\hat{\boldsymbol{y}}$, le risposte stimate: $\hat{\boldsymbol{y}} = \mathbb{X}\hat{\boldsymbol{\beta}} = \mathbb{X}(\mathbb{X}^T\mathbb{X})^{-1}\mathbb{X}^T\boldsymbol{y} = H\boldsymbol{y}$, dove H è la matrice di proiezione sullo spazio $Col(\mathbb{X})$.
- $\hat{\boldsymbol{\varepsilon}}$, il vettore di errore stimato: $\hat{\boldsymbol{\varepsilon}} = \boldsymbol{y} - \hat{\boldsymbol{y}} = \boldsymbol{y} - \mathbb{X}\hat{\boldsymbol{\beta}}$.

Teorema 9.1 (Gauss-Markov) *Dato il modello lineare in Eq. (9.3), gli stimatori ottenuti con il metodo dei minimi quadrati sono non distorti e a varianza minima (BLUE, Best Linear Unbiased Estimator).*

Fig. 9.1 Rappresentazione grafica del metodo ai minimi quadrati

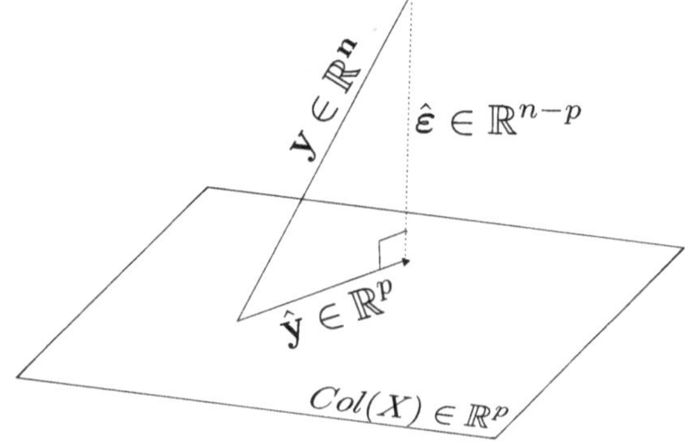

Teorema 9.2 *Dato il modello lineare in Eq. (9.3), si assuma che il rango di $\mathbb{X}$ sia $p = r + 1$, cioè la matrice disegno ha rango pieno, allora:*

- $\mathbb{E}[\hat{\boldsymbol{\beta}}] = \boldsymbol{\beta}$.
- $\mathrm{Cov}(\hat{\boldsymbol{\beta}}) = \sigma^2 (\mathbb{X}^T \mathbb{X})^{-1}$.
- $\mathbb{E}[\hat{\boldsymbol{\varepsilon}}] = \boldsymbol{0}$.
- $\mathrm{Cov}(\hat{\boldsymbol{\varepsilon}}) = \sigma^2 (\mathbb{I} - H)$.
- $\mathbb{E}[\hat{\boldsymbol{\varepsilon}}^T \hat{\boldsymbol{\varepsilon}}] = \sigma^2 (n - p)$.

Teorema 9.3 *Dato il modello lineare in Eq. (9.3), si assuma che il rango di $\mathbb{X}$ sia $p = r + 1$, cioè la matrice disegno ha rango pieno, e $\boldsymbol{\varepsilon} \sim N(\boldsymbol{0}, \sigma^2 \mathbb{I}_n)$, allora:*

- $\hat{\boldsymbol{\beta}} = (\mathbb{X}^T \mathbb{X})^{-1} \mathbb{X}^T \boldsymbol{y}$ *è stimatore di massima verosimiglianza per* $\boldsymbol{\beta}$.
- $\hat{\sigma}^2 = \frac{\hat{\boldsymbol{\varepsilon}}^T \hat{\boldsymbol{\varepsilon}}}{n}$ *è stimatore di massima verosimiglianza per* σ^2 *(spesso si calcola sfruttando $S^2 = \frac{\hat{\boldsymbol{\varepsilon}}^T \hat{\boldsymbol{\varepsilon}}}{n-p}$).*
- $\hat{\boldsymbol{\beta}} \sim N(\hat{\boldsymbol{\beta}}, \sigma^2 (\mathbb{X}^T \mathbb{X})^{-1})$.
- $\hat{\boldsymbol{\varepsilon}} \sim N(\boldsymbol{0}, \sigma^2 (\mathbb{I} - H))$.
- $\hat{\boldsymbol{\varepsilon}} \perp\!\!\!\perp \hat{\boldsymbol{\beta}}$.
- $n\hat{\sigma}^2 = \hat{\boldsymbol{\varepsilon}}^T \hat{\boldsymbol{\varepsilon}} \sim \sigma^2 \chi^2 (n - p)$.

Corollario

$$\frac{1}{\sigma^2}(\hat{\boldsymbol{\beta}} - \boldsymbol{\beta})^T \mathbb{X}^T \mathbb{X}(\hat{\boldsymbol{\beta}} - \boldsymbol{\beta}) \sim \chi_p^2. \tag{9.6}$$

$$\frac{n\hat{\sigma}^2}{\sigma^2} \sim \chi_{n-p}^2. \tag{9.7}$$

$$\frac{(\hat{\boldsymbol{\beta}} - \boldsymbol{\beta})^T \mathbb{X}^T \mathbb{X}(\hat{\boldsymbol{\beta}} - \boldsymbol{\beta})}{pS^2} \sim F_{p,n-p}. \tag{9.8}$$

9.1.2   Inferenza

Considerando valide le ipotesi del Teorema 9.3, possiamo effettuare i seguenti tre tipi di test:

- Significatività di tutti i predittori.
- Significatività del singolo predittore.
- Differenza di significatività fra modelli annidati.

9.1.3   Regioni e intervalli di confidenza per i predittori

Partendo dall'Eq. (9.8) definiamo la regione di confidenza di livello $(1 - \alpha)$ per $\boldsymbol{\beta}$ come:

$$R_{(1-\alpha)}(\boldsymbol{\beta}) = \{\boldsymbol{\beta} \in \mathbb{R}^p : (\hat{\boldsymbol{\beta}} - \boldsymbol{\beta})^T \mathbb{X}^T \mathbb{X}(\hat{\boldsymbol{\beta}} - \boldsymbol{\beta}) \leq pS^2 F_{p,n-p}(1 - \alpha)\};$$

dove $F_{p,n-p}(1-\alpha)$ indica il quantile di ordine $(1-\alpha)$ di una distribuzione di Fisher di parametri p, $n-p$. La regione di confidenza ha forma ellissoidale e non corrisponde al prodotto cartesiano degli intervalli di confidenza marginali, cioè quelli relativi ai singoli β_i, $i \in \{0,\dots,r\}$.

Sfruttando i risultati del Teorema 9.3, possiamo scrivere l'intervallo di confidenza di livello $(1-\alpha)$ per il singolo β_i, $i \in \{0,\dots,r\}$, come:

$$IC_{(1-\alpha)}(\beta_i) = [\hat{\beta}_i \pm t_{n-p}(1-\alpha/2)S\sqrt{(\mathbb{X}^T\mathbb{X})_{ii}^{-1}}];$$

dove $t_{n-p}(1-\alpha/2)$ è il quantile di livello $1-\alpha/2$ di una t di student a $n-p$ gradi di libertà.

9.1.4 *Intervalli di confidenza per la previsione*

Nel caso si abbia un nuovo dato x_0, la prima quantità che è di interesse calcolare è la previsione puntuale $\hat{y}_0$, come:

$$\hat{y}_0 = x_0^T\hat{\beta} + \varepsilon_0, \qquad \varepsilon_0 \sim N(0,\sigma^2) \quad \wedge \quad \varepsilon_0 \perp\!\!\!\perp \hat{\beta}. \tag{9.9}$$

Possiamo calcolare anche la variabilità associata a $\hat{y}_0$:

$$\text{Var}(\hat{y}_0) = \text{Var}(x_0^T\hat{\beta} + \varepsilon_0) = x_0^T(\mathbb{X}^T\mathbb{X})^{-1}x_0\sigma^2 + \sigma^2. \tag{9.10}$$

Nota la varianza, possiamo definire l'intervallo di previsione di livello $1-\alpha$ per il valore puntuale dato x_0:

$$\text{IP}(\hat{y}_0; x_0) = \hat{y}_0 \pm t_{n-p}(1-\alpha/2)S\sqrt{x_0^T(\mathbb{X}^T\mathbb{X})^{-1}x_0 + 1}. \tag{9.11}$$

Possiamo definire l'intervallo di confidenza di livello $1-\alpha$ per la media dei valori predetti dato x_0:

$$\text{IC}(\hat{y}_0; x_0) = \hat{y}_0 \pm t_{n-p}(1-\alpha/2)S\sqrt{x_0^T(\mathbb{X}^T\mathbb{X})^{-1}x_0}. \tag{9.12}$$

Si osserva immediatamente che l'intervallo di previsione in Eq. (9.11) è più ampio dell'intervallo di confidenza Eq. (9.12).

9.1.5 *Bontà del modello (Goodness of Fit, GOF)*

Un indice di bontà del modello è il coefficiente R^2, detto anche coefficiente di determinazione, e in caso di regressione lineare multipla R^2 aggiustato.

Definizione 9.4 (R^2 e R^2 aggiustato)

$$R^2 = 1 - \frac{\sum_{i=1}^{n}(\hat{y}_i - y_i)^2}{\sum_{i=1}^{n}(y_i - \bar{y}_i)^2} = 1 - \frac{SS_{res}}{SS_{tot}};$$

dove:

$$SS_{TOT} = SS_{reg} + SS_{res};$$

$$\sum_{i=1}^{n}(y_i - \overline{y})^2 = \sum_{i=1}^{n}(\hat{y}_i - \overline{y})^2 + \sum_{i=1}^{n}(y_i - \overline{\hat{y}})^2.$$

Si può dimostrare che se la matrice disegno ha una colonna costante allora $R^2 \in [0, 1]$. R^2 può anche essere espresso come SS_{reg}/SS_{tot} e rappresenta la percentuale di variabilità spiegata dai regressori, quindi più è vicino ad 1, più il modello è esplicativo della variabile risposta.

S può definire R^2_{adj}, un indice di bontà del modello che tenga conto anche della sua complessità:

$$R^2_{adj} = 1 - \frac{SS_{res}}{SS_{tot}} \frac{n-1}{n-r-1}.$$

R^2_{adj} per definizione è sempre minore o uguale ad R^2. Viene utilizzato per valutare la bontà del modello nel caso di regressione lineare multipla, perché permette di tenere conto della complessità del modello.

9.1.6   Librerie

```
library( car )
## Loading required package: carData
library( ellipse )
##
## Attaching package: 'ellipse'
## The following object is masked from 'package:car':
##
##     ellipse
## The following object is masked from 'package:graphics':
##
##     pairs
library( faraway )
##
## Attaching package: 'faraway'
## The following objects are masked from 'package:car':
##
##     logit, vif
```

```
library( leaps )
library( qpcR )
## Loading required package: MASS
## Loading required package: minpack.lm
## Loading required package: rgl
## Loading required package: robustbase
##
## Attaching package: 'robustbase'
## The following object is masked from 'package:faraway':
##
##      epilepsy
## Loading required package: Matrix
```

9.2 Esercizi

Esercizio 9.1 Calcolare manualmente la stima dei β nei seguenti casi:

(a) Non si considerino predittori.
(b) Si consideri un solo predittore.

Esercizio 9.2 Ricavare il test che valuta la significatività di tutti i predittori, sotto le ipotesi del Teorema 9.3.

Esercizio 9.3 Ricavare il test che valuta la significatività del singolo predittore, sotto le ipotesi del Teorema 9.3.

Esercizio 9.4 Descrivere i principali passi dello studio di un modello di regressione, sottolineando i comandi R da utilizzare.

Esercizio 9.5 Si consideri il dataset `savings` presente nel pacchetto `faraway`. Questo dataset contiene informazioni inerenti a 50 paesi degli Stati Uniti. Le covariate sono:

- `sr` è il risparmio personale diviso per il reddito disponibile.
- `pop15` è la percentuale di popolazione che ha meno di 15 anni.
- `pop75` è la percentuale di popolazione che ha più di 75 anni.
- `dpi` è il reddito pro-capite in dollari, al netto delle tasse.
- `ddpi` è potere d'acquisto - indice economico aggregato, espresso in percentuale.

Questi dati sono mediati sull'arco di tempo 1960-1970, per rimuovere eventuali ciclicità o fluttuazioni sul breve periodo.

Si risponda alle seguenti domande:

(a) Si carichi il dataset e si faccia un'esplorazione grafica.
(b) Si proponga un modello lineare completo per spiegare il risparmio personale e si commentino tutte le voci del modello.

(c) Si svolga esplicitamente il test F sulla significatività del modello.

(d) Si esegua esplicitamente il test sulla significatività di un coefficiente di regressione relativo a `pop15`.

(e) Si calcoli l'intervallo di confidenza al 95% per il coefficiente di regressione relativo a `pop75`.

(f) Si calcoli l'intervallo di confidenza al 95% per il coefficiente di regressione relativo a `ddpi`.

(g) Rappresentare la regione di confidenza al 95% per i coefficienti di regressione associati a `pop15` e `pop75`, aggiungendo il punto $(0, 0)$.

(h) Identificare eventuali punti influenti nel dataset tramite: matrice di proiezione H, residui standardizzati, residui studentizzati e distanza di Cook.

(i) Confrontare i punti influenti individuati con le tecniche proposte sopra, sfruttando i comandi `influencePlot` e `influence.measures`.

(j) Si valuti l'impatto dei diversi punti influenti sul modello.

(k) Si valuti l'omoschedasticità dei residui.

(l) Si valuti la normalità dei residui.

Esercizio 9.6 Si carichi il dataset `data_es2.RData`, presente nel materiale supplementare online, relativo ad un campione di rocce. Il dataset contiene le seguenti informazioni:

* `altezza`: altezza della roccia in metri.
* `ferro`: percentuale di ferro in un millimetro cubo di roccia.
* `calcio`: percentuale di calcio in un millimetro cubo di roccia.

Gli studiosi sono interessati a valutare se la percentuale di questi due elementi possa essere predittiva dell'altezza della roccia.

Si risponda alle seguenti domande:

(a) Si carichi il dataset e si faccia un'esplorazione grafica delle variabili.

(b) Si proponga un modello per rispondere al quesito degli studiosi.

(c) Si verifichino le ipotesi del modello.

(d) Si valuti un eventuale trasformazione della variabile risposta e si rieseguano tutte le analisi.

Esercizio 9.7 Si consideri il dataset `state`, presente in R, in cui sono raccolti dati relativi a 50 stati USA Le variabili sono stimate a luglio 1975:

* `Income`: reddito pro capite (1974).
* `Illiteracy`: analfabetismo (1970, % di popolazione).
* `Life Exp`: life expectancy in anni (1969-71).
* `Murder`: tasso di omicidi per 100,000 abitanti (1976).
* `HS Grad`: percentuale di diplomati alla scuola superiore (1970).
* `Frost`: numero medio di giorni con temperatura minima pari a 32 gradi (1931-1960).
* `in capital or large city`.
* `Area`: area (in miglia quadrate).

Si consideri l'aspettativa di vita `life expectancy` come variabile risposta e si risponda alle seguenti domande:

(a) Analizzare i dati con metodi grafici.
(b) Si valuti e si commenti un modello lineare completo.
(c) Si valuti la validità delle ipotesi di modello.
(d) Si valuti un'opportuna riduzione di modello.

Esercizio 9.8 Si vuole studiare una possibile relazione fra l'altezza delle piante di pomodoro e il peso medio in grammi dei pomodori raccolti.

I dati a disposizione sono i seguenti:

```
peso    = c( 60, 65, 72, 74, 77, 81, 85, 90 )
altezza = c( 160, 162, 180, 175, 186, 172, 177, 184 )
```

Si risponda alle seguenti domande:

(a) Si rappresentino i dati.
(b) Si valuti un modello lineare semplice che preveda come variabile risposta il peso medio dei pomodori.
(c) Si calcoli l'intervallo di confidenza per la previsione della media delle risposte, considerando 15 elementi che abbiano altezza compresa nel range dei valori del dataset.
(d) Si calcoli l'intervallo di previsione delle risposte, considerando gli elementi del punto precedente.
(e) Si confrontino gli intervalli ottenuti ai punti (c) e (d).

9.3 Soluzioni

9.1

(a) Il modello che vogliamo considerare in questo caso è il seguente:

$$y = \beta_0 + \varepsilon; \tag{9.13}$$

in cui la matrice disegno è costituita dal solo vettore unitario ($\mathbb{X} = \mathbb{I}$).

$$\hat{\beta}_0 = (\mathbb{X}^T\mathbb{X})^{-1}\mathbb{X}^T y = \frac{1}{n}\mathbb{I}^T y = \frac{\sum_i^n y_i}{n} = \bar{y};$$

quindi, in assenza di informazioni, la miglior stima che possiamo fornire è la media campionaria.

(b) Il modello che vogliamo considerare in questo caso è il seguente:

$$y = \beta_0 + \beta_1 x + \varepsilon; \tag{9.14}$$

La matrice disegno è:

$$\mathbb{X} = \begin{bmatrix} 1 & x_1 \\ 1 & x_2 \\ \vdots & \vdots \\ 1 & x_n \end{bmatrix} \tag{9.15}$$

Calcoliamo quindi:

$$\mathbb{X}^T \mathbb{X} = \begin{bmatrix} n & \sum_{i=1}^n x_i \\ \sum_{i=1}^n x_i & \sum_{i=1}^n x_i^2 \end{bmatrix}. \tag{9.16}$$

$$(\mathbb{X}^T \mathbb{X})^{-1} = \frac{1}{\sum_{i=1}^n x_i^2 - \frac{(\sum_{i=1}^n x_i^2)}{n}} \begin{bmatrix} \frac{\sum_{i=1}^n x_i^2}{n} & -\bar{x} \\ -\bar{x} & 1 \end{bmatrix}. \tag{9.17}$$

Risolviamo l'Eq. (9.5).

$$\hat{\beta}_1 = \frac{\sum_i x_i y_i - \sum_i x_i y_i / n}{\sum_{i=1}^n x_i^2 - \frac{(\sum_{i=1}^n x_i^2)}{n}} = \frac{S_{xy}}{S_{xx}}; \tag{9.18}$$

$$\hat{\beta}_0 = \frac{1}{\sum_{i=1}^n x_i^2 - \frac{(\sum_{i=1}^n x_i^2)}{n}} \tag{9.19}$$

$$\cdot \left[\bar{y} \left(\sum_i x_i^2 - \frac{(\sum_i x_i)^2}{n} \right) + \frac{\sum x_i}{n} \sum_i x_i \bar{y} - \bar{x} \sum_i X_i y_i \right] =$$

$$= \frac{1}{S_{xx}} \left[\bar{y} S_{xx} - \bar{x} \left(\sum_i x_i y_i - \frac{x_i y_i}{n} \right) \right] =$$

$$= \frac{1}{S_{xx}} \left[\bar{y} S_{xx} - \bar{x} S_{xy} \right] =$$

$$= \bar{y} - \bar{x} \hat{\beta}_1. \tag{9.20}$$

9.2

Il test che vogliamo effettuare è il seguente:

$$H_0 : \beta_0 = \beta_1 = \cdots = \beta_p = 0 \quad \text{vs} \quad H_1 : \exists i \in \{1, \ldots, p\} | \beta_i \neq 0.$$

La statistica test per rispondere a questo test è basata sulla variabilità totale SS_{TOT} e la variabilità residua SS_{res}:

$$SS_{TOT} = \sum_{i=1}^n (y_i - \overline{y})^2;$$

$$SS_{res} = \sum_{i=1}^n (\hat{y}_i - y_i)^2.$$

La statistica test è la seguente:

$$F = \frac{SS_{TOT} - SS_{res}/(p-1)}{SS_{res}/(n-p)};$$

ed è distribuita come una Fisher di parametri $p-1$ e $n-p$.

Se il p-value associato ad F è inferiore al 5%, rifiutiamo l'ipotesi nulla, ovvero esiste almeno un coefficiente di regressione diverso da zero.

9.3

Il test che vogliamo effettuare è il seguente:

$$H_0 : \beta_i = 0 \quad \text{vs} \quad H_1 : \beta_i \neq 0.$$

Per effettuare il test, costruiamo la seguente statistica test T:

$$T = \frac{|\hat{\beta}_i - 0|}{se(\hat{\beta}_i)};$$

dove $se(\hat{\beta}_i)$ è lo standard error della stima del coefficiente:

$$se(\hat{\beta}_i) = \sqrt{\hat{\sigma}^2 \cdot (X^T X)_{ii}^{-1}}.$$

Considerando le ipotesi del Teorema 9.3, si può mostrare che $T \sim t(n-p)$.

Calcoliamo quindi il p-value del test bilatero e se risulta essere minore di 5% possiamo concludere che il coefficiente di regressione è diverso da zero.

9.4

I passi da eseguire sono:

(a) Visualizzazione del dataset tramite comando `pairs`. Per analizzare questo grafico correttamente, bisogna focalizzarsi su tre elementi: osservare l'andamento della variabile risposta rispetto alle altre variabili del dataset e stabilire se questi andamenti ci fanno propendere per un modello di regressione lineare; osservare la relazione fra le variabili del dataset che vorremmo usare come regressori, se la correlazione è elevata probabilmente, una delle due risulterà ridondante e superflua all'interno del modello. La correlazione può essere misurata con il comando `cor`. Infine, notare l'eventuale presenza di punti influenti nel dataset.

Se la variabile risposta è continua e si può supporre un andamento lineare fra questa e i predittori, allora possiamo procedere con un modello di regressione lineare.

(b) Valutazione di un modello di regressione lineare tramite comando `mod = lm(y ~ x_1 + x_2 + ⋯ + x_r)`. I parametri da analizzare sono: la bontà del modello tramite R^2 ed R^2_{adj} e la significatività dei regressori tramite test F e test T sui singoli regressori. Questi elementi possono essere ottenuti automaticamente tramite il comando `summary(mod)`.

(c) Verifica delle ipotesi del modello. Le ipotesi da verificare sono: omoschedasticità dei residui e normalità dei residui. L'omoschedasticità può essere valutata graficamente tramite scatterplot dei residui, che vede i residui in ordinata e le $\hat{y}$, le risposte stimate dal modello in ascissa, comando `plot(mod$fit, mod$res)`. Se i punti sono sparsi intorno allo zero, concludiamo che è valida l'ipotesi di omoschedasticità, se invece osserviamo un andamento particolare a tromba l'ipotesi è violata.

L'ipotesi di normalità può essere verificata sia graficamente (tramite qqplot grazie ai comandi `qqnorm(mod$res)` e `qqline(g$res)`) sia matematicamente tramite il test di Shapiro-Wilks, `shapiro.test(mod$res)`.

Questi sono i passi principali per la costruzione e l'analisi di un modello di regressione. Tuttavia, possiamo riscontrare alcune criticità:

- Presenza di punti influenti.
- Violazione dell'ipotesi di normalità.
- Regressori a cui è associato un parametro β per cui non si ha evidenza statistica che sia diverso da 0.

Queste problematiche sono riscontrate tramite:

- Analisi della matrice di proiezione H, residui standardizzati o distanza di Cook.
- Shapiro test e qqplot.
- Analisi dei p-value dei t-test associato al regressore β_i.

Infine, possono essere risolte:

- Eliminando dal dataset quei punti definiti influenti.
- Trasformando la variabile risposta (ad esempio tramite Box-Cox).
- Riducendo il modello.

Ogni volta che una di queste tre operazioni è effettuata, è molto importante riconsiderare la validità delle ipotesi di modello.

9.5

(a) Carichiamo il dataset.

```
data( savings )

# Dimensioni
dim( savings )
## [1] 50  5

# Overview delle prime righe
head( savings )
##             sr pop15 pop75     dpi ddpi
## Australia 11.43 29.35  2.87 2329.68 2.87
## Austria   12.07 23.32  4.41 1507.99 3.93
```

```
## Belgium    13.17 23.80   4.43 2108.47 3.82
## Bolivia     5.75 41.89   1.67  189.13 0.22
## Brazil     12.88 42.19   0.83  728.47 4.56
## Canada      8.79 31.72   2.85 2982.88 2.43
```

In Fig. 9.2, visualizziamo il dataset tramite il comando `pairs`, che presenta una matrice di `r+1` x `r+1` plot, dove `r` rappresenta il numero di regressori (4 in questo caso).

```
pairs(savings[ , c( 'sr', 'pop15', 'pop75', 'dpi', 'ddpi' )])
```

Focalizziamoci sulla prima riga dell'output di `pairs`. Nell'asse delle y di tutti e 4 i grafici, sono rappresentati i valori di `sr`, che è la variabile risposta, contro `pop15`, `pop75`, `dpi` e `ddpi`, che sono le variabili predittive.

È possibile notare un andamento lineare di `sr` rispetto a `pop75` e `ddpi`, mentre non è presente un evidente trend rispetto a `pop15` e `dpi`.

Osservando anche gli altri plot, possiamo dire che `pop15` e `pop75` hanno una forte correlazione negativa; `pop75` e `dpi` presentano una relazione lineare positiva, mentre `pop15` e `dpi` pare presentino una relazione quadratica. Infine non paiono evidenti relazioni fra la variabile `ddpi` e le altre variabili considerate.

È importante notare che ci sono punti influenti, possibili outlier (si veda l'ultima colonna di plot relativa a `ddpi`).

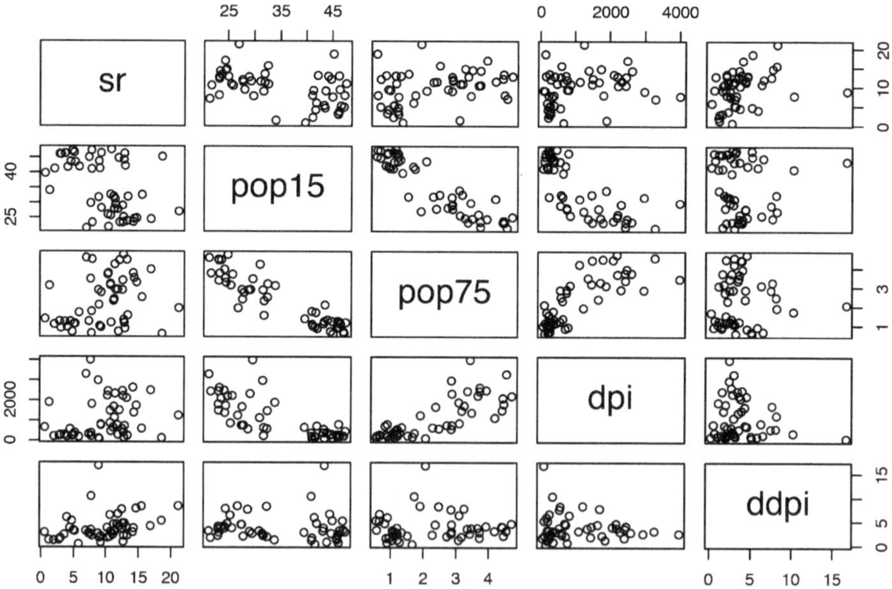

Fig. 9.2 Visualizzazione dei dati

(b) Valutiamo un modello lineare completo. Per fare ciò sfruttiamo il comando `lm`
     e poniamo come variabile risposta `sr`.

```
g = lm( sr ~ pop15 + pop75 + dpi + ddpi, data = savings )
#g = lm( sr ~ ., savings )
summary( g )
##
## Call:
##lm(formula = sr ~ pop15 + pop75 + dpi + ddpi, data = savings)
##
## Residuals:
##     Min      1Q  Median      3Q      Max
## -8.2422 -2.6857 -0.2488  2.4280  9.7509
##
## Coefficients:
##                 Estimate Std. Error t value Pr(>|t|)
## (Intercept) 28.5660865  7.3545161    3.884 0.000334 ***
## pop15       -0.4611931  0.1446422   -3.189 0.002603 **
## pop75       -1.6914977  1.0835989   -1.561 0.125530
## dpi         -0.0003369  0.0009311   -0.362 0.719173
## ddpi         0.4096949  0.1961971    2.088 0.042471 *
## ---
##Signif. codes:0 '***' 0.001 '**' 0.01 '*' 0.05 '.' 0.1 ' '1
##
## Residual standard error: 3.803 on 45 degrees of freedom
## Multiple R-squared:  0.3385, Adjusted R-squared:  0.2797
## F-statistic: 5.756 on 4 and 45 DF,  p-value: 0.0007904

gs = summary( g )


#names( g )
```

Dal modello completo evinciamo che $\beta_1 \neq 0$ e $\beta_4 \neq 0$, quindi `pop15` e `ddpi`
risultano predittivi rispetto ad `sr`.

Un'indicazione della bontà del modello (GOF) è data dall'indice R^2 (33.85%)
e R^2_{adj} (27.97%). I valori ottenuti in questo modello sono bassi, probabilmente
dovremmo valutare una riduzione di modello.

Valutiamo ora i coefficienti di regressione stimati, sia dall'output del modello sia
calcolandoli esplicitamente.

```
X = model.matrix(g)
round( g$coefficients, 3 ) #beta_hat
## (Intercept)        pop15        pop75          dpi         ddpi
##      28.566       -0.461       -1.691        0.000        0.410
stopifnot(all.equal(solve(t(X)%*%X)%*%t(X)%*% savings$sr,
                    as.matrix( g$coefficients ) ) )
```

Abbiamo sfruttato il comando `stopifnot` per verificare che l'esito del calcolo esplicito dei $\hat{\beta}$ sia identico (`all.equal`) all'output del modello `lm`.

Valutiamo le $\hat{y}$, sia manualmente che dall'output del modello.

```
y_hat_man = X %*% g$coefficients
```

```
stopifnot(all.equal(y_hat_man, as.matrix(g$fitted.values)))
```

Si possono ricavare i residui del modello tramite `g$residuals`. Ritroviamo p=r+1, con il comando `g$rank`.

(c) La statistica F e il relativo test sono rappresentati nell'output di modello. Il test eseguito è il seguente:

$$H_0 : \beta_i = 0 \quad \forall i \quad \text{vs} \quad H_1 : \exists i \mid \quad \beta_i \neq 0.$$

Calcoliamo il test F manualmente:

```
# SStot = Sum ( yi-ybar )^2
SS_tot = sum( ( savings$sr-mean( savings$sr ) )^2 )

# SSres = Sum ( residuals^2 )
SS_res = sum( g$res^2 )

p = g$rank # p = 5
n = dim(savings)[1] # n = 50

f_test = ( ( SS_tot - SS_res )/(p-1) )/( SS_res/(n-p) )

1 - pf( f_test, p - 1, n - p )
## [1] 0.0007903779
```

Osserviamo che il p-value è pari a 0.0007904 (stesso valore che leggiamo nell'ultima riga di `summary(g)`).

Concludiamo quindi che per i valori di confidenza standard rifiutiamo l'ipotesi nulla, quindi esiste almeno un coefficiente di regressione che è non nullo.

(d) Valutiamo manualmente la significatività di β_1 (il parametro associato a `pop_15`), ovvero eseguiamo:

$$H_0 : \beta_1 = 0 \qquad \text{vs} \qquad H_1 : \beta_1 \neq 0.$$

Esistono vari modi per eseguire questo test:

- *t-test*

```
X = model.matrix( g )
```

```
sigma2 = (summary( g )$sigma)^2
```

```
#a mano
sigma2 = sum( ( savings$sr - g$fitted.values )^2 ) / ( n -p )

se_beta_1 = summary( g )$coef[ 2, 2 ]
#a mano
se_beta_1 = sqrt( sigma2 * diag( solve( t( X ) %*% X ) )[2] )

T.0 = abs( ( g$coefficients[ 2 ] - 0 )/ se_beta_1 )

2*( 1-pt( T.0, n-p ) )
##        pop15
## 0.002603019
```

- *F-test su modelli annidati*

Per effettuare questo test, valutiamo il modello annidato che comprende tutte le
variabili considerate nel modello g a meno della variabile di cui stiamo valutando
l'effetto. Poi effettuiamo un test F sui residui dei due modelli.

La statistica test che vogliamo valutare è la seguente:

$$F_0 = \frac{\frac{SS_{res}(\text{complete\_model}) - SS_{res}(\text{nested\_model})}{df(\text{complete\_model}) - df(\text{nested\_model})}}{\frac{SS_{res}(\text{complete\_model})}{df(\text{complete\_model})}}.$$

$$F_0 \sim F(df(\text{complete\_model}) - df(\text{nested\_model}), df(\text{complete\_model}));$$

dove df sono i gradi di libertà (degrees of freedom).

```
g2 = lm( sr ~ pop75 + dpi + ddpi, data = savings )
summary( g2 )
##
## Call:
## lm(formula = sr ~ pop75 + dpi + ddpi, data = savings)
##
## Residuals:
##     Min      1Q  Median      3Q      Max
## -8.0577 -3.2144  0.1687  2.4260 10.0763
##
## Coefficients:
##               Estimate Std. Error t value Pr(>|t|)
## (Intercept) 5.4874944  1.4276619   3.844  0.00037 ***
## pop75       0.9528574  0.7637455   1.248  0.21849
## dpi         0.0001972  0.0010030   0.197  0.84499
## ddpi        0.4737951  0.2137272   2.217  0.03162 *
## ---
##Signif. codes:0 '***' 0.001 '**' 0.01 '*' 0.05 '.' 0.1 ' '1
##
```

```
## Residual standard error: 4.164 on 46 degrees of freedom
## Multiple R-squared:  0.189,   Adjusted R-squared:  0.1361
## F-statistic: 3.573 on 3 and 46 DF,  p-value: 0.02093
SS_res_2 = sum( g2$residuals^2 )


f_test_2 = ( ( SS_res_2 - SS_res ) / 1 )/( SS_res / (n-p) )


1 - pf( f_test_2, 1, n-p )
## [1] 0.002603019
```

NB Non è il test F che è riportato nell'ultima riga del `summary(g)`.

- *ANOVA fra i due modelli annidati*

```
anova( g2, g )
## Analysis of Variance Table
##
## Model 1: sr ~ pop75 + dpi + ddpi
## Model 2: sr ~ pop15 + pop75 + dpi + ddpi
##   Res.Df    RSS Df Sum of Sq      F   Pr(>F)
## 1     46 797.72
## 2     45 650.71  1    147.01 10.167 0.002603 **
## ---
##Signif. codes:0 '***' 0.001 '**' 0.01 '*' 0.05 '.' 0.1 ' '1
```

Osserviamo che i risultati ottenuti in tutti e tre i modi ci portano ad affermare che β_1 è significativamente diverso da 0.

(e) Calcoliamo l'intervallo di confidenza al 95% per il coefficiente di regressione relativo a `pop75`.

L'intervallo che vogliamo calcolare è:

$$IC_{(1-\alpha)}(\beta_2) = [\hat{\beta}_2 \pm t_{1-\alpha/2}(n-p) \cdot se(\hat{\beta}_2)] \,,$$

dove $\alpha = 5\%$ e $df = n - p = 45$.

```
alpha = 0.05
t_alpha2 = qt( 1-alpha/2, n-p )
beta_hat_pop75 = g$coefficients[3]
se_beta_hat_pop75 = summary( g )[[4]][3,2]


IC_pop75 = c( beta_hat_pop75 - t_alpha2 * se_beta_hat_pop75,
              beta_hat_pop75 + t_alpha2 * se_beta_hat_pop75 )
IC_pop75
##      pop75        pop75
## -3.8739780  0.4909826
```

Osserviamo che $IC_{(1-\alpha)}(\beta_2)$ include lo 0, quindi non abbiamo evidenza per rifiutare $H_0 : \beta_2 = 0$, con un livello di confidenza pari al 5%. Questo risultato è in linea con quanto ottenuto nell'output del modello (p-value pari a 12.5%).

(f) Calcoliamo l'intervallo di confidenza al 95% per il parametro di regressione associato a `ddpi`.

```
alpha = 0.05
t_alpha2 = qt( 1-alpha/2, n-p )
beta_hat_ddpi = g$coefficients[5]
se_beta_hat_ddpi = summary( g )[[4]][5,2]

IC_ddpi = c( beta_hat_ddpi - t_alpha2 * se_beta_hat_ddpi,
             beta_hat_ddpi + t_alpha2 * se_beta_hat_ddpi )
IC_ddpi
##        ddpi        ddpi
## 0.01453363 0.80485623
```

In questo caso osserviamo che $IC_{(1-\alpha)}(\beta_4)$ non include lo 0, abbiamo evidenza per rifiutare $H_0 : \beta_4 = 0$, al 5% di confidenza. Comunque, il limite inferiore dell'intervallo $IC_{(1-\alpha)}(\beta_4)$ è molto vicino a 0. Possiamo vedere infatti dall'output che il p-value è pari a 4.2%, di poco inferiore a 5%, che conferma quanto scritto sopra.

Inoltre, l'intervallo di confidenza è abbastanza ampio, visto che il limite superiore è 80 volte il limite inferiore. Questo testimonia un alto livello di variabilità relativo all'effetto di `ddpi` sulla variabile risposta.

(g) Costruiamo in Fig. 9.3 la regione di confidenza al 95% per i coefficienti di regressione associati a `pop15` e `pop75`.

```
#help( ellipse )
plot( ellipse( g, c( 2, 3 ) ), type = "l", xlim = c( -1, 0 ) )

#vettore che stiamo testando nell'hp nulla
points( 0, 0 )
points( g$coef[ 2 ] , g$coef[ 3 ] , pch = 18, col = 1 )
```

Le coordinate del centro dell'ellisse, rappresentato da un quadrato nero, sono $(\hat{\beta}_1, \hat{\beta}_2)$. Il cerchio dal bordo nero rappresenta l'ipotesi nulla testata, ovvero $(0,0)$, e risulta esterno alla regione di confidenza.

Siamo interessati a valutare questo test:

$$H_0 : (\beta_1, \beta_2) = (0, 0) \qquad \text{vs} \qquad H_1 : (\beta_1, \beta_2) \neq (0, 0).$$

Dato che il punto $(0, 0)$ è esterno alla regione di confidenza, rifiutiamo H_0 con un livello pari al 5%. Questo significa che almeno uno dei due coefficienti di regressione è diverso da 0.

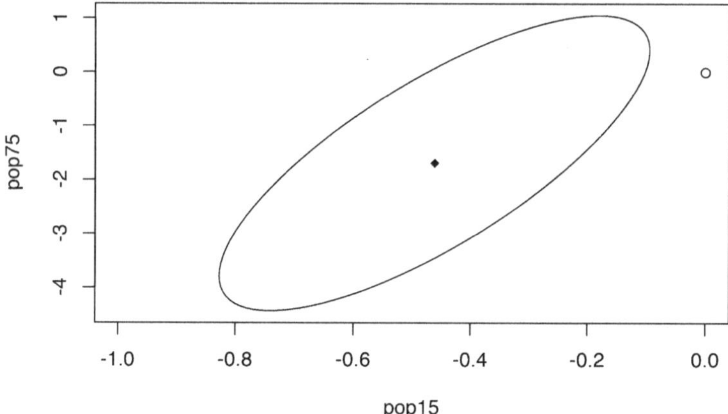

Fig. 9.3 Regione di confidenza al 95% per i coefficienti di regressione associati a pop15 e pop75. Il rombo nero rappresenta il centro dell'ellisse, mentre il cerchio dal bordo nero l'ipotesi nulla che si vuole testare

Osservazione
È importante sottolineare che la regione di confidenza è diversa dal prodotto cartesiano dei due intervalli di confidenza singoli: $IC_{(1-\alpha)}(\beta_1)$ X $IC_{(1-\alpha)}(\beta_2)$. Rappresentiamo in Fig. 9.4 il prodotto cartesiano degli intervalli di confidenza marginali.

```
beta_hat_pop15 = g$coefficients[2]
se_beta_hat_pop15 = summary( g )[[4]][2,2]

IC_pop15 = c( beta_hat_pop15 - t_alpha2 * se_beta_hat_pop15,
              beta_hat_pop15 + t_alpha2 * se_beta_hat_pop15 )
IC_pop15
##      pop15        pop15
## -0.7525175 -0.1698688

plot( ellipse( g, c( 2, 3 ) ), type = "l", xlim = c( -1, 0 ) )

points( 0, 0 )
points( g$coef[ 2 ] , g$coef[ 3 ] , pch = 18 )

#new part
abline( v = c( IC_pop15[1], IC_pop15[2] ), lty = 2 )
abline( h = c( IC_pop75[1], IC_pop75[2] ), lty = 2 )
```

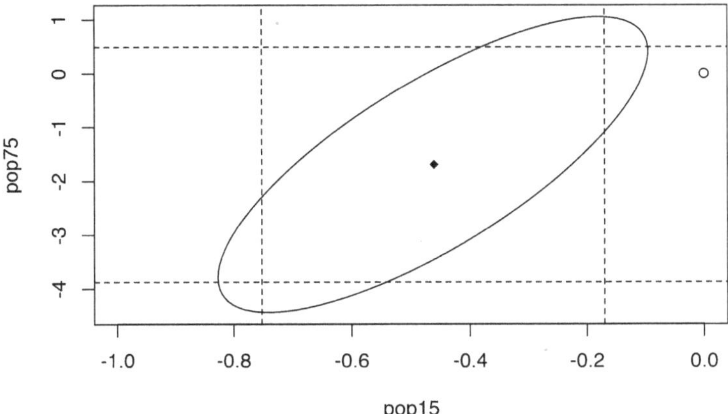

Fig. 9.4 Regione di confidenza al 95% per i coefficienti di regressione associati a pop15 e pop75. Sono evidenziati con linee tratteggiate gli intervalli di confidenza al 95% dei singoli predittori

Osservazione
Lo **0** è incluso nell'intervallo $IC_{(1-\alpha)}(\beta_2)$ e non è incluso nell'intervallo $IC_{(1-\alpha)}(\beta_1)$, come ci si poteva aspettare dal punto precedente.

Osservazione
Può accadere di accettare l'ipotesi nulla che si vuole testare, analizzando il prodotto cartesiano degli IC marginali e di rifiutare, considerando la regione di confidenza congiunta (caso rappresentato dal triangolo grigio in Fig. 9.5). Può accadere di rifiutare l'ipotesi nulla che si vuole testare, analizzando il prodotto cartesiano degli IC marginali e di accettare, considerando la regione di confidenza congiunta (caso rappresentato dal cerchio grigio in Fig. 9.5). In queste situazioni ambigue, dobbiamo sempre fare riferimento alla regione di confidenza congiunta, perché tiene conto della possibile dipendenza presente tra gli stimatori dei due coefficienti testati.

```
plot( ellipse( g, c( 2, 3 ) ), type = "l", xlim = c( -1, 0 ) )

points( 0, 0 )
points( g$coef[ 2 ] , g$coef[ 3 ] , pch = 18 )

abline( v = c( IC_pop15[1], IC_pop15[2] ), lty = 2 )
abline( h = c( IC_pop75[1], IC_pop75[2] ), lty = 2 )
```

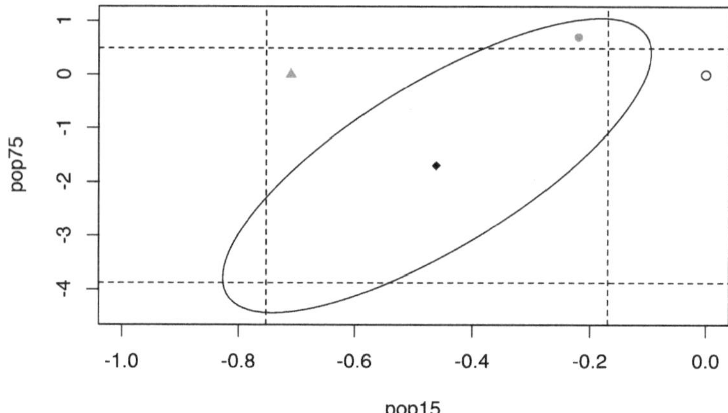

Fig. 9.5 Regione di confidenza al 95% per i coefficienti di regressione associati a pop15 e pop75. Sono evidenziati con linee tratteggiate gli intervalli di confidenza al 95% dei singoli predittori. Il cerchio e il triangolo grigi rappresentano due possibili ipotesi nulle che si vogliono testare

```
#new part
points( -0.22, 0.7, col = "gray60", pch = 16, lwd = 2 )
points( -0.71, 0, col = "gray60", pch = 17, lwd = 2 )

cor( savings$pop15, savings$pop75 )
## [1] -0.9084787
```

In questo caso, l'ellisse ha elevata eccentricità, il che ci fa pensare ad una forte correlazione fra le due variabili pop15 e pop75. Questa intuizione è confermata dal coefficiente di correlazione molto vicino a -1.

Osservazione

Questa intuizione era stata riportata anche nel commento al grafico pairs.

(h) Valutiamo la presenza di eventuali punti influenti nel dataset tramite le seguenti tecniche:

- *Matrice H di proiezioni (punti leva).*
- *Residui Standardizzati.*
- *Residui Studentizzati.*
- *Distanza di Cook.*
- I *punti leva* sono definiti come gli elementi della diagonale della matrice di proiezione $H = X(X^T X)^{-1} X^T$.

```
X = model.matrix( g )

lev = hat( X )
round( lev, 3 )

# analogamente
lev = hatvalues( g )

#a mano
H = X %*% solve( t( X ) %*% X ) %*% t( X )
lev = diag( H )

#traccia
sum(lev)
## [1]  5
```

> **Osservazione**
> La traccia della matrice H ($tr(H) = \sum_i h_{ii}$) è uguale al rango della matrice X, che è $p = r + 1$, assumendo che le covariate siano scorrelate fra loro e $p < n$. p è la dimensione dello spazio colonna di X ($col(X)$). Secondo l'interpretazione geometrica della stima ai minimi quadrati dei coefficienti, H è la matrice di proiezione su $col(X)$. Infatti, le stime $\hat{y}$ sono ottenute come Hy.

Regola del pollice: Un dato viene definito punto leva se:

$$h_{ii} > 2 \cdot \frac{p}{n}.$$

```
plot( g$fitted.values, lev,  xlab = 'Valori fittati',
      ylab = "Leverages", pch = 16, col = 'black' )

abline( h = 2 * p/n, lty = 2, col = 1 )

watchout_points_lev = lev[ which( lev > 2 * p/n  ) ]
watchout_ids_lev = seq_along( lev )[ which( lev > 2 * p/n ) ]

points( g$fitted.values[ watchout_ids_lev ],
        watchout_points_lev,
        col = 'gray60', pch = 16 )
```

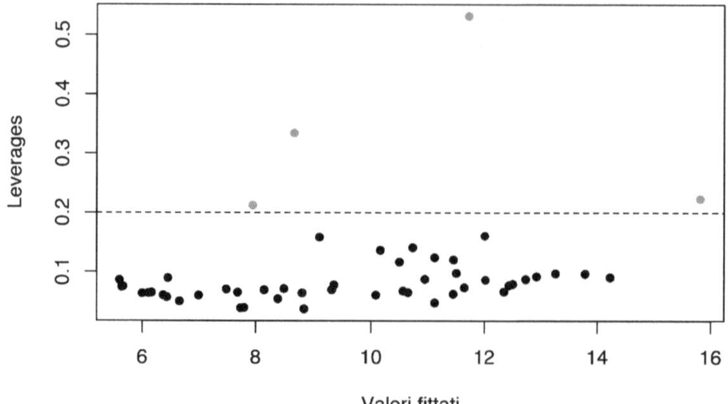

Fig. 9.6 Identificazione dei punti leva in grigio. La linea tratteggiata è y = 2p/n

```
sum( lev )          # verifica: sum_i hat( x )_i = r + 1
## [1] 5

lev [ lev >  2 * 5 / 50 ]
##         Ireland          Japan United States          Libya
##       0.2122363      0.2233099      0.3336880      0.5314568
sum( lev [ lev >  2 * 5 / 50 ] )
## [1] 1.300691
```

In Fig. 9.6 identifichiamo quindi come punti leva l'Irlanda, il Giappone, gli USA e la Libia.

Visualizziamo tramite `pairs` in Fig. 9.7 i punti leva e notiamo che effettivamente questi punti risultano alle estremità dei plot.

```
colors = rep( 'black', nrow( savings ) )
colors[ watchout_ids_lev ] = rep('gray60',
                                  length( watchout_ids_lev ) )

pairs( savings[ , c( 'sr', 'pop15', 'pop75', 'dpi', 'ddpi' ) ],
       pch = 16, col = colors,
       cex = 1 + 0.5 * as.numeric( colors != 'black' ) )
```

- Valutiamo ora i punti influenti tramite i *residui standardizzati*.

  Definiamo i residui standardizzati come:

$$r_i^{std} = \frac{y_i - \hat{y}_i}{S}.$$

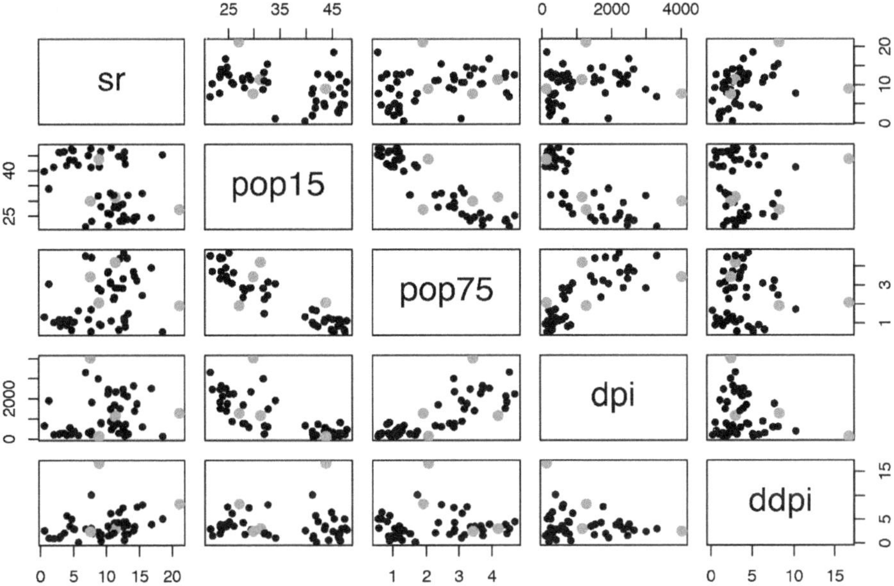

Fig. 9.7 Visualizzazione dei dati in analisi. In grigio chiaro sono rappresentati i punti influenti

Regola del pollice
Definiamo punti influenti, i dati per cui vale la seguente disuguaglianza:

$$|r_i^{std}| > 2.$$

Rappresentiamo i residui standardizzati (in ordinata) e le $\hat{y}$ (in ascissa) ed evidenziamo i punti influenti in Fig. 9.8 sulla base dei residui standardizzati e dei leverages.

```
gs = summary(g)
res_std = g$res/gs$sigma
watchout_ids_rstd = which( abs( res_std ) > 2 )
watchout_rstd = res_std[ watchout_ids_rstd ]
watchout_rstd
##     Chile     Zambia
## -2.167486   2.564229


# Residui standardizzati (non studentizzati)
par( xpd = T, mar = par()$mar + c(0,0,1,0))
plot( g$fitted.values, res_std,
      xlab = 'Valori fittati',
      ylab = "Residui standardizzati")
```

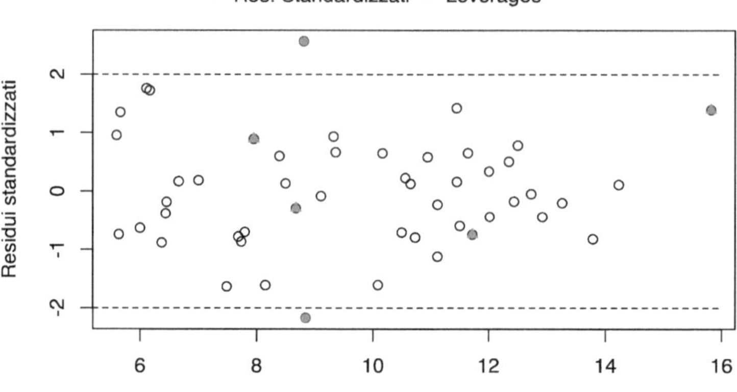

Fig. 9.8 Rappresentazione dei residui standardizzati. I cerchi grigi rappresentano i punti influenti identificati secondo il criterio dei residui standardizzati. I triangoli grigi rappresentano i punti influenti identificati secondo i leverages

```
segments( 5, -2, 16, -2, lty = 2, col = 1 )
segments( 5, 2, 16, 2, lty = 2, col = 1 )
points( g$fitted.values[watchout_ids_rstd],
        res_std[watchout_ids_rstd],
        col = 'grey60', pch = 16 )
points( g$fitted.values[watchout_ids_lev],
        res_std[watchout_ids_lev],
        col = 'gray60', pch = 17 )
legend("top", inset=c(0,-0.2), horiz = T,
    col = rep('gray70',3),
        c('Res. Standardizzati', 'Leverages'),
        pch = c( 16, 17 ), bty = 'n' )

#sort( g$res/gs$sigma )
sort( g$res/gs$sigma ) [ c( 1, 50 ) ]
##     Chile     Zambia
## -2.167486   2.564229


#countries = row.names( savings )
#identify( 1:50, g$res/gs$sigma, countries )
```

Il comando `identify` permette di identificare i punti del grafico, infatti cliccando due volte su un determinato punto compare il label ad esso annesso.

Rappresentando i residui nell'asse delle ordinate semplicemente nell'ordine in cui compaiono nel dataset, ci permette di dire se c'è un particolare andamento rispetto all'ordine di campionamento. Questo grafico è rappresentato in Fig. 9.9.

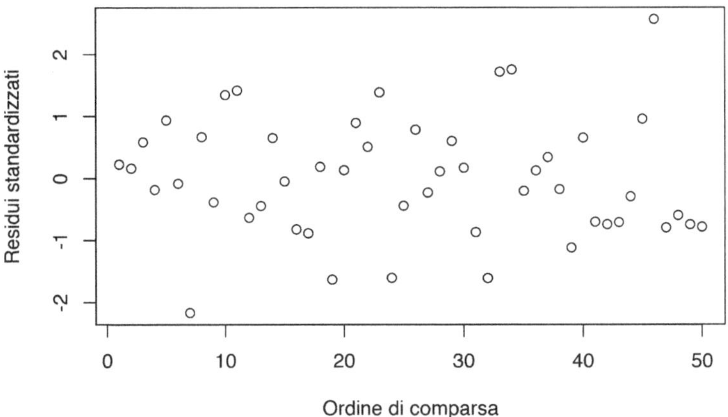

Fig. 9.9 Residui Standardizzati in ordine di comparsa nel dataset

```
plot( g$res/gs$sigma, xlab = "Ordine di comparsa",
      ylab = "Residui standardizzati" )

summary( g$res/gs$sigma )
##     Min.  1st Qu.   Median     Mean  3rd Qu.     Max.
## -2.16749 -0.70628 -0.06543  0.00000  0.63850  2.56423

#countries = row.names( savings )
#identify( 1:50, g$res/gs$sigma, countries )
```

Non identifichiamo nessun andamento particolare rispetto all'ordine di campionamento.

- Definiamo i residui studentizzati r_i come:

$$r_i = \frac{\hat{\varepsilon}_i}{S \cdot \sqrt{(1 - h_{ii})}}.$$

Si può dimostrare che r_i sono distribuiti come $t(n - p)$. Dato che è nota la distribuzione dei r_i, possiamo calcolare il p-value per testare se l' i-esimo dato è un punto influente. In realtà vorremmo testare contemporaneamente se ci sono più punti influenti, di conseguenza è importante aggiustare il livello di significatività dei test. Esistono vari metodi di correzione del livello di significatività in caso di test multipli, tra cui ricordiamo la correzione di Bonferroni.

```
gs = summary( g )

gs$sigma
## [1] 3.802669
```

```
#a mano
stud = g$residuals / ( gs$sigma * sqrt( 1 - lev ) )

#automatically
stud = rstandard( g )

watchout_ids_stud = which( abs( stud ) > 2 )
watchout_stud = stud[ watchout_ids_stud ]
watchout_stud
##      Chile     Zambia
## -2.209074   2.650915

par( xpd = T, mar = par()$mar + c(0,0,1,0))
plot( g$fitted.values, stud,
      ylab = "Residui studentizzati",
      xlab = "Valori fittati", pch = 16 )
points( g$fitted.values[watchout_ids_stud],
        stud[watchout_ids_stud],
        col = 'gray70', pch = 16 )
points( g$fitted.values[watchout_ids_rstd],
        stud[watchout_ids_rstd],
        col = 'gray70', pch = 17 )
points( g$fitted.values[watchout_ids_lev],
        stud[watchout_ids_lev],
        col = 'gray70', pch = 18 )
segments( 5, -2, 16, -2, lty = 2, col = 1 )
segments( 5, 2, 16, 2, lty = 2, col = 1 )
legend( "top", inset=c(0,-0.2),
        horiz = T, xpd = T, col = rep('gray70',3),
        c('Res. Studentizzati',
          'Res. Standardizzati', 'Leverages'),
        pch = c( 16, 17,18 ), bty = 'n' )
```

In Fig. 9.10, vengono individuati Chile e Zambia come punti influenti.

Nel grafico non individuiamo punti rosa (punti influenti secondo i residui studentizzati), perché i residui studentizzati e standardizzati identificano gli stessi punti influenti.

- La distanza di Cook è così definita:

$$C_i = \frac{r_i^2}{p} \cdot \left[\frac{h_{ii}}{1 - h_{ii}} \right];$$

dove r_i sono i residui studentizzati. Osserviamo che questa misura è una combinazione del concetto di punto leva (tramite gli h_{ii}) e il concetto di punto influente dato dai residui (tramite r_i).

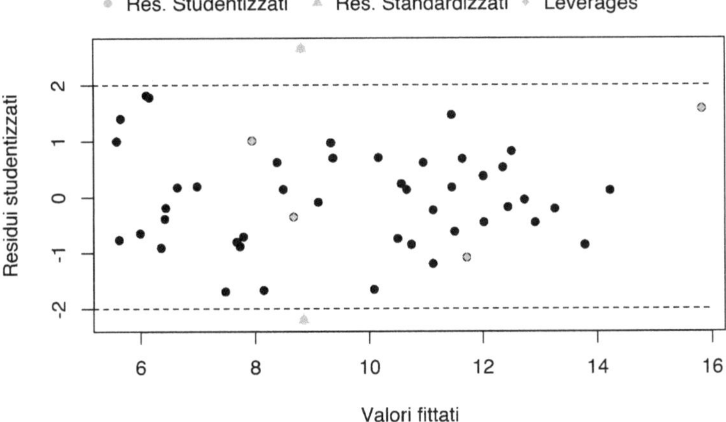

Fig. 9.10 Rappresentazione dei residui studentizzati. Sono evidenziati quei dati identificati come punti influenti sulla base dei leverages (rombi grigi), residui standardizzati (quadrati grigi) e dei residui studentizzati (cerchi grigi)

Regola del pollice
Un punto è definito influente, se vale la seguente disuguaglianza:

$$C_i > \frac{4}{n-p}.$$

Rappresentiamo in Fig. 9.11 la distanza di Cook per ciascun punto ed evidenziamo in grigio chiaro i punti definiti influenti (cioè che superano la soglia $y = 4/(n-p)$).

```
Cdist = cooks.distance( g )

watchout_ids_Cdist = which( Cdist > 4/(n-p) )
watchout_Cdist = Cdist[ watchout_ids_Cdist ]
watchout_Cdist
##      Japan      Zambia        Libya
## 0.14281625 0.09663275 0.26807042

plot( g$fitted.values, Cdist, pch=16, xlab='Valori fittati',
      ylab = 'Distanza di Cook' )
points( g$fitted.values[ watchout_ids_Cdist ],
        Cdist[ watchout_ids_Cdist ],
        col = 'gray70', pch = 16 )
abline( h = 4/(n-p), lty = 2, col = 1 )
```

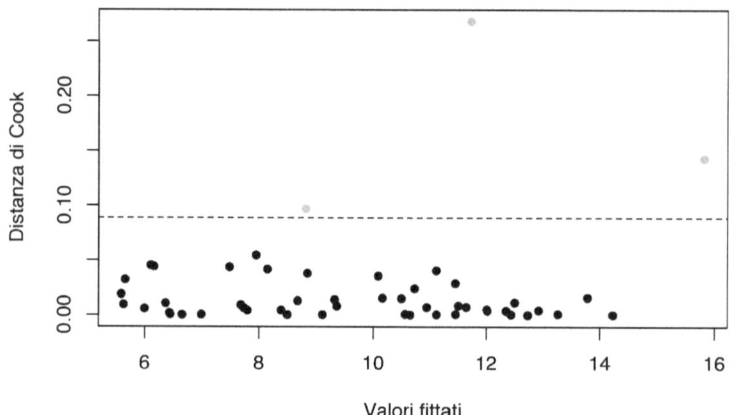

Fig. 9.11 Rappresentazione della distanza di Cook per ciascuna unità statistica. La linea tratteggiata è y = 4/(n-p). I punti grigi sono punti influenti secondo la distanza di Cook

In Fig. 9.11, identifichiamo come punti influenti secondo la distanza di Cook: Giappone, Zambia e Libia.

(i) Un modo per valutare in maniera diretta ed efficace punti influenti nel dataset è dato dal comando `influence.Plot`. Il grafico raffigura i residui studentizzati in ordinata, i leverages (h_{ii}) in ascissa e ogni punto del grafico è raffigurato come un cerchio, il cui raggio è proporzionale alla distanza di Cook.

```
influencePlot( g, id=list(method="identify"))
```

In Fig. 9.12 viene rappresentato l'influence plot del dataset in esame e vengono evidenziati Zambia, Giappone, Usa, Libia e Chile come punti influenti.

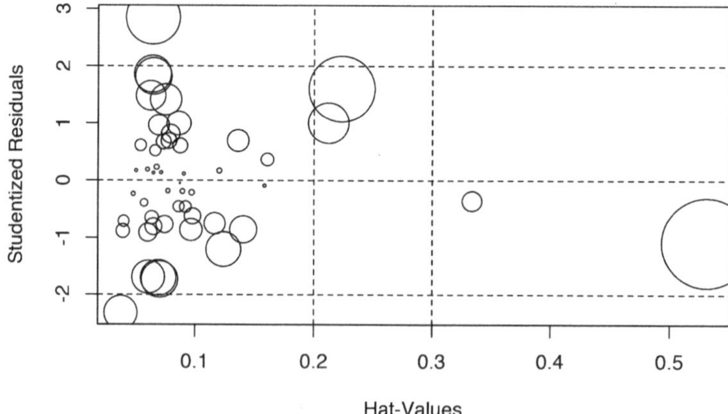

Fig. 9.12 Influence Plot

Un'altra tecnica per avere un'idea immediata dei punti influenti presenti nel grafico consiste nell'applicazione del comando influential.measures, che rappresenta sotto forma di matrice diversi metodi di diagnostica di punti influenti (quali h_{ii} e distanza di Cook).

I DFBETAs (prime r colonne della matrice) rappresentano l'impatto della singola unità statistica nella stima dei $\boldsymbol{\beta}$. In particolare il DFBETA associato al regressore j è:

$$\frac{\hat{\beta}_j - \hat{\beta}_{j(i)}}{\sqrt{\hat{\sigma}^2_{(i)}(X^T X)^{-1}_{jj}}};$$

in cui il pedice (i) ci sta ad indicare che stiamo trascurando l'i−esima osservazione.

I DFFITs (colonna $r + 1$) rappresentano l'impatto della singola unità statistica nella stima dei $\hat{y}$. In particolare il DFFIT associato all'osservazione i è:

$$\frac{\hat{y}_i - \hat{y}_{i(i)}}{\hat{\sigma}^2_{(i)}\sqrt{h_{ii}}}.$$

Maggiori sono i valori di DFBETAs e DFFITs associati all'i-esima osservazione, più siamo propensi a dichiarare l'i-esima osservazione punto influente.

I dati che risultano anomali rispetto a tutti i criteri vengono segnalati con un asterisco (Chile, USA, Zambia e Libia in questo caso).

```
infl_point_overview = influence.measures( g )
summary( infl_point_overview )
## Potentially influential observations of
## lm(formula = sr~pop15 + pop75 + dpi + ddpi,data = savings):
##
##                   dfb.1_  dfb.pp15  dfb.pp75  dfb.dpi  dfb.ddpi
## Chile             -0.20    0.13      0.22     -0.02     0.12
## United States      0.07   -0.07      0.04     -0.23    -0.03
## Zambia             0.16   -0.08     -0.34      0.09     0.23
## Libya              0.55   -0.48     -0.38     -0.02    -1.02_*
##                   dffit   cov.r    cook.d    hat
## Chile             -0.46    0.65_*   0.04      0.04
## United States     -0.25    1.66_*   0.01      0.33_*
## Zambia             0.75     0.51_*   0.10      0.06
## Libya             -1.16_*  2.09_*   0.27      0.53_*
```

(j) Per valutare l'effetto dei punti influenti sull'outcome del modello si possono guardare due quantità:

- La variazione dei $\hat{\beta}$ nel caso si valuti un modello utilizzando tutto il dataset e nel caso si valuti un modello utilizzando tutto il dataset a meno dell'i-esima osservazione:

$$\left| \frac{\hat{\beta} - \hat{\beta}_{(i)}}{\hat{\beta}} \right|.$$

- La variazione delle risposte stimate $\hat{y}$ nel caso si valuti un modello utilizzando tutto il dataset e nel caso si valuti un modello utilizzando tutto il dataset a meno dell'i−esima osservazione:

$$\hat{y} - \hat{y}_{(i)} = X^T (\hat{\beta} - \hat{\beta}_{(i)}).$$

Valutiamo ora come variano i coefficienti del modello, nel caso in cui si eliminino dal dataset i punti influenti secondo i valori di h_{ii} e la distanza di Cook.

- *Punti leva*

```
g1 = lm( sr ~ pop15 + pop75 + dpi + ddpi, savings,
         subset = ( lev < 0.2 ) )
summary( g1 )
##
## Call:
## lm(formula = sr ~ pop15 + pop75 + dpi + ddpi, data=savings,
##       subset = (lev < 0.2))
##
## Residuals:
##      Min       1Q   Median       3Q       Max
## -7.9632  -2.6323   0.1466   2.2529   9.6687
##
## Coefficients:
##                  Estimate Std. Error  t value  Pr(>|t|)
## (Intercept)     2.221e+01  9.319e+00    2.384    0.0218 *
## pop15          -3.403e-01  1.798e-01   -1.893    0.0655 .
## pop75          -1.124e+00  1.398e+00   -0.804    0.4258
## dpi            -4.499e-05  1.160e-03   -0.039    0.9692
## ddpi            5.273e-01  2.775e-01    1.900    0.0644 .
## ---
##Signif. codes:0 '***' 0.001 '**' 0.01 '*' 0.05 '.' 0.1 ' '1
##
## Residual standard error: 3.805 on 41 degrees of freedom
## Multiple R-squared:  0.2959, Adjusted R-squared:  0.2272
## F-statistic: 4.308 on 4 and 41 DF,   p-value: 0.005315

abs( ( g$coefficients - g1$coefficients ) / g$coefficients )
## (Intercept)        pop15        pop75          dpi         ddpi
##   0.2223914    0.2622274    0.3353998    0.8664714    0.2871002
```

I punti leva influenzano nettamente le stime, infatti si registra una variazione di almeno il 22% (variazione relativa a $\hat{\beta}_0$).

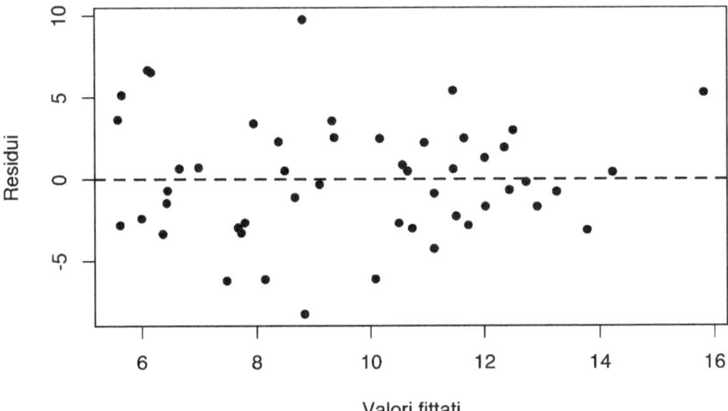

Fig. 9.13 Scatterplot dei residui

- *Distanza di Cook*

```
#id_to_keep = (1:n)[ - watchout_ids_Cdist ]
id_to_keep = !( 1:n %in% watchout_ids_Cdist )

g1 = lm( sr ~ pop15 + pop75 + dpi + ddpi,
    savings[ id_to_keep, ]  )

abs( ( g1$coef - g$coef )/g$coef )
## (Intercept)       pop15       pop75         dpi        ddpi
## 0.305743704 0.339320881 0.820854095 0.642906116 0.009976742
```

Si registra anche in questo caso una forte variazione dei coefficienti stimati, tranne che per `ddpi`.

(k) Valutiamo l'omoschedasticità dei residui tramite analisi dello scatterplot.

Iniziamo valutando l'omoschedasticità tramite scatterplot, Fig. 9.13, dove $\hat{\varepsilon}$ sono riportati in ordinata e $\hat{y}$ sono riportati in ascissa.

```
plot( g$fit, g$res, xlab = "Valori fittati",
     ylab = "Residui",
     pch = 16 )
abline( h = 0, lwd = 2, lty = 2, col = 1 )
```

In Fig. 9.13 osserviamo che i residui sono abbastanza sparsi intorno allo 0, ma sono presenti punti estremi nel grafico. Sarebbe opportuno rifare questa analisi dopo aver impostato il modello su un sottoinsieme del dataset che non contenga punti leva.

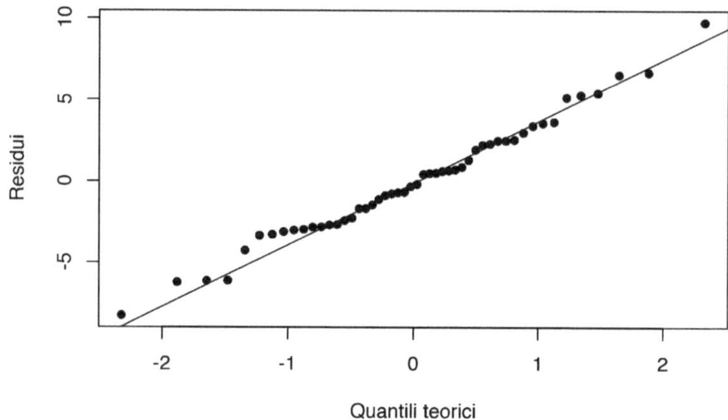

Fig. 9.14 QQ-plot dei residui

(l)   Valutiamo la normalità dei residui tramite:

- QQ-plot.
- Test di Shapiro-Wilk.

```
qqnorm( g$res, ylab = "Residui",
        xlab = "Quantili teorici",
        main = NULL, pch = 16 )
qqline( g$res )

shapiro.test( g$res )
##
##   Shapiro-Wilk normality test
##
## data:  g$res
## W = 0.98698, p-value = 0.8524
```

Dal QQ-plot in Fig. 9.14 osserviamo che i quantili empirici dei residui (riportati in ordinata) sono ben approssimati dai quantili teorici di una gaussiana standard (riportati in ascissa).

Dal test di Shapiro otteniamo un *p*-value pari a 0.8524, possiamo quindi accettare l'ipotesi nulla, ovvero la normalità dei residui.

9.6

(a) Importiamo il dataset e visualizziamolo in Fig. 9.15.

```
load("data_es2.RData")
pairs(data_es2)
```

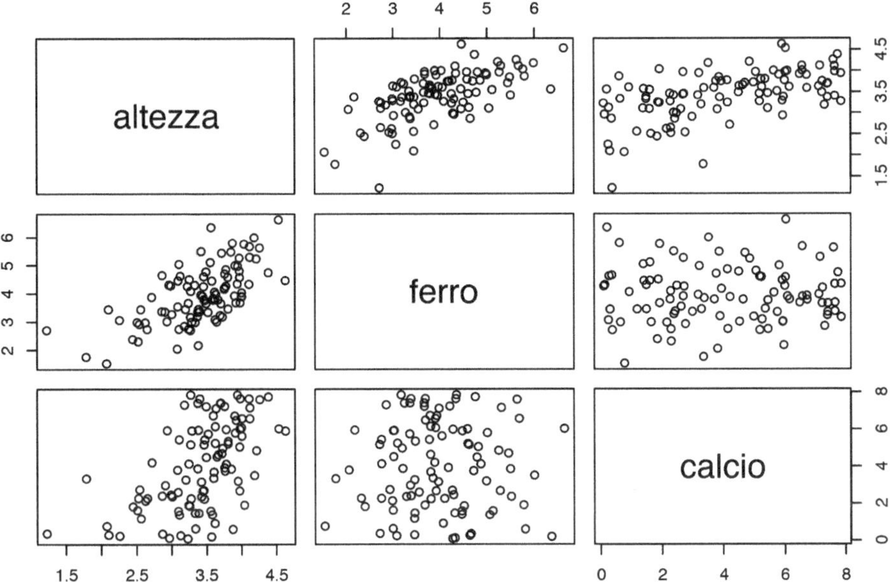

Fig. 9.15   Visualizzazione dei dati

Dal grafico `pairs` evinciamo una relazione lineare fra altezza e ferro e fra altezza e calcio. Non pare esserci correlazione fra ferro e calcio.

(b) Valutiamo un modello di regressione lineare multipla per rispondere agli studiosi:

```
mod = lm(altezza ~ ferro + calcio, data = data_es2)
```

```
summary(mod)
##
## Call:
## lm(formula = altezza ~ ferro + calcio, data = data_es2)
##
## Residuals:
##     Min      1Q  Median      3Q     Max
## -1.2277 -0.2160  0.0025  0.2415  0.7597
##
## Coefficients:
##             Estimate Std. Error t value Pr(>|t|)
## (Intercept)  1.40856    0.13889   10.14   <2e-16 ***
## ferro        0.36849    0.03148   11.71   <2e-16 ***
## calcio       0.13818    0.01353   10.21   <2e-16 ***
## ---
##Signif. codes:0 '***' 0.001 '**' 0.01 '*' 0.05 '.' 0.1 ' '1
##
```

```
## Residual standard error: 0.3148 on 97 degrees of freedom
## Multiple R-squared:  0.7156, Adjusted R-squared:  0.7098
## F-statistic: 122.1 on 2 and 97 DF,  p-value: < 2.2e-16
```

Il modello è abbastanza buono ($R^2 = 71.56\%$) e i predittori risultano entrambi significativi. Inoltre i β stimati sono positivi, quindi all'incrementare delle percentuali di ferro e calcio, si riscontra un aumento dell'altezza della roccia.

(c) Valutiamo la validità delle ipotesi di modello:

- Omoschedasticità.
- Normalità.

```
mod_res = mod$residuals/summary(mod)$sigma
plot( mod$fitted, mod_res,
      xlab = 'Valori fittati',
      ylab = 'Residui standardizzati'  )
```

Dallo scatterplot dei residui in Fig. 9.16, evinciamo che l'ipotesi di omoschedasticità è rispettata, anche se paiono esserci alcuni punti leva. Prima di investigare questi punti estremi, procediamo alla verifica della normalità.

```
qqnorm( mod_res, ylab = "Residui standardizzati",
        xlab = "Quantili teorici",
        main = NULL, pch = 16  )
qqline( mod_res, col = 1, lty = 2 )

shapiro.test( mod_res )
##
##   Shapiro-Wilk normality test
##
## data:  mod_res
## W = 0.97051, p-value = 0.0242
```

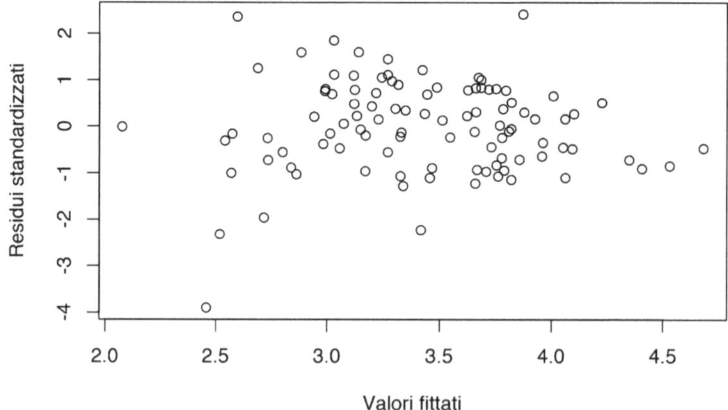

Fig. 9.16 Residui standardizzati

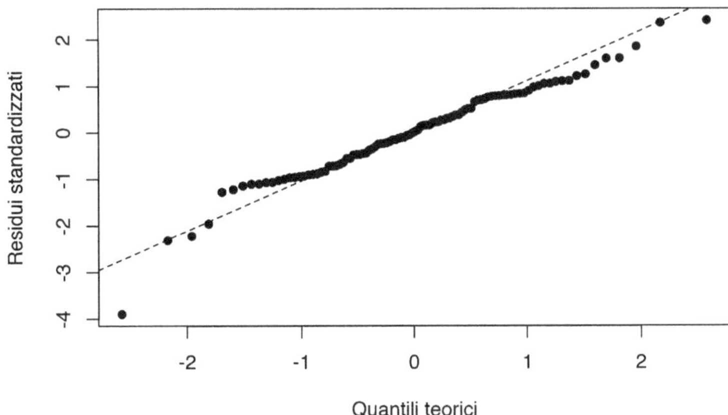

Fig. 9.17 QQ-plot dei residui

Osservando i residui in Fig. 9.17, notiamo che l'ipotesi doi normalità è violata, dato che ci sono code pesanti e negative. Inoltre, il *p*-value dello Shapiro test è inferiore al 5%. Quindi concludiamo che l'ipotesi di normalità è violata.

(d) Dato che l'ipotesi di normalità è violata e che la variabile risposta può assumere solo valori positivi, valutiamo la trasformazione Box-Cox della variabile risposta.

```
b = boxcox( altezza ~ ferro + calcio,
            lambda = seq(0.3, 5, by=0.01), data = data_es2)

names(b)
## [1] "x" "y"
#y likelihood evaluation
#x lambda evaluated
best_lambda_ind = which.max( b$y )
best_lambda = b$x[ best_lambda_ind ]
best_lambda
## [1] 2.28
```

La miglior trasformazione che emerge da Fig. 9.18 è quella associata al massimo della curva. Le stime sono ottenute tramite massima verosimiglianza. Secondo questo metodo, la miglior trasformazione è associata a $\lambda = 2.28$. Nonostante ciò, vorremmo una trasformazione interpretabile, quindi optiamo per $\lambda = 2$ e calcoliamo il quadrato delle y.

Ripercorriamo le analisi.

```
mod1 = lm( ( altezza )^2 ~ ferro + calcio, data = data_es2 )
summary(mod1)
##
```

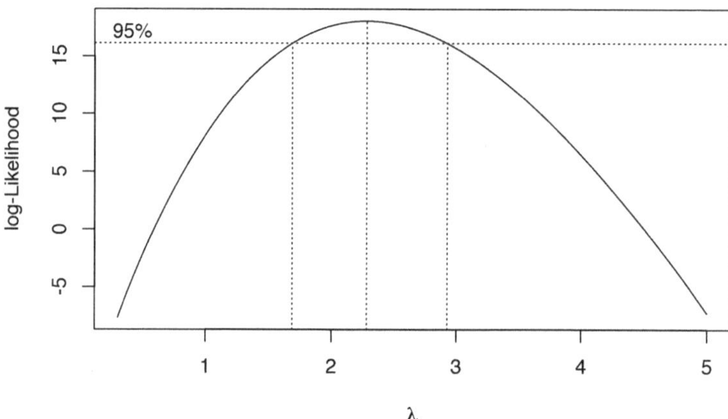

Fig. 9.18 Trasformazione di tipo Box-Cox

```
## Call:
## lm(formula = (altezza)^2 ~ ferro + calcio, data = data_es2)
##
## Residuals:
##     Min      1Q  Median      3Q      Max
## -4.6364 -1.3311 -0.0558  1.3655   6.4870
##
## Coefficients:
##               Estimate Std. Error t value Pr(>|t|)
## (Intercept) -1.01712    0.84971   -1.197     0.234
## ferro        2.39617    0.19256   12.443    <2e-16 ***
## calcio       0.89183    0.08276   10.776    <2e-16 ***
## ---
##Signif. codes:0 '***' 0.001 '**' 0.01 '*' 0.05 '.' 0.1 ' ' 1
##
## Residual standard error: 1.926 on 97 degrees of freedom
## Multiple R-squared:  0.7385, Adjusted R-squared:  0.7332
## F-statistic:   137 on 2 and 97 DF,  p-value: < 2.2e-16

mod1_res = mod1$residuals/summary( mod1 )$sigma

plot( mod1$fitted, mod1_res,
      xlab = 'Valori fittati',
      ylab = 'Residui standardizzati'  )
```

In Fig. 9.19 possiamo vedere che i residui hanno un andamento a nuvola intorno allo zero, quindi l'ipotesi di omoschedasticità è valida. Rimane comunque un punto influente che andrebbe ulteriormente investigato.

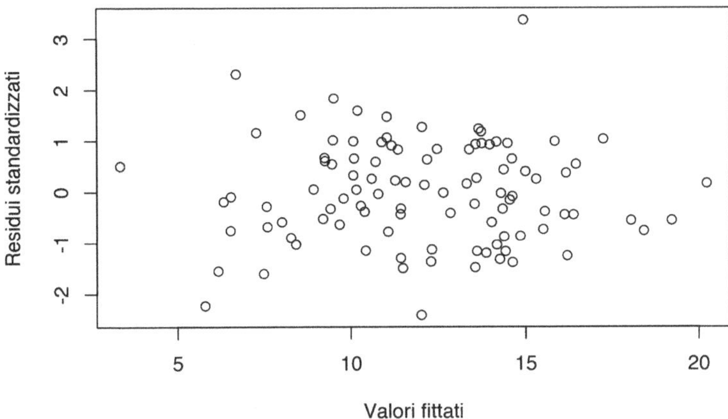

Fig. 9.19 Scatterplot dei residui standardizzati

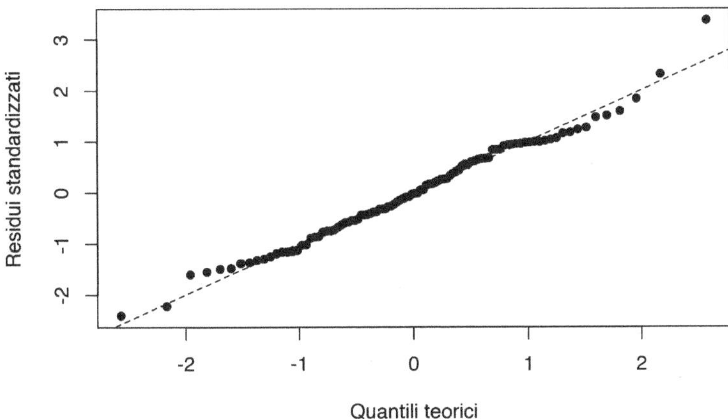

Fig. 9.20 QQ-plot dei residui standardizzati

```
qqnorm( mod1_res,  ylab = "Residui standardizzati",
        xlab = "Quantili teorici",
        main = NULL, pch = 16  )
abline( 0, 1, col = 1, lty = 2)

shapiro.test( residuals( mod1 ) )
##
##   Shapiro-Wilk normality test
##
## data:  residuals(mod1)
## W = 0.98644, p-value = 0.401
```

Il QQ-plot in Fig. 9.20 e lo Shapiro test confermano la normalità dei residui.

9.7

(a) Rappresentiamo i dati tramite comando `pairs` in Fig. 9.21.

```
data( state )
statedata = data.frame( state.x77, row.names = state.abb,
                        check.names = T )


#head( statedata )


pairs( statedata )

X = statedata [ , -4 ] #non consideriamo la variabile risposta
cor( X )
##                   Population      Income    Illiteracy       Murder
## Population       1.00000000   0.2082276    0.10762237    0.3436428
## Income           0.20822756   1.0000000   -0.43707519   -0.2300776
## Illiteracy       0.10762237  -0.4370752    1.00000000    0.7029752
## Murder           0.34364275  -0.2300776    0.70297520    1.0000000
## HS.Grad         -0.09848975   0.6199323   -0.65718861   -0.4879710
## Frost           -0.33215245   0.2262822   -0.67194697   -0.5388834
## Area             0.02254384   0.3633154    0.07726113    0.2283902
##                     HS.Grad       Frost          Area
## Population       -0.09848975  -0.3321525   0.02254384
```

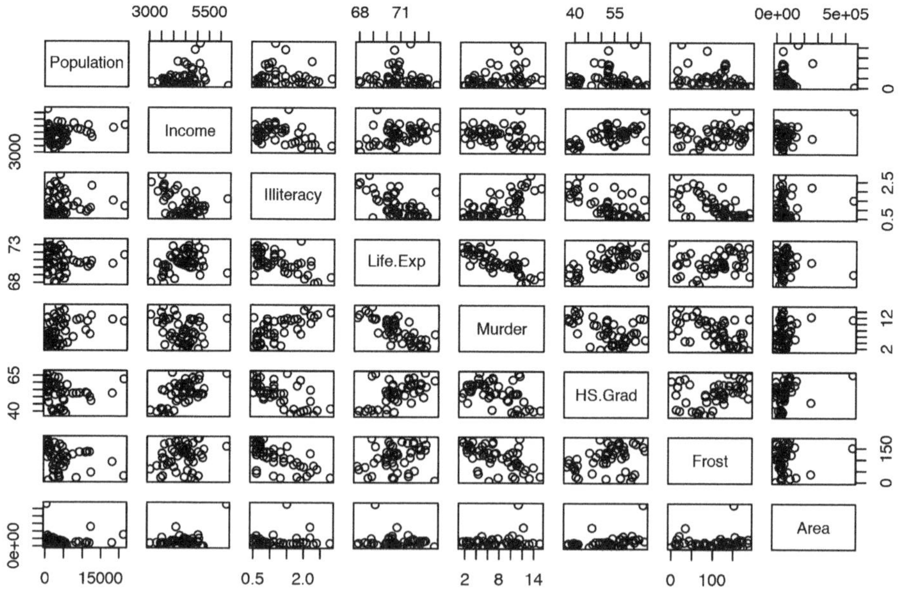

Fig. 9.21 Visualizzazione dei dati

```
## Income        0.61993232   0.2262822 0.36331544
## Illiteracy   -0.65718861  -0.6719470 0.07726113
## Murder       -0.48797102  -0.5388834 0.22839021
## HS.Grad       1.00000000   0.3667797 0.33354187
## Frost         0.36677970   1.0000000 0.05922910
## Area          0.33354187   0.0592291 1.00000000
```

> **Osservazione**
> È importante fare attenzione alle correlazioni *spurie* fra due variabili, cioè
> correlazioni del tutto casuali, in cui è assente un meccanismo logico-causale
> plausibile che li metta in relazione tra loro. In questi siti si possono trovare
> alcuni divertenti esempi di correlazioni spurie:
>
> http://www.tylervigen.com/spurious-correlations
> http://guessthecorrelation.com

Dalla rappresentazione grafica dei dati, intuiamo un'evidente dipendenza lineare positiva fra la variabile di outcome `Life Exp` e `HS.Grad`, `Frost` ed `Income` (anche se le ultime due in modo meno evidente). Si nota anche una dipendenza lineare negativa fra `Life Exp` e le variabili `Murder` e `Illiteracy`.

Potrebbero essere presenti alcuni punti influenti.

(b) Investighiamo il modello completo.

```
g = lm( Life.Exp ~ ., data = statedata )
summary( g )
##
## Call:
## lm(formula = Life.Exp ~ ., data = statedata)
##
## Residuals:
##      Min       1Q    Median        3Q       Max
## -1.48895 -0.51232 -0.02747   0.57002   1.49447
##
## Coefficients:
##                 Estimate Std. Error t value Pr(>|t|)
## (Intercept)    7.094e+01  1.748e+00  40.586  < 2e-16 ***
## Population     5.180e-05  2.919e-05   1.775   0.0832 .
## Income        -2.180e-05  2.444e-04  -0.089   0.9293
## Illiteracy     3.382e-02  3.663e-01   0.092   0.9269
## Murder        -3.011e-01  4.662e-02  -6.459 8.68e-08 ***
## HS.Grad        4.893e-02  2.332e-02   2.098   0.0420 *
## Frost         -5.735e-03  3.143e-03  -1.825   0.0752 .
## Area          -7.383e-08  1.668e-06  -0.044   0.9649
```

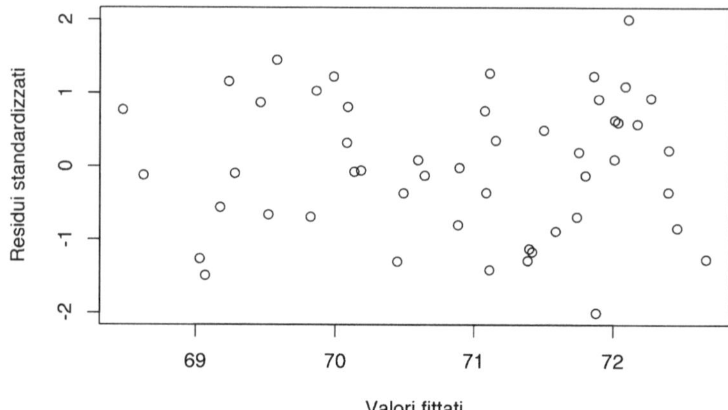

Valori fittati

Fig. 9.22 Scatterplot dei residui

```
## ---
##Signif. codes:0 '***' 0.001 '**' 0.01 '*' 0.05 '.' 0.1 ' '1
##
## Residual standard error: 0.7448 on 42 degrees of freedom
## Multiple R-squared:  0.7362, Adjusted R-squared:  0.6922
## F-statistic: 16.74 on 7 and 42 DF,  p-value: 2.534e-10
```

Osserviamo che il modello rappresenta bene i dati (R^2 pari a 0.7362), anche se paiono essere significative soltanto le variabili `murder` e `HS.grad`. Un incremento del tasso di omicidi (`murder`) porta ad un calo dell'aspettativa di vita (`Life Exp`). Questa affermazione è motivata dal fatto che $\hat{\beta}_{murder} = -0.3$ è negativo. Al contrario $\hat{\beta}_{HS.grad} = 0.048$ è positivo, quindi un incremento della percentuale di diplomati alla scuola superiore (`HS.grad`) porta ad un incremento di `Life Exp`.

(c) Verifichiamo l'ipotesi di omoschedasticità.

```
plot( g$fitted, g$residuals/summary(g)$sigma,
      xlab = 'Valori fittati',
      ylab = 'Residui standardizzati' )
```

In Fig. 9.22 osserviamo che i residui sono sparsi intorno allo zero, quindi l'ipotesi di omoschedasticità pare essere rispettata.

Valutiamo la normalità dei residui.

```
qqnorm( g$residuals/summary(g)$sigma,
        ylab = "Residui standardizzati",
        xlab = "Quantili teorici",
        main = NULL, pch = 16 )
abline( 0, 1, col = 1, lty = 2 )
```

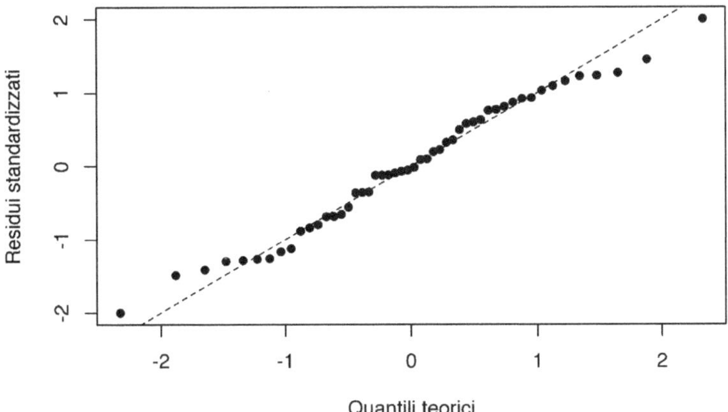

Fig. 9.23 QQ-plot dei residui

```
shapiro.test( residuals( g ) )
##
##   Shapiro-Wilk normality test
##
## data:  residuals(g)
## W = 0.97926, p-value = 0.5212
```

Dal QQ-plot in Fig. 9.23, osserviamo che i quantili empirici dei residui standardizzati sono molto vicini ai quantili teorici di una normale standard, inoltre il p-value dello Shapiro test è molto superiore al 5%, quindi concludiamo che i residui sono normali.

(d) Procediamo con una selezione delle variabili nel modello con:

- Backward selection manuale.
- Selezione automatica.

Backward selection manuale Ad ogni step, rimuoviamo il predittore a cui è associata significatività più bassa (cioè p-value più alto).

Selezioniamo il modello che ha tutti i predittori con p-value al di sotto del 5%.
Iniziamo quindi rimuovendo `Area`.

```
# remove Area
g1 = update( g, . ~ . - Area )
summary( g1 )
##
## Call:
## lm(formula = Life.Exp ~ Population + Income + Illiteracy +
##      + Murder + HS.Grad + Frost, data = statedata)
##
```

```
## Residuals:
##       Min      1Q    Median       3Q       Max
## -1.49047 -0.52533 -0.02546  0.57160  1.50374
##
## Coefficients:
##                Estimate Std. Error t value Pr(>|t|)
## (Intercept)  7.099e+01  1.387e+00  51.165  < 2e-16 ***
## Population   5.188e-05  2.879e-05   1.802   0.0785 .
## Income      -2.444e-05  2.343e-04  -0.104   0.9174
## Illiteracy   2.846e-02  3.416e-01   0.083   0.9340
## Murder      -3.018e-01  4.334e-02  -6.963 1.45e-08 ***
## HS.Grad      4.847e-02  2.067e-02   2.345   0.0237 *
## Frost       -5.776e-03  2.970e-03  -1.945   0.0584 .
## ---
##Signif. codes:0 '***' 0.001 '**' 0.01 '*' 0.05 '.' 0.1 ' '1
##
## Residual standard error: 0.7361 on 43 degrees of freedom
## Multiple R-squared:  0.7361, Adjusted R-squared:  0.6993
## F-statistic: 19.99 on 6 and 43 DF,  p-value: 5.362e-11
#help('update')
#help('update.formula')
```

Rimuoviamo `Illiteracy`.

```
# remove Illiteracy
g2 = update( g1, . ~ . - Illiteracy )
summary( g2 )
##
## Call:
## lm(formula = Life.Exp ~ Population + Income + Murder +
##     + HS.Grad + Frost, data = statedata)
##
## Residuals:
##      Min      1Q   Median       3Q      Max
## -1.4892 -0.5122 -0.0329   0.5645   1.5166
##
## Coefficients:
##                Estimate Std. Error t value Pr(>|t|)
## (Intercept)  7.107e+01  1.029e+00  69.067  < 2e-16 ***
## Population   5.115e-05  2.709e-05   1.888   0.0657 .
## Income      -2.477e-05  2.316e-04  -0.107   0.9153
## Murder      -3.000e-01  3.704e-02  -8.099 2.91e-10 ***
## HS.Grad      4.776e-02  1.859e-02   2.569   0.0137 *
## Frost       -5.910e-03  2.468e-03  -2.395   0.0210 *
## ---
##Signif. codes:0 '***' 0.001 '**' 0.01 '*' 0.05 '.' 0.1 ' '1
```

```
##
## Residual standard error: 0.7277 on 44 degrees of freedom
## Multiple R-squared:  0.7361, Adjusted R-squared:  0.7061
## F-statistic: 24.55 on 5 and 44 DF,  p-value: 1.019e-11
```

Rimuoviamo Income.

```
# Remove Income
g3 = update( g2, . ~ . - Income )
summary( g3 )
##
## Call:
## lm(formula = Life.Exp ~ Population + Murder + HS.Grad +
##     + Frost, data = statedata)
##
## Residuals:
##      Min       1Q   Median       3Q      Max
## -1.47095 -0.53464 -0.03701  0.57621  1.50683
##
## Coefficients:
##                Estimate Std. Error t value Pr(>|t|)
## (Intercept)   7.103e+01  9.529e-01  74.542  < 2e-16 ***
## Population    5.014e-05  2.512e-05   1.996  0.05201 .
## Murder       -3.001e-01  3.661e-02  -8.199 1.77e-10 ***
## HS.Grad       4.658e-02  1.483e-02   3.142  0.00297 **
## Frost        -5.943e-03  2.421e-03  -2.455  0.01802 *
## ---
##Signif. codes:0 '***' 0.001 '**' 0.01 '*' 0.05 '.' 0.1 ' '1
##
## Residual standard error: 0.7197 on 45 degrees of freedom
## Multiple R-squared:  0.736,  Adjusted R-squared:  0.7126
## F-statistic: 31.37 on 4 and 45 DF,  p-value: 1.696e-12
```

Rimuoviamo Population.

```
# remove Population
g4 = update( g3, . ~ . - Population )
summary( g4 )
##
## Call:
## lm(formula = Life.Exp ~ Murder + HS.Grad + Frost,
##      data = statedata)
##
## Residuals:
##     Min      1Q  Median      3Q     Max
## -1.5015 -0.5391  0.1014  0.5921  1.2268
##
```

```
## Coefficients:
##              Estimate Std. Error t value Pr(>|t|)
## (Intercept) 71.036379   0.983262  72.246  < 2e-16 ***
## Murder      -0.283065   0.036731  -7.706 8.04e-10 ***
## HS.Grad      0.049949   0.015201   3.286  0.00195 **
## Frost       -0.006912   0.002447  -2.824  0.00699 **
## ---
##Signif. codes:0 '***' 0.001 '**' 0.01 '*' 0.05 '.' 0.1 ' '1
##
## Residual standard error: 0.7427 on 46 degrees of freedom
## Multiple R-squared:  0.7127, Adjusted R-squared:  0.6939
## F-statistic: 38.03 on 3 and 46 DF,  p-value: 1.634e-12
```

La scelta di eliminare o trattenere `Population` deve essere guidata anche dall'interpretazione e dall'importanza della variabile. Senza informazioni aggiuntive, possiamo eliminarla dato che questo porta ad una leggera diminuzione di R^2 (da 0.736 a 0.713).

Selezione automatica Per eseguire una selezione automatica del modello si utilizza il comando `step`. Si possono utilizzare diversi criteri per procedere nella selezione:

- AIC.
- BIC.
- R^2_{adj}.

Inoltre si può utilizzare una selezione:

- backward (si parte dal modello completo e si riduce);
- forward (si parte dal modello con sola intercetta e si aggiungono variabili).

Il criterio usato di default è l'AIC e il metodo è backward.

```
#help( step )
g = lm( Life.Exp ~ ., data = statedata )

step( g )
## Start:  AIC=-22.18
## Life.Exp ~ Population + Income + Illiteracy + Murder +
##      + HS.Grad + Frost + Area
##
##              Df Sum of Sq    RSS      AIC
## - Area        1    0.0011 23.298  -24.182
## - Income      1    0.0044 23.302  -24.175
## - Illiteracy  1    0.0047 23.302  -24.174
## <none>                    23.297  -22.185
## - Population  1    1.7472 25.044  -20.569
## - Frost       1    1.8466 25.144  -20.371
## - HS.Grad     1    2.4413 25.738  -19.202
## - Murder      1   23.1411 46.438   10.305
```

```
##
## Step:  AIC=-24.18
## Life.Exp ~ Population + Income + Illiteracy + Murder +
##     + HS.Grad + Frost
##
##              Df Sum of Sq     RSS      AIC
## - Illiteracy  1    0.0038  23.302  -26.174
## - Income      1    0.0059  23.304  -26.170
## <none>                     23.298  -24.182
## - Population  1    1.7599  25.058  -22.541
## - Frost       1    2.0488  25.347  -21.968
## - HS.Grad     1    2.9804  26.279  -20.163
## - Murder      1   26.2721  49.570   11.569
##
## Step:  AIC=-26.17
## Life.Exp ~ Population + Income + Murder + HS.Grad + Frost
##
##              Df Sum of Sq     RSS      AIC
## - Income      1    0.006  23.308  -28.161
## <none>                    23.302  -26.174
## - Population  1    1.887  25.189  -24.280
## - Frost       1    3.037  26.339  -22.048
## - HS.Grad     1    3.495  26.797  -21.187
## - Murder      1   34.739  58.041   17.456
##
## Step:  AIC=-28.16
## Life.Exp ~ Population + Murder + HS.Grad + Frost
##
##              Df Sum of Sq     RSS      AIC
## <none>                    23.308  -28.161
## - Population  1    2.064  25.372  -25.920
## - Frost       1    3.122  26.430  -23.877
## - HS.Grad     1    5.112  28.420  -20.246
## - Murder      1   34.816  58.124   15.528
##
## Call:
## lm(formula = Life.Exp ~ Population + Murder + HS.Grad +
##     + Frost,  data = statedata)
##
##
## Coefficients:
## (Intercept)  Population      Murder     HS.Grad       Frost
##   7.103e+01   5.014e-05  -3.001e-01   4.658e-02  -5.943e-03
```

```
AIC( g1 )
## [1] 119.7116
AIC( g2 )
## [1] 117.7196
AIC( g3 )
## [1] 115.7326
AIC( g4 )
## [1] 117.9743
```

Con il metodo di selezione backward basato sull' AIC, il miglior modello è $g3$, che comprende `Population + Murder + HS.Grad + Frost`. L'algoritmo parte dall'AIC relativo al modello completo e rimuove a ciascuno step la variabile associata al minor incremento di AIC.

Applichiamo ora una selezione backward del modello basata su BIC.

```
g = lm( Life.Exp ~ ., data = statedata )

AIC( g )
## [1] 121.7092
BIC( g )
## [1] 138.9174

g_AIC_back = step( g, direction = "backward", k = 2 )
## Start:  AIC=-22.18
## Life.Exp ~ Population + Income + Illiteracy + Murder +
##       + HS.Grad + Frost + Area
##
##                Df Sum of Sq     RSS      AIC
## - Area          1    0.0011  23.298  -24.182
## - Income        1    0.0044  23.302  -24.175
## - Illiteracy    1    0.0047  23.302  -24.174
## <none>                       23.297  -22.185
## - Population    1    1.7472  25.044  -20.569
## - Frost         1    1.8466  25.144  -20.371
## - HS.Grad       1    2.4413  25.738  -19.202
## - Murder        1   23.1411  46.438   10.305
##
## Step:  AIC=-24.18
## Life.Exp ~ Population + Income + Illiteracy + Murder +
##       + HS.Grad + Frost
##
##                Df Sum of Sq     RSS      AIC
## - Illiteracy    1    0.0038  23.302  -26.174
## - Income        1    0.0059  23.304  -26.170
## <none>                       23.298  -24.182
## - Population    1    1.7599  25.058  -22.541
```

```
## - Frost         1     2.0488 25.347 -21.968
## - HS.Grad       1     2.9804 26.279 -20.163
## - Murder        1    26.2721 49.570  11.569
##
## Step:  AIC=-26.17
## Life.Exp ~ Population + Income + Murder + HS.Grad + Frost
##
##              Df Sum of Sq    RSS     AIC
## - Income      1     0.006 23.308 -28.161
## <none>                     23.302 -26.174
## - Population  1     1.887 25.189 -24.280
## - Frost       1     3.037 26.339 -22.048
## - HS.Grad     1     3.495 26.797 -21.187
## - Murder      1    34.739 58.041  17.456
##
## Step:  AIC=-28.16
## Life.Exp ~ Population + Murder + HS.Grad + Frost
##
##              Df Sum of Sq    RSS     AIC
## <none>                     23.308 -28.161
## - Population  1     2.064 25.372 -25.920
## - Frost       1     3.122 26.430 -23.877
## - HS.Grad     1     5.112 28.420 -20.246
## - Murder      1    34.816 58.124  15.528
g_BIC_back = step( g, direction = "backward", k = log(n) )
## Start:  AIC=-6.89
## Life.Exp ~ Population + Income + Illiteracy + Murder +
##        HS.Grad + Frost + Area
##
##              Df Sum of Sq    RSS      AIC
## - Area        1    0.0011 23.298 -10.7981
## - Income      1    0.0044 23.302 -10.7910
## - Illiteracy  1    0.0047 23.302 -10.7903
## - Population  1    1.7472 25.044  -7.1846
## - Frost       1    1.8466 25.144  -6.9866
## <none>                    23.297  -6.8884
## - HS.Grad     1    2.4413 25.738  -5.8178
## - Murder      1   23.1411 46.438  23.6891
##
## Step:  AIC=-10.8
## Life.Exp ~ Population + Income + Illiteracy + Murder
##      + HS.Grad + Frost
##
```

```
##                Df Sum of Sq     RSS      AIC
## - Illiteracy   1     0.0038  23.302 -14.7021
## - Income       1     0.0059  23.304 -14.6975
## - Population    1     1.7599  25.058 -11.0691
## <none>                        23.298 -10.7981
## - Frost        1     2.0488  25.347 -10.4960
## - HS.Grad      1     2.9804  26.279  -8.6912
## - Murder       1    26.2721  49.570  23.0406
##
## Step:  AIC=-14.7
## Life.Exp ~ Population + Income + Murder + HS.Grad + Frost
##
##                Df Sum of Sq     RSS      AIC
## - Income       1      0.006  23.308  -18.601
## - Population    1      1.887  25.189  -14.720
## <none>                        23.302  -14.702
## - Frost        1      3.037  26.339  -12.488
## - HS.Grad      1      3.495  26.797  -11.627
## - Murder       1     34.739  58.041   27.017
##
## Step:  AIC=-18.6
## Life.Exp ~ Population + Murder + HS.Grad + Frost
##
##                Df Sum of Sq     RSS      AIC
## <none>                        23.308  -18.601
## - Population    1      2.064  25.372  -18.271
## - Frost        1      3.122  26.430  -16.228
## - HS.Grad      1      5.112  28.420  -12.598
## - Murder       1     34.816  58.124   23.176

BIC(g1)
## [1] 135.0077
BIC(g2)
## [1] 131.1038
BIC(g3)
## [1] 127.2048
BIC(g4)
## [1] 127.5344
```

Anche utilizzando un metodo di selezione basato sul BIC, il miglior modello risulta essere $g3$.

Infine valutiamo come criterio di selezione R^2 ed R^2_{adj}.

```
help( leaps )


# solo matrice dei predittori senza colonna di 1
x = model.matrix( g ) [ , -1 ]
y = statedata$Life


adjr = leaps( x, y, method = "adjr2" )
names( adjr )
## [1] "which" "label" "size"  "adjr2"


bestmodel_adjr2_ind = which.max( adjr$adjr2 )
g$coef[ which( adjr$which[ bestmodel_adjr2_ind, ] ) + 1 ]
##     Population          Murder         HS.Grad           Frost
##   5.180036e-05  -3.011232e-01   4.892948e-02  -5.735001e-03


help( maxadjr )
maxadjr( adjr, 5 )
##     1,4,5,6   1,2,4,5,6   1,3,4,5,6   1,4,5,6,7 1,2,3,4,5,6
##       0.713       0.706       0.706       0.706       0.699
```

Anche considerando R^2_{adj} come criterio di scelta, $g3$ risulta essere il modello migliore, con R^2_{adj} (71.26%) più levato.

```
R2 = leaps( x, y, method = "r2" )


bestmodel_R2_ind = which.max( R2$r2 )
R2$which[ bestmodel_R2_ind, ]
##    1    2    3    4    5    6    7
## TRUE TRUE TRUE TRUE TRUE TRUE TRUE
```

Come atteso, sfruttando come criterio di selezione R^2, il modello migliore risulta essere quello completo.

> **Osservazione**
> Il procedimento di selezione delle variabili può essere contaminato dalla presenza di punti influenti.

9.8

(a) Rappresentiamo graficamente i dati in Fig. 9.24. Dato che è presente un'unica
     variabile predittiva, non è necessario usare il comando `pairs`.

```
plot( altezza, peso )
```

I dati sono molto pochi, tuttavia si può intuire un andamento lineare del peso
rispetto all'altezza.

(b) Impostiamo un modello di regressione lineare semplice.

```
mod = lm( peso ~ altezza )
summary( mod )
##
## Call:
## lm(formula = peso ~ altezza)
##
## Residuals:
##     Min      1Q Median      3Q     Max
## -7.860  -4.908  -1.244   7.097   7.518
##
## Coefficients:
##               Estimate Std. Error t value Pr(>|t|)
## (Intercept) -62.8299     49.2149   -1.277   0.2489
## altezza       0.7927      0.2817    2.814   0.0306 *
## ---
##Signif. codes:0 '***' 0.001 '**' 0.01 '*' 0.05 '.' 0.1 ' ' 1
##
## Residual standard error: 7.081 on 6 degrees of freedom
## Multiple R-squared:  0.569,  Adjusted R-squared:  0.4972
## F-statistic: 7.921 on 1 and 6 DF,  p-value: 0.03058
```

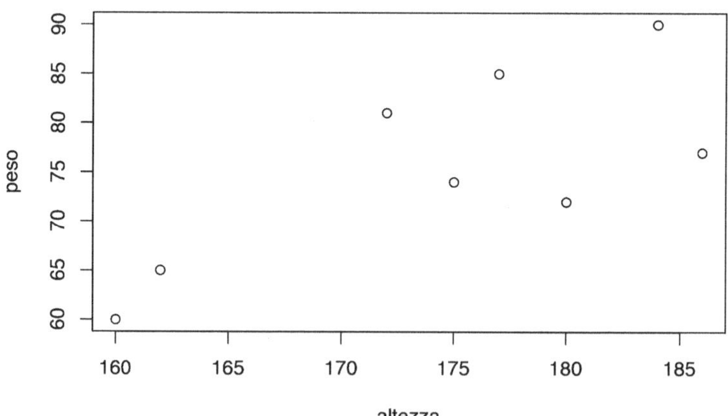

Fig. 9.24 Visualizzazione dei dati

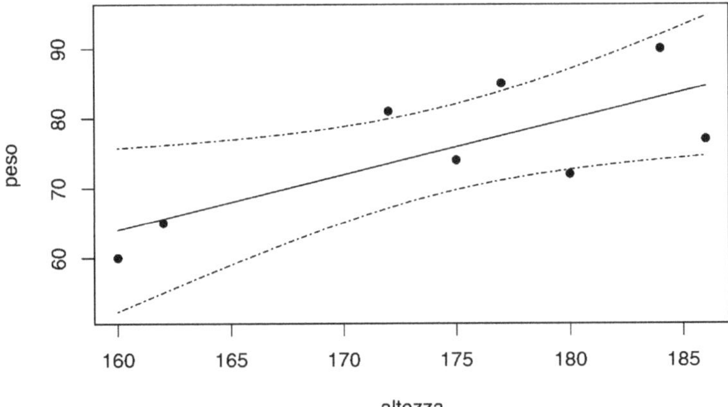

Fig. 9.25 Intervalli di confidenza per la media della risposta. La linea nera continua rappresenta i valori stimati tramite il modello in esame. Le linee nere tratteggiate rappresentano le bande di confidenza al 95% per la media della risposta

Il modello pare mediocre, dato che R^2 è pari a 56.9%. L'altezza pare significativa nel predire il peso medio dei pomodori (p-value del 3%). Mancano ulteriori informazioni per definire meglio il modello.

(c) Per rispondere alla domanda definiamo una griglia di valori nel range dei dati a disposizione (in modo da avere stime affidabili).

Calcoliamo i valori predetti:

$$\hat{y}_{new} = x_{new}\hat{\beta};$$

e i relativi standard error:

$$se(\mathbb{E}[y_{new}]) = \hat{S} \cdot \sqrt{x_{new}^T (X^T X)^{-1} x_{new}}.$$

Costruiamo il grafico riportato in Fig. 9.25.

```
point_grid = 15
grid = seq( min( altezza ), max( altezza ),
   length.out = point_grid )


#automatically
y.pred = predict( mod, data.frame( altezza = grid ),
                  interval = "confidence", se = T )


names( y.pred )
## [1] "fit"      "se.fit"      "df"      "residual.scale"
```

```r
y.pred$fit[ ,1 ] # valori predetti $\hat{y}_{new}$.

y.pred$fit[ ,2 ] # LI intervallo di confidenza per $y_{new}$.

y.pred$fit[ ,3 ] # LS intervallo di confidenza per $y_{new}$.

# a mano
ndata = cbind( rep( 1, length( grid ) ), grid )
y.pred_fit = ndata %*% mod$coefficients
y.pred_fit
##               [,1]
##  [1,] 64.00554
##  [2,] 65.47774
##  [3,] 66.94993
##  [4,] 68.42213
##  [5,] 69.89433
##  [6,] 71.36652
##  [7,] 72.83872
##  [8,] 74.31092
##  [9,] 75.78311
## [10,] 77.25531
## [11,] 78.72751
## [12,] 80.19971
## [13,] 81.67190
## [14,] 83.14410
## [15,] 84.61630

#standard error
y.pred$se

y.pred_se = rep( 0, point_grid )
X = model.matrix( mod )
for( i in 1:point_grid )
{
 y.pred_se[ i ] = summary( mod )$sigma * sqrt( t( ndata[i,] )
       %*% solve( t(X) %*% X ) %*% ndata[i,] )
}
y.pred_se

# n - p = 8 - 2 = 6
y.pred$df
## [1] 6

tc    = qt( 0.975, length( altezza ) - 2 )
```

```
y      = y.pred$fit[ ,1 ]
y.sup = y.pred$fit[ ,1 ] + tc * y.pred$se
y.inf = y.pred$fit[ ,1 ] - tc * y.pred$se


IC = cbind( y, y.inf, y.sup )


IC
##              y      y.inf      y.sup
## 1   64.00554 52.28376 75.72731
## 2   65.47774 54.82621 76.12926
## 3   66.94993 57.31735 76.58252
## 4   68.42213 59.73909 77.10517
## 5   69.89433 62.06616 77.72249
## 6   71.36652 64.26427 78.46877
## 7   72.83872 66.29041 79.38703
## 8   74.31092 68.09839 80.52345
## 9   75.78311 69.65227 81.91396
## 10  77.25531 70.94217 83.56845
## 11  78.72751 71.98949 85.46553
## 12  80.19971 72.83610 87.56332
## 13  81.67190 73.52812 89.81569
## 14  83.14410 74.10549 92.18271
## 15  84.61630 74.59890 94.63370
y.pred$fit
##            fit      lwr      upr
## 1   64.00554 52.28376 75.72731
## 2   65.47774 54.82621 76.12926
## 3   66.94993 57.31735 76.58252
## 4   68.42213 59.73909 77.10517
## 5   69.89433 62.06616 77.72249
## 6   71.36652 64.26427 78.46877
## 7   72.83872 66.29041 79.38703
## 8   74.31092 68.09839 80.52345
## 9   75.78311 69.65227 81.91396
## 10  77.25531 70.94217 83.56845
## 11  78.72751 71.98949 85.46553
## 12  80.19971 72.83610 87.56332
## 13  81.67190 73.52812 89.81569
## 14  83.14410 74.10549 92.18271
## 15  84.61630 74.59890 94.63370

matplot( grid, cbind( y, y.inf, y.sup ), lty = c( 1, 4, 4 ),
         col = rep( "black", 3 ), type = "l", xlab = "altezza",
         ylab = "peso")
points( altezza, peso, col = "black", pch = 16 )
```

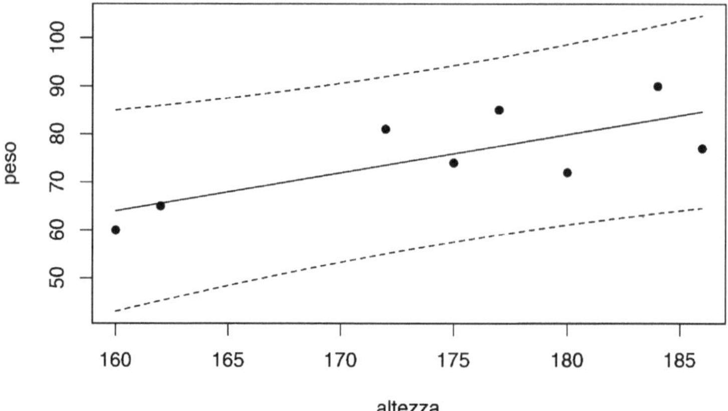

Fig. 9.26 Intervalli di previsione per le singole osservazioni

> **Osservazione**
>
> Il comando `predict` prevede come input il dato di cui si vuole calcolare la previsione (x_{new}) sotto forma di data.frame che ha come nomi delle colonne, gli stessi nomi dei predittori utilizzati nel modello.

(d) Calcoliamo l'intervallo di previsione per i valori `grid` considerati al punto precedente.

In questo caso gli standard error sono:

$$se(y_{new}) = \hat{S} \cdot \sqrt{1 + x_{new}^T (X^T X)^{-1} x_{new}}.$$

Rappresentiamo gli intervalli calcolati in Fig. 9.26.

```
y.pred2 = predict( mod, data.frame( altezza = grid ),
                interval = "prediction", se = T )

y.pred2$fit[ ,1 ] # valori predetti $\hat{y}_{new}$.
y.pred2$fit[ ,2 ] # LI intervallo di previsione per $y_{new}$.
y.pred2$fit[ ,3 ] # LS intervallo di previsione per $y_{new}$.


#a mano
ndata = cbind( rep( 1, length( grid ) ), grid )
y.pred_fit = ndata %*% mod$coefficients
y.pred_fit
```

```
##              [,1]
##   [1,] 64.00554
##   [2,] 65.47774
##   [3,] 66.94993
##   [4,] 68.42213
##   [5,] 69.89433
##   [6,] 71.36652
##   [7,] 72.83872
##   [8,] 74.31092
##   [9,] 75.78311
## [10,] 77.25531
## [11,] 78.72751
## [12,] 80.19971
## [13,] 81.67190
## [14,] 83.14410
## [15,] 84.61630


# standard error
y.pred2$se.fit

#a mano
y.pred2_se = rep( 0, point_grid )

for( i in 1:point_grid )
{
 y.pred2_se[ i ] = summary( mod )$sigma *
     sqrt(  1 + t( ndata[i,] ) %*%
     solve( t(X) %*% X ) %*% ndata[i,] )
}
y.pred2_se

#In questo caso y.pred2_se != y.pred2$se.fit

tc    = qt( 0.975, length( altezza ) - 2 )
y     = y.pred2$fit[,1]
y.sup = y.pred2$fit[,1] + tc * y.pred2_se
y.inf = y.pred2$fit[,1] - tc * y.pred2_se

IP = cbind( y, y.inf, y.sup )
y.pred2$fit
##          fit      lwr      upr
## 1  64.00554 43.08632  84.92475
## 2  65.47774 45.13889  85.81658
## 3  66.94993 47.12570  86.77417
## 4  68.42213 49.04150  87.80276
## 5  69.89433 50.88134  88.90732
```

```
## 6  71.36652 52.64072  90.09232
## 7  72.83872 54.31592  91.36152
## 8  74.31092 55.90415  92.71769
## 9  75.78311 57.40375  94.16248
## 10 77.25531 58.81434  95.69628
## 11 78.72751 60.13680  97.31822
## 12 80.19971 61.37323  99.02619
## 13 81.67190 62.52680 100.81700
## 14 83.14410 63.60158 102.68662
## 15 84.61630 64.60225 104.63034
```

```
matplot( grid, y.pred2$fit, lty = c( 1, 2, 2 ),
         col = rep('black', 3),
         type = "l", xlab = "altezza", ylab = "peso")
points( altezza, peso, col = "black", pch = 16 )
```

(e) Confrontiamo gli intervalli ottenuti ai punti c) e d) in Fig. 9.27.

```
matplot( grid, y.pred2$fit, lty = c( 1, 2, 2 ),
         col = rep( "black", 3 ),
         type = "l", xlab = "altezza", ylab = "peso")
lines( grid, y.pred$fit[ , 2 ] , col = "black", lty = 4 )
lines( grid, y.pred$fit[ , 3 ] , col = "black", lty = 4 )
points( altezza, peso, col = "black", pch = 16 )
```

Come previsto dalla teoria, l'intervallo di previsione è più ampio dell'intervallo di confidenza (si confrontino gli standard error). Inoltre tutti i punti del dataset rientrano all'interno dell'intervallo di previsione, ma solo alcuni rientrano anche nell'intervallo di confidenza.

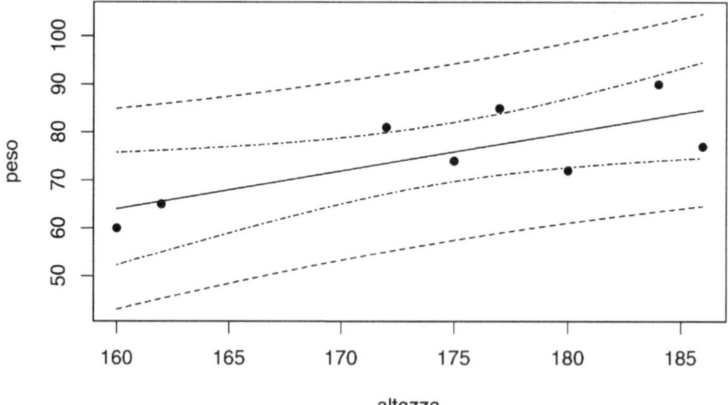

Fig. 9.27 Intervalli di confidenza al 95% per la media (linea tratteggiata più interna) e intervalli di previsione al 95% per le singole osservazioni (linea tratteggiata più esterna)

Capitolo 10
Modelli lineari generalizzati

10.1 Richiami di teoria

Estendiamo i modelli di regressione al caso in cui la variabile dipendente non abbia legge normale ma appartenga alla famiglia esponenziale.

Tali modelli sono caratterizzati da tre componenti:

- Y: variabile aleatoria di risposta , di cui osserviamo N realizzazioni $\{y_1, \ldots, y_N\}$, la cui distribuzione rientra nella famiglia esponenziale:

$$f_Y(y_i; \theta_i) = a(\theta_i)b(y_i)\exp\{y_i Q(\theta_i)\}, \qquad i \in \{1, \ldots, N\};$$

  dove θ_i è il parametro che caratterizza la distribuzione, e $Q(\theta_i)$ viene detto parametro naturale.
- $\eta_i = \sum_{j=1}^{r} \beta_j x_{ij}$: predittore lineare.
- g: funzione di link che connette la risposta aleatoria con i predittori lineari. Detta $\mu_i = \mathbb{E}[Y_i], i = 1, \ldots, N$, il modello prevede che:

$$g(\mu_i) = \eta_i \quad \implies \quad g(\mu_i) = \sum_{j=1}^{} \beta_j x_{ij}.$$

Se $g(\mu) = \mu$, allora diciamo che la funzione di link g è l'identità e ritroviamo il modello di regressione lineare mostrato al Capitolo 9.

Se $g = Q$, parametro naturale, allora diciamo che g è funzione di link canonica perché trasforma la media della variabile aleatoria nel parametro naturale della sua distribuzione.

Materiale Supplementare Online È disponibile online un supplemento a questo capitolo (https://doi.org/10.1007/978-88-470-3995-7_10), contenente dati, altri approfondimenti ed esercizi.

10.1.1 Modello logistico per outcome binari

Consideriamo il caso in cui la variabile risposta sia binaria, cioè $Y \sim Be(\pi)$. La distribuzione di Bernoulli fa parte della famiglia esponenziale, infatti:

$$f_Y(y;\pi) = \pi^y(1-\pi)^{1-y} = (1-\pi)\exp\left\{y\log\left(\frac{\pi}{1-\pi}\right)\right\}\mathbb{I}_{(0,1)}(y);$$

dove $\theta = \pi$, $a(\theta) = 1 - \pi$, $b(y) = 1$, $Q(\theta) = \log\left(\frac{\pi}{1-\pi}\right) = \mathrm{logit}(\pi)$. Il logit è la funzione link canonica.

10.1.2 Modelli per outcome di tipo conteggio

Per modellizzare i dati di tipo conteggio si utilizza generalmente la distribuzione di Poisson, $Y \sim Poisson(\mu)$. La distribuzione di Poisson fa parte della famiglia esponenziale, infatti:

$$f_Y(y;\mu) = \frac{e^{-\mu}\mu^y}{y!} = \exp\{-\mu\}\frac{1}{y!}\exp\{y\log(\mu)\}\mathbb{I}_{\mathbb{N}}(y);$$

dove $\theta = \mu$, $a(\theta) = e^{-\mu}$, $b(y) = 1/y!$, $Q(\theta) = \log(\mu)$.

Nel caso si osservi una certa dispersione della variabile risposta, si può modellizzare la Y come una Binomiale Negativa:

$$f_Y(y;k,\mu) = \frac{\Gamma(y+k)}{\Gamma(k)\Gamma(y+1)}\left(\frac{k}{\mu+k}\right)^k\left(1-\frac{k}{\mu+k}\right)^y;$$

$$\mathbb{E}[Y] = \mu;$$

$$\mathrm{Var}(Y) = \mu + \frac{\mu^2}{k};$$

$$\frac{1}{k} \to 0 \quad\Longrightarrow\quad \mathrm{Var}(Y) \to \mu \quad Y \xrightarrow{d} Poisson;$$

dove $1/k$ è un parametro di dispersione.

10.1.3 Altre funzioni di link

Altre funzioni di link comuni sono:

- $\pi(x) = F(x) \implies F^{-1}(\pi(x)) = \boldsymbol{\beta}x$; F generica funzione di ripartizione.
- $\pi(x) = \phi(x) \implies \phi^{-1}(\pi(x)) = \boldsymbol{\beta}x$; *probit* link function.

10.1.4   Interpretazione dei parametri

Il segno del β_j determina se $\pi(x)$ aumenta o decresce al crescere di x. Focalizziamoci su una sola covariata x e definiamo l'odds ratio come:

$$\frac{\frac{\pi(x+1)}{1-\pi(x+1)}}{\frac{\pi(x)}{1-\pi(x)}} = \frac{\exp\{\beta_0 + \beta_1(x+1)\}}{\exp\{\beta_0 + \beta_1 x\}} = \exp\{\beta_1\}.$$

Se $Y \sim Be(\pi)$, il modello logistico è $logit(\pi) = \eta_i$, da cui:

$$\pi(x) = \frac{\exp\{\boldsymbol{\beta x}\}}{1 + \exp\{\boldsymbol{\beta x}\}}.$$

Tipicamente tramite metodi numerici si identificano gli stimatori $\hat{\boldsymbol{\beta}}$ di massima verosimiglianza per $\boldsymbol{\beta}$. Denoteremo:

$$\hat{\mu}_i = g^{-1}(\hat{\eta}_i) = g^{-1}\left(\sum_{j=0}^{r} \hat{\beta}_j x_{ij}\right).$$

La quantità che viene solitamente studiata è il log-odds ratio, cioè $\log(\exp\{\beta_1\}) = \beta_1$, che misura l'incremento di rischio relativo (rapporto fra esito positivo ed esito negativo) in corrispondenza di un incremento unitario del regressore.

10.1.5   Inferenza per i parametri di regressione

Consideriamo il seguente test, relativo al parametro β_j:

$$H_0 : \beta_j = \beta_0 \qquad \text{vs} \qquad H_1 : \beta_j \neq \beta_0.$$

Si può provare che asintoticamente:

$$Z = \frac{\hat{\beta}_j - \beta_0}{s.e.(\hat{\beta})} \sim N(0, 1);$$

Z è definita statistica di Wald.

10.1.6   Selezione di modello

Esistono diversi metodi per valutare il modello ottimo. I due approcci più noti in letteratura sono basati rispettivamente sulla devianza e sull'AIC (Capitolo 6 [1]).

Definizione 10.1 (Devianza) Sia $l(\hat{\mu}; y)$ la log-verosimiglianza del modello stimato. Tra tutti i possibili modelli il massimo della log-verosimiglianza è raggiunto in $l(y; y)$, dove consideriamo un parametro per ciascun osservazione del modello. Il modello associato a $l(y; y)$, è detto modello saturato [1].

Definiamo la devianza come:

$$-2\left[l(\hat{\mu}; y) - l(y; y)\right].$$

La devianza è la statistica derivante dal rapporto di verosimiglianze per valutare che il modello caratterizzato da $l(\hat{\mu}; y)$ sia migliore del modello saturato. La devianza è asintoticamente distribuita come una $\chi^2_{(N-p)}$, dove N è la numerosità del campione (che coincide con il numero di parametri nel caso di modello saturato) e p è il numero di parametri del modello.

La devianza viene utilizzata per fare selezione di modello. In particolare, è possibile confrontare due modelli, caratterizzati rispettivamente da p_1 e p_2 parametri ($p_1 > p_2$), eseguendo un test Chi-quadro con $p_1 - p_2$ gradi di libertà.

Un secondo approccio per fare selezione di modello, consiste nella valutazione del modello con AIC minore, in linea con i modelli di regressione lineare, Capitolo 9.

10.1.7 Bontà del modello

Per valutare la bontà del modello (Goodness Of Fit), si valuta un confronto fra valori osservati (y_i) e valori predetti ($\hat{y}_i$) dal modello. Per definire gli $\hat{y}_i$ si confrontano i valori stimati $\hat{\pi}_i$ rispetto ad un valore limite π_0 (generalmente pari a 0.5).

La Tabella 10.1 è definita tabella di misclassificazione.

Definiamo sensitività (o sensibilità) come:

$$\mathbb{P}\{\hat{Y} = 1 | Y = 1\} = \frac{a}{a+b}.$$
$$\mathbb{P}\{\hat{Y} = 0 | Y = 0\} = \frac{d}{c+d}.$$

Sensitività e sensibilità sono generalmente rappresentate congiuntamente nella curva ROC. Per rappresentare la curva ROC riportiamo la sensibilità nell'asse delle y, e la specificità nell'asse delle x. Ad un buon modello è associata una curva ROC 'spigolosa', con alti livelli di sensibilità e specificità.

Tabella 10.1 Tabella di misclassificazione

	$\hat{y} = 1$	$\hat{y} = 0$
$y = 1$	a	b
$y = 0$	c	d

10.1.8 Librerie

```
library( rms )
## Warning: package 'rms' was built under R version 3.5.2
## Loading required package: Hmisc
## Warning: package 'Hmisc' was built under R version 3.5.2
## Loading required package: lattice
## Loading required package: survival
## Loading required package: Formula
## Loading required package: ggplot2
## Warning: package 'ggplot2' was built under R version 3.5.2
##
## Attaching package: 'Hmisc'
## The following objects are masked from 'package:base':
##
##       format.pval, units
## Loading required package: SparseM
##
## Attaching package: 'SparseM'
## The following object is masked from 'package:base':
##
##       backsolve

library( ResourceSelection )
## Warning: package 'ResourceSelection' was built
## under R version 3.5.2
## ResourceSelection 0.3-4    2019-01-08
```

10.2 Esercizi

Esercizio 10.1 Si consideri il dataset relativo ad uno studio clinico su pazienti affetti da disturbi coronarici (CHDAGE_data.txt nel materiale supplementare online). In particolare, l'obiettivo dello studio consiste nello spiegare la presenza o l'assenza di significativi disturbi coronarici in funzione dell'età dei pazienti. I dati si riferiscono a 100 pazienti. Le variabili del database sono:

- CHD variabile binaria: 1 se il disturbo coronarico è presente, 0 se il disturbo è assente.
- AGE variabile continua.

  Questi dati sono tratti dal sito: http://www.umass.edu/statdata/statdata/

Si risponda alle seguenti domande:

(a) Si rappresenti graficamente il dataset e lo si commenti.
(b) Al fine di avere una miglior intuizione della relazione che lega CHD ed AGE, si trasformi la variabile AGE in una variabile categorica a 8 livelli. I livelli sono: $[20, 29)$; $[29, 34)$; $[34, 39)$; $[39, 44)$; $[44, 49)$; $[49, 54)$; $[54, 59)$; $[59, 70]$. Si calcoli la media di CHD per ciascun livello e si rappresentino le 8 nuove coppie di valori nel grafico costruito al punto a).
(c) Si identifichi il modello più opportuno per descrivere i dati e lo si applichi. Si scriva anche il modello stimato.
(d) Si estraggano dal modello i linear.predictors e i fitted.values. Che relazione c'è fra queste quantità?
(e) Si rappresenti il modello utilizzato, sfruttando il grafico prodotto al punto a).
(f) Si dia la definizione di odds ratio nel caso più semplice di regressione logistica semplice con una variabile dipendente di tipo binario. Si calcoli quindi l'odds ratio in corrispondenza di un incremento dell'età pari a 10 anni.
(g) Si calcoli l' intervallo di confidenza al 95% per l'odds ratio per un incremento di 10 anni d'età.
(h) Si calcolino e si rappresentino le bande di confidenza al 95% per ciascun valore di età da 29 a 69.
(i) Si valuti la bontà del modello.

Esercizio 10.2 In questo esercizio analizzeremo un dataset clinico inerente al peso di neonati. Lo scopo dello studio consiste nell'identificare i fattori di rischio associati con il partorire bambini di peso inferiore ai 2,500 grammi (low birth weight). I dati si riferiscono ad un campione di $n = 189$ donne.

Le variabili del database sono descritte nel file LOWBWTdata.txt (si veda il materiale supplementare online):

- LOW: variabile dipendente binaria (1 se il neonato pesa meno di 2500 grammi, 0 viceversa).
- AGE: età della madre in anni.
- LWT: peso della madre in libbre prima dell'inzio della gravidanza.
- FTV: numero di visite mediche durante l'ultimo trimestre di gravidanza.
- RACE variabile indipendente discreta a 3 livelli.

Questo dataset è stato investigato in [4].

Si risponda quindi alle seguenti domande:

(a) Si rappresentino graficamente i dati e si commentino i grafici.
(b) Si valuti il modello più appropriato per spiegare la variabile binaria LOW.
(c) Si calcolino gli odds ratio relativi ai diversi livelli della variabile RACE e li si commentino.
(d) Si valuti la bontà del modello scelto al punto b).
(e) Si calcoli la tabella di misclassificazione e si riporti la percentuale di misclassificati, utilizzando per la stima una soglia del 50%.
(f) Si calcolino la sensitività e la specificità del modello.
(g) Si calcoli la curva ROC per valutare il GOF del modello.

Esercizio 10.3 Un gruppo di ingegneri finanziari vuole investigare i fattori che possono influenzare l'individuazione di frodi bancarie. In un'analisi preliminare vengono considerate le seguenti variabili:

- `update_sito`: tempo medio annuo in cui il sito è stato in manutenzione.
- `media_mov_mens` media di movimenti mensili del singolo cliente.
- `type_client`: tipo di cliente, 0 se cliente standard, 1 se cliente silver e 2 se cliente gold.

L'evento di interesse è la frode registrata dal singolo cliente (`fraud` pari ad 1 se è stata registrata una frode nell'ultimo anno e 0 altrimenti). Rispondete quindi alle seguenti domande dopo aver caricato il file `fraud.txt` (si veda il materiale supplementare online).

(a)   Si esplori graficamente la relazione fra `media_mov_mens` e `fraud`. Si adatti un opportuno modello per stimare la probabilità che un un generico cliente subisca una frode, utilizzando tutte le informazioni disponibili. Si commenti il modello adattato.

(b)   Se ritenuto opportuno, proporre un modello ridotto e/o con trasformazione. Si confrontino i due modelli e si giustifichi la scelta eseguita.

(c)   Si scriva esplicitamente il modello adattato scelto fra i due proposti.

(d)   Si fornisca un'interpretazione dell'odds ratio relativo ad un incremento della media di movimenti mensili pari ad 1.

(e)   Si confrontino le previsioni che è possibile ottenere mediante tale modello con i dati reali (tabella di misclassificazione, errore di misclassificazione, sensibilità, specificità).

Esercizio 10.4 Il dataset `TITANIC.txt` (si veda il materiale supplementare online) contiene dati relativi al disastro del Titanic, affondato nella notte tra il 14 e il 15 Aprile 1912. Per 1046 passeggeri sono riportate le informazioni relative a:

- Sesso (`sex`, variabile categorica con livelli male e female).
- Età (`age`).
- Classe (`pclass`, variabile che assume i valori 1,2,3) in cui essi viaggiavano.

L'outcome di interesse è il fatto che i passeggeri siano sopravvissuti o meno al disastro, informazione riportata all'interno della variabile binaria `survived` (= 1 se il passeggero è sopravvissuto, = 0 altrimenti). Si vuole svolgere un'indagine statistica al fine di valutare quanto e come le covariate precedentemente descritte abbiano influito sulla probabilità di sopravvivenza dei passeggeri del Titanic.

Si esegua l'analisi dei dati evidenziando i seguenti passaggi:

(a)   Analisi descrittiva preliminare: si esamini la tabella di contingenza della sopravvivenza rispetto al sesso e si commenti il risultato; si esegua inoltre il boxplot dell'età rispetto alla sopravvivenza e si commenti il risultato.

(b)   Si adatti un modello di regressione logistica per spiegare la sopravvivenza dei passeggeri in funzione di tutte le covariate a disposizione e si commenti l'output di regressione: i segni dei coefficienti sono coerenti con quanto era ragionevole aspettarsi?

(c) Si adatti il modello di regressione logistica precedente senza utilizzare il regressore età e si confrontino i due modelli.

(d) Si calcoli l'odds ratio della probabilità di sopravvivenza delle donne rispetto agli uomini.

(e) Si calcoli la probabilità di sopravvivenza (con relativo intervallo di previsione) di una donna di 76 anni che viaggiava in prima, seconda e terza classe (si specifichi nel comando type = `response`).

(f) Si calcoli la tabella di misclassificazione relativa al modello e la corrispondente sensibilità.

10.3   Soluzioni

10.1

(a) Importiamo i dati.

```
chd = read.table( "CHDAGE_data.txt", head = TRUE )

str( chd )
## 'data.frame':     100 obs. of  3 variables:
##  $ ID : int  1 2 3 4 5 6 7 8 9 10 \dots
##  $ AGE: int  20 23 24 25 25 26 26 28 28 29 \dots
##  $ CHD: int  0 0 0 0 1 0 0 0 0 0 \dots

head( chd )
##   ID AGE CHD
## 1  1  20   0
## 2  2  23   0
## 3  3  24   0
## 4  4  25   0
## 5  5  25   1
## 6  6  26   0

attach( chd )
```

Visualizziamo i dati in Fig. 10.1.

```
plot( AGE, CHD, pch = ifelse( CHD == 1, 3, 4 ),
      col = ifelse( CHD == 1, 'gray30', 'gray70' ),
      xlab = 'Age', ylab = 'CHD', main = 'CHD vs Age',
      lwd = 2, cex = 1.5 )
```

Si può osservare già da questo grafico che all'aumentare dell'età pare essere registrato un maggior numero di pazienti affetti da malattie coronariche.

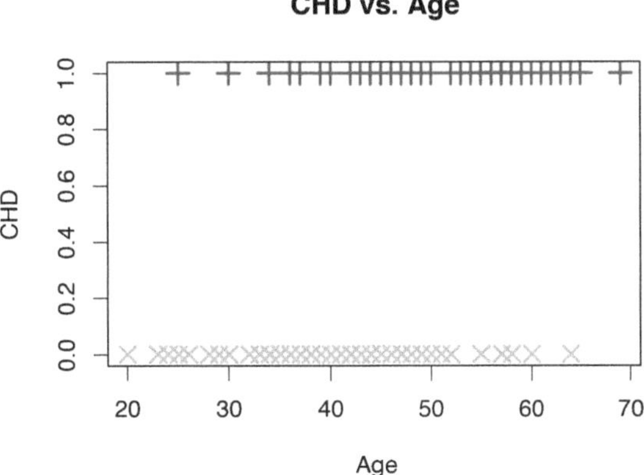

Fig. 10.1 Visualizzazione dei dati. Per ciascuna unità statistica, rappresentiamo sull'asse x l'età, mentre sull'asse y la presenza o meno di disturbi coronarici

(b) Trasformiamo la variabile AGE in una variabile categorica a 8 livelli. I livelli sono: $[20, 29)$; $[29, 34)$; $[34, 39)$; $[39, 44)$; $[44, 49)$; $[49, 54)$; $[54, 59)$; $[59, 70]$.

La scelta di queste classi non è casuale, ma è stata proposta in base alla distribuzione della variabile AGE.

Inseriamo nel vettore x i limiti delle classi d'età che si vogliono creare (questo passaggio è arbitrario, e va eseguito con buon senso).

```
min( AGE )
## [1] 20
max( AGE )
## [1] 69


x  = c( 20, 29, 34, 39, 44, 49, 54, 59, 70 )


# Calcoliamo i punti medi degli intervalli che abbiamo creato
mid = c( ( x [ 2:9 ] + x [ 1:8 ] )/2 )


# Suddividiamo i dati nelle classi che abbiamo creato
GRAGE = cut( AGE, breaks = x, include.lowest = TRUE,
                       right = FALSE )
#GRAGE
```

Calcoliamo quindi la media dei disturbi coronarici rispetto a ciascuno strato della variabile AGE e rappresentiamo i valori ottenuti in Fig. 10.2.

```
y = tapply( CHD, GRAGE, mean )
#y


plot( AGE, CHD, pch = ifelse( CHD == 1, 3, 4 ),
      col = ifelse( CHD == 1, 'gray30', 'gray70'),
      xlab = 'Age', ylab = 'CHD', main = 'CHD vs Age',
      lwd = 2, cex = 1.5 )
points( mid, y, col = 1, pch = 16 )
```

Fig. 10.2 Visualizzazione del dataset con croci grige chiare e scure. In nero sono rappresentate le percentuali di disturbi coronarici osservate per ciascuno strato della variabile AGE

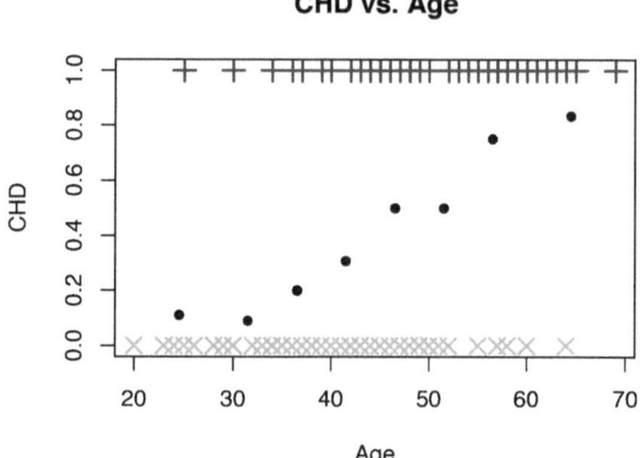

Suddividere i pazienti in classi d'età e calcolare la media della variabile dipendente in ciascuna classe, ci aiuta a comprendere più chiaramente la natura della relazione fra AGE e CHD.

(c) Identifichiamo un modello che descriva adeguatamente i nostri dati. Il modello più opportuno è un modello lineare generalizzato con link function di tipo logit.

```
help( glm )

mod = glm( CHD ~ AGE, family = binomial( link = logit ) )
summary( mod )
##
## Call:
## glm(formula = CHD ~ AGE, family = binomial(link = logit))
##
## Deviance Residuals:
##     Min        1Q    Median        3Q       Max
## -1.9718   -0.8456   -0.4576    0.8253    2.2859
##
## Coefficients:
##               Estimate Std. Error z value Pr(>|z|)
## (Intercept) -5.30945    1.13365   -4.683 2.82e-06 ***
## AGE          0.11092    0.02406    4.610 4.02e-06 ***
## ---
## Signif. codes:0 '***' 0.001 '**' 0.01 '*' 0.05 '.' 0.1 ' '1
##
## (Dispersion parameter for binomial family taken to be 1)
##
##     Null deviance: 136.66  on 99  degrees of freedom
## Residual deviance: 107.35  on 98  degrees of freedom
```

```
## AIC: 111.35
##
## Number of Fisher Scoring iterations: 4
```

Il modello stimato è quindi:

$$\mathrm{logit}(\pi) = -5.30945 + 0.11092 \cdot \mathrm{AGE};$$

in cui π è la probabilità che CHD sia pari ad 1. Dalle stime ottenute, evinciamo che l'incremento dell'età porta ad un aumento di rischio di disturbi coronarici, come avevamo intuito per via grafica ai punti precedenti.

(d) Investighiamo i `linear.predictors` e i `fitted.values`. Innanzitutto, i `linear.predictors` sono i valori stimati per il logit della probabilità di avere disturbi coronarici, $\mathrm{logit}(\hat{\pi}_i)$. Questi valori assumono valori in $\mathbb{R}$.

```
mod$linear.predictors
```

I `fitted.values` sono i valori stimati per la probabilità di avere disturbi coronarici, $\hat{\pi}_i$. Questi valori assumono valori in $[0, 1]$.

```
mod$fitted.values
```

Le due quantità sono legate dalla funzione `logit`.

(e) In Fig. 10.3 rappresentiamo la predizione del modello, a partire dal grafico proposto al punto a).

```
plot( AGE, CHD, pch = ifelse( CHD == 1, 3, 4 ),
      col = ifelse( CHD == 1, 'gray30', 'gray70'),
      xlab = 'Age', ylab = 'CHD', main = 'CHD vs Age',
      lwd = 2, cex = 1.5 )
points( mid, y, col = 1, pch = 16 )
lines( AGE, mod$fitted, col = 'gray10' )
```

La sigmoide stimata è monotona crescente, come potevamo intuire dalla stima di β_{AGE}.

Fig. 10.3 Visualizzazione del dataset (con croci grigie chiare e scure) e previsione ottenuta dal modello (linea grigia). I cerchi neri rappresentano le percentuali di CHD osservati rispetto ai diversi strati di AGE, calcolati al punto b)

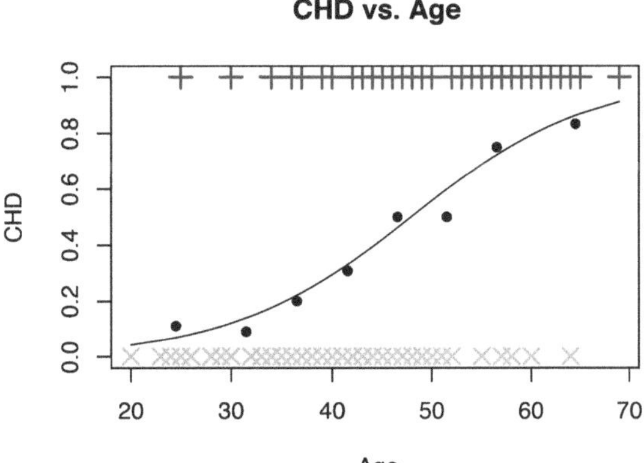

(f)   Uno dei motivi per cui la tecnica di regressione logistica è largamente diffu-
      sa, specialmente in ambito clinico, è che i coefficienti del modello hanno una
      naturale interpretazione in termini di *odds ratio* (nel seguito *OR*).

Si consideri un predittore x dicotomico a livelli 0 e 1. Si definisce odds che $y = 1$
fra gli individui con $x = 0$ la quantità:

$$\frac{\mathbb{P}(y = 1 | x = 0)}{1 - \mathbb{P}(y = 1 | x = 0)}.$$

Analogamente per i soggetti con $x = 1$, l'odds che $y = 1$ è:

$$\frac{\mathbb{P}(y = 1 | x = 1)}{1 - \mathbb{P}(y = 1 | x = 1)}.$$

L'OR è definito come il rapporto degli odds per $x = 1$ e $x = 0$.
   Dato che:

$$\mathbb{P}(y = 1 | x = 1) = \frac{\exp(\beta_0 + \beta_1 \cdot x)}{1 + \exp(\beta_0 + \beta_1 \cdot x)}$$

$$\mathbb{P}(y = 1 | x = 0) = \frac{\exp(\beta_0)}{1 + \exp(\beta_0)}$$

Il che implica:

$$OR = \exp(\beta_1)$$

Si possono costruire intervalli di confidenza e generalizzazioni al caso di variabile
x con più categorie in modo immediato.
   Calcoliamo quindi l'OR relativo a AGE.

```
summary( mod )
##
## Call:
## glm(formula = CHD ~ AGE, family = binomial(link = logit))
##
## Deviance Residuals:
##     Min       1Q    Median       3Q       Max
## -1.9718   -0.8456   -0.4576   0.8253    2.2859
##
## Coefficients:
##               Estimate Std. Error z value Pr(>|z|)
## (Intercept) -5.30945    1.13365    -4.683 2.82e-06 ***
## AGE          0.11092    0.02406     4.610 4.02e-06 ***
## ---
## Signif. codes:0 '***' 0.001 '**' 0.01 '*' 0.05 '.' 0.1 ' '1
```

```
##
## (Dispersion parameter for binomial family taken to be 1)
##
##     Null deviance: 136.66  on 99  degrees of freedom
## Residual deviance: 107.35  on 98  degrees of freedom
## AIC: 111.35
##
## Number of Fisher Scoring iterations: 4
```

Il coefficiente della variabile AGE vale 0.111. Quindi l'OR per un incremento di 10 anni d'età è:

```
exp( 10 * coef( mod ) [ 2 ] )
##       AGE
## 3.031967
```

per ogni incremento di 10 anni d'età, il rischio di disturbo coronarico aumenta di 3 volte circa.

> **Osservazione**
> Il modello sottintende che il logit sia lineare nella variabile età, ossia che l'OR fra persone di 20 contro 30 anni sia lo stesso che fra individui di 40 contro 50 anni.

(g) Calcoliamo un intervallo di confidenza al 95% per l'OR per un incremento di 10 anni d'età.

```
alpha = 0.05
qalpha =  qnorm( 1 - alpha/2 )
qalpha
## [1] 1.959964

IC.sup = exp( 10 * coef( mod ) [ 2 ]  + qalpha * 10 *
                summary( mod )$coefficients[ 2, 2 ] )
IC.inf = exp( 10 * coef( mod ) [ 2 ] - qalpha * 10 *
                summary( mod )$coefficients[ 2, 2 ] )
c( IC.inf, IC.sup )
##       AGE      AGE
## 1.892025 4.858721
```

Fig. 10.4 Intervalli di confidenza calcolati per ciascun
nuovo punto predetto

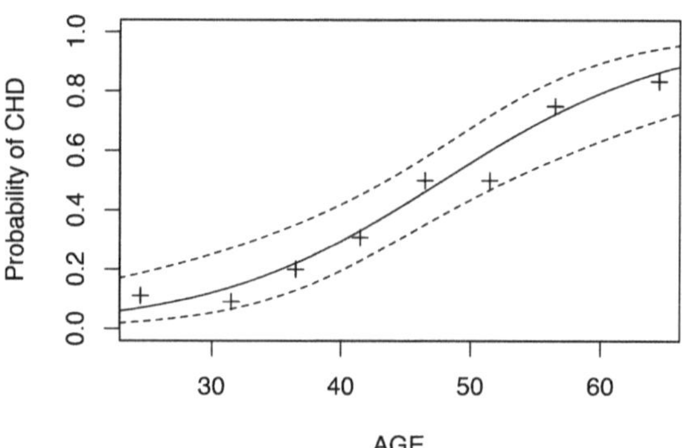

(h) Innanzitutto, impostiamo una griglia di punti da 29 a 69. Successivamente,
calcoliamo e rappresentiamo in Fig. 10.4 le bande di confidenza al 95% per
ciascun valore di età da 29 a 69.

```
# griglia di valori di x in cui valutare la regressione
grid = ( 20:69 )


se = predict( mod, data.frame( AGE = grid ), se = TRUE )
# errori standard corrispondenti ai valori della griglia


help( binomial )
gl = binomial( link = logit )   # funzione di link utilizzata

plot( mid, y, col = 1, pch = 3, ylim = c( 0, 1 ),
      ylab = "Probability of CHD",
      xlab = "AGE", main = "IC per la Regressione Logistica" )
lines( grid, gl$linkinv( se$fit ) )
lines( grid, gl$linkinv( se$fit - qnorm( 1-0.025 ) * se$se ),
      col = 1, lty = 2 )
lines( grid, gl$linkinv( se$fit + qnorm( 1-0.025 ) * se$se ),
      col = 1, lty = 2 )
```

Osservazione

La funzione `gl$linkinv` permette di ottenere il valore delle probabilità a
partire dalla link function (logit).

(i)   Al fine di valutare la bontà del modello calcoliamo sensibilità e specificità.

```
soglia = 0.5
valori.reali = CHD
valori.stimati = as.numeric(  mod$fitted.values > 0.5 )
tab = table( valori.reali, valori.stimati )
tab
##                 valori.stimati
## valori.reali  0   1
##            0 45 12
##            1 14 29

sensibilita  = tab[ 2, 2 ] / ( tab [ 2, 1 ] + tab [ 2, 2 ] )
sensibilita
## [1] 0.6744186

specificita = tab [ 1, 1 ] /( tab [ 1, 2 ] + tab [ 1, 1 ] )
specificita
## [1] 0.7894737
```

Concludiamo che è un buon modello, visti gli elevati valori di sensibilità e specificità.

10.2

(a) Importiamo i dati.

```
lw = read.table( "LOWBWTdata.txt", head = TRUE )
attach( lw )
## The following objects are masked from chd:
##
##     AGE, ID
```

Visualizziamo i dati in Fig. 10.5.

```
# tratto la variabile RACE come categorica
RACE  = factor( RACE )

par( mfrow = c( 2, 2 ) )
plot( LWT, LOW, pch = ifelse( LOW == 1, 3, 4 ),
      col = ifelse( LOW == 1, 'gray30', 'gray70' ),
      xlab = 'LWT', ylab = 'LOW', main = 'LOW vs LWT',
      lwd = 2, cex = 1.5 )

counts_race <- table( LOW, RACE )
barplot( counts_race, col = c( 'gray30', 'gray70' ),
      xlab = 'RACE', ylab = 'Numero di pazienti',
      main = 'LOW vs RACE', beside = T)
```

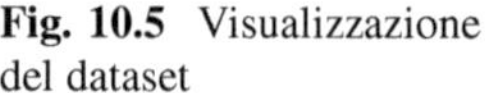

Fig. 10.5 Visualizzazione
del dataset

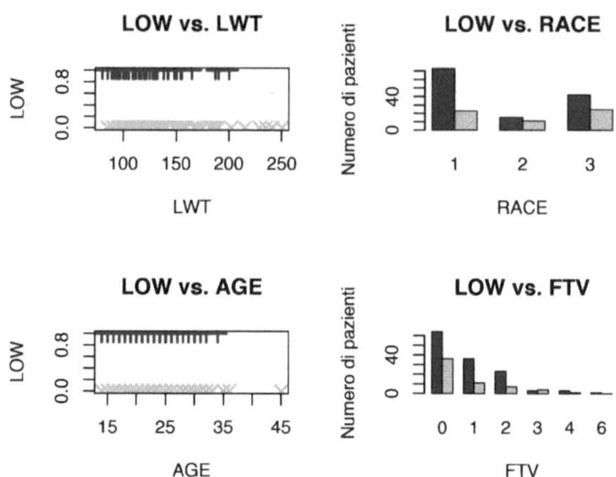


```
plot( AGE, LOW, pch = ifelse( LOW == 1, 3, 4 ),
      col = ifelse( LOW == 1, 'gray30', 'gray70' ),
      xlab = 'AGE', ylab = 'LOW', main = 'LOW vs AGE',
      lwd = 2, cex = 1.5 )

counts_FTV <- table( LOW, FTV )
barplot( counts_FTV, c( 'gray30', 'gray70' ),
      xlab = 'FTV', ylab = 'Numero di pazienti',
      main = 'LOW vs FTV', beside = T)
```

Dai grafici supponiamo che LWT potrebbe essere significativa, con un coefficiente di regressione di segno negativo. AGE non pare essere significativo e neanche
FTV. La variabile RACE potrebbe essere significativa, visto che nella razza bianca
(RACE = 1) c'è una forte presenza di neonati normopeso, mentre nelle altre due
categorie c'è una più elevata percentuale di neonati sottopeso (LOW = 1, colonna
grigio scuro).

(b) Impostiamo un modello di regressione logistica multipla per spiegare la varia-
     bile LOW, includendo tutte le variabili a disposizione.

```
mod.low = glm( LOW ~ LWT + RACE + AGE + FTV,
               family = binomial( link = logit ) )
summary( mod.low )
##
## Call:
## glm(formula = LOW ~ LWT + RACE + AGE + FTV,
##        family = binomial(link = logit))
##
## Deviance Residuals:
##     Min        1Q     Median        3Q        Max
## -1.4163   -0.8931   -0.7113    1.2454    2.0755
```

```
##
## Coefficients:
##               Estimate Std. Error z value Pr(>|z|)
## (Intercept)   1.295366   1.071443   1.209   0.2267
## LWT          -0.014245   0.006541  -2.178   0.0294 *
## RACE2         1.003898   0.497859   2.016   0.0438 *
## RACE3         0.433108   0.362240   1.196   0.2318
## AGE          -0.023823   0.033730  -0.706   0.4800
## FTV          -0.049308   0.167239  -0.295   0.7681
## ---
## Signif. codes:0 '***' 0.001 '**' 0.01 '*' 0.05 '.' 0.1 ' '1
##
## (Dispersion parameter for binomial family taken to be 1)
##
##     Null deviance: 234.67  on 188   degrees of freedom
## Residual deviance: 222.57  on 183   degrees of freedom
## AIC: 234.57
##
## Number of Fisher Scoring iterations: 4
```

Da questa prima analisi concludiamo che la variabile LWT e RACE sono influenti. In particolare, ad un peso maggiore della madre è associato un minor rischio di neonato sottopeso e le madri di colore hanno un maggior rischio di avere figli sottopeso rispetto alle madri bianche.

Se ci si attiene alla sola significatività statistica si conclude che è possibile fittare un modello ridotto, contenente la sola variabile indipendente LWT. Tuttavia, come nel caso di regressione lineare multipla, l'inclusione di una variabile nel modello può avvenire per motivi differenti. Ad esempio, in questo caso, la variabile RACE è considerata in letteratura come importante nel predire l'effetto in questione, quindi la si include nel modello ristretto.

Valutiamo un modello ridotto.

```
mod.low2 = glm( LOW ~ LWT + RACE,
                      family = binomial( link = logit ) )
```

```
summary( mod.low2 )
##
## Call:
## glm(formula = LOW ~ LWT + RACE,
## family = binomial(link = logit))
##
## Deviance Residuals:
##     Min       1Q    Median       3Q      Max
## -1.3491  -0.8919  -0.7196   1.2526   2.0993
##
## Coefficients:
```

```
##                  Estimate Std. Error z value Pr(>|z|)
## (Intercept)      0.805753   0.845167   0.953   0.3404
## LWT             -0.015223   0.006439  -2.364   0.0181 *
## RACE2            1.081066   0.488052   2.215   0.0268 *
## RACE3            0.480603   0.356674   1.347   0.1778
## ---
## Signif. codes:0 '***' 0.001 '**' 0.01 '*' 0.05 '.' 0.1 ' '1
##
## (Dispersion parameter for binomial family taken to be 1)
##
##     Null deviance: 234.67  on 188  degrees of freedom
## Residual deviance: 223.26  on 185  degrees of freedom
## AIC: 231.26
##
## Number of Fisher Scoring iterations: 4
```

Notiamo che AIC diminuisce e anche RACE acquista significatività. Facciamo un confronto fra i due modelli tramite un test Chi quadro.

```
anova( mod.low2, mod.low, test = "Chisq" )
## Analysis of Deviance Table
##
## Model 1: LOW ~ LWT + RACE
## Model 2: LOW ~ LWT + RACE + AGE + FTV
##   Resid. Df Resid. Dev Df Deviance Pr(>Chi)
## 1       185     223.26
## 2       183     222.57  2  0.68618   0.7096
```

Concludiamo che possiamo ritenere i due modelli testati parimenti informativi. Quindi il modello migliore è quello più semplice, che contempla LWT e RACE come variabili.

(c) Il predittore RACE è discreto a 3 livelli. In questo caso il livello 1 (RACE = White) viene assunto come categoria di riferimento.

```
model.matrix( mod.low2 ) [ 1:15, ]
##    (Intercept) LWT RACE2 RACE3
## 1            1 182     1     0
## 2            1 155     0     1
## 3            1 105     0     0
## 4            1 108     0     0
## 5            1 107     0     0
## 6            1 124     0     1
## 7            1 118     0     0
## 8            1 103     0     1
```

```
## 9                      1 123      0      0
## 10                     1 113      0      0
## 11                     1  95      0      1
## 12                     1 150      0      1
## 13                     1  95      0      1
## 14                     1 107      0      1
## 15                     1 100      0      0
```

```
# OR 2 vs 1 ( Black vs White )
exp( coef( mod.low2 ) [ 3 ] )
##     RACE2
## 2.947821
```

Le donne nere sono una categoria con rischio di parto prematuro quasi 3 volte superiore alle donne bianche.

```
# OR 3 vs 1 ( Other vs White )
exp( coef( mod.low2 ) [ 4 ] )
##    RACE3
## 1.61705
```

Le donne di altre etnie sono una categoria con rischio di parto prematuro circa 1.5 volte superiore alle donne bianche.

(d) Facciamo dei test per valutare la GOF del modello.

```
mod.low2lrm = lrm( LOW ~ LWT + RACE, x = TRUE, y = TRUE )
residuals( mod.low2lrm, "gof" )
## Sum of squared errors       Expected value|H0         SD
##             38.2268160              38.2138614    0.1733477
##                       Z                         P
##               0.0747321               0.9404279
```

```
hoslem.test( mod.low2$y, fitted( mod.low2 ), g = 6 )
##
##   Hosmer and Lemeshow goodness of fit (GOF) test
##
## data:  mod.low2$y, fitted(mod.low2)
## X-squared = 3.1072, df = 4, p-value = 0.5401
#g > 3
```

Anche in questo caso, possiamo concludere che il modello dà un buon fit dei dati. Per un ulteriore approfondimento sul test di Hosmer-Lemeshow si faccia riferimento al materiale supplementare online.

(e) Un modo frequentemente utilizzato per presentare i risultati di un fit tramite regressione logistica sono le tabelle di classificazione. In queste tabelle i dati vengono classificati secondo due chiavi:

- Il valore della variabile dipendente dicotoma y.
- Il valore di una variabile dicotoma y_{mod}, che si deriva dalla stima della probabilità ottenuta dal modello. I valori di questa variabile si ottengono confrontando il valore della probabilità con una soglia (valore usuale 0.5).

Calcoliamo y_{mod} (`valori.predetti`).

```
soglia = 0.5
```

```
valori.reali  = lw$LOW
valori.predetti = as.numeric(mod.low2$fitted.values > soglia)
# 1 se > soglia, 0 se < = soglia
table( valori.predetti )
```

Confrontiamo quindi i valori reali con i valori predetti, costruendo una tabella di misclassificazione.

```
tab = table( valori.reali, valori.predetti )
```

```
tab
##                 valori.predetti
## valori.reali   0    1
##              0 124   6
##              1  53   6
```

```
# % di casi classificati correttamente:
round( sum( diag( tab ) ) / sum( tab ), 2 )
## [1] 0.69
```

```
# % di casi misclassificati:
round( ( tab [ 1, 2 ] + tab [ 2, 1 ] ) / sum( tab ), 2 )
## [1] 0.31
```

Il 31% dei dati viene misclassificato.

(f) Calcoliamo la sensitività.

```
sensitivita = tab [ 2, 2 ] /( tab [ 2, 1 ] + tab [ 2, 2 ] )
sensitivita
## [1] 0.1016949
```

Calcoliamo la specificità:

```
specificita = tab [ 1, 1 ] /( tab [ 1, 2 ] + tab [ 1, 1 ] )
specificita
## [1] 0.9538462
```

(g) Costruiamo la curva ROC a partire dai valori predetti per la risposta dal modello
    mod.low2 dell'analisi della variabile LOW.

```
fit2 = mod.low2$fitted

#media campionaria della prob di sopravvivenza nel campione

soglia_roc  = seq( 0, 1, length.out = 2e2 )
lens = length( soglia_roc )-1
ascissa_roc  = rep( NA, lens )
ordinata_roc = rep( NA, lens )

for ( k in 1 : lens )
{
  soglia = soglia_roc [ k ]

  classification = as.numeric( sapply( fit2,
                   function( x ) ifelse( x < soglia, 0, 1 ) ) )

  #  ATTENZIONE, voglio sulle righe il vero
  # e sulle colonne il predetto
  # t.misc = table( lw$LOW, classification )

  ordinata_roc [ k ] = sum(
    classification [ which( lw$LOW == 1 ) ] == 1 )/
    length( which( lw$LOW == 1 ) )

  ascissa_roc [ k ] = sum(
    classification [ which( lw$LOW == 0 ) ] == 1 )/
    length( which( lw$LOW == 0 ) )

  #ordinata_roc [k]=t.misc [1, 1]/(t.misc [1, 1] + t.misc [1, 2])
  #
  #ascissa_roc [k]=t.misc [2, 1]/(t.misc [2, 1] + t.misc [2, 2])
}
```

   Visualizziamo la curva ROC in Fig. 10.6.

```
plot(ascissa_roc, ordinata_roc, type = "l",
     xlab = "1 - Specificity", ylab = "Sensitivity",
     main = "Curva ROC", lwd = 2, col = 'black',
     ylim = c( 0, 1 ), xlim = c( 0, 1 ) )
abline(h = c( 0, 1 ), v = c( 0, 1 ), lwd = 1, lty = 2,
        col = 'gray70')
abline(a = 0, b = 1, lty = 2, col = 'gray70' )
```

Fig. 10.6 Rappresentazione
dell curva ROC, tramite linea continua nera. Le linee
tratteggiate grigie chia-
re delimitano il dominio e
il codominio della Curva:
$[0, 1] \times [0, 1]$. La croce grigia
scura e le linee tratteggiate
grigie scure identificano come si posiziona il modello in
analisi all'interno della curva

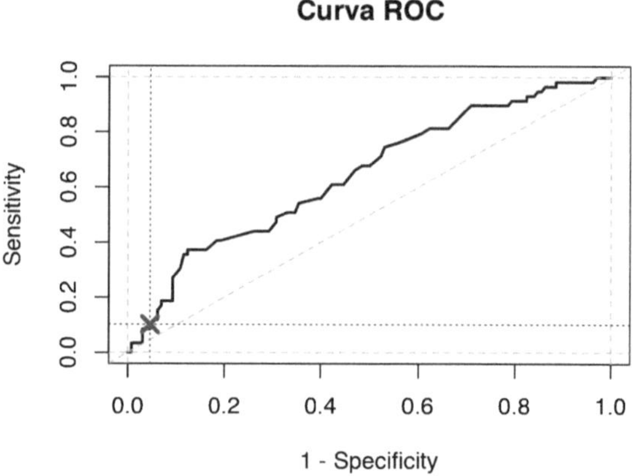


```
# individuiamo i nostri livelli di
# specificità e significatività
abline( v = 1 - specificita,  h = sensitivita, lty = 3,
        col = 'gray30' )
points( 1 - specificita, sensitivita, pch = 4, lwd = 3,
            cex = 1.5, col = 'gray30')
```

La curva ROC non è ottimale, visto che è abbastanza schiacciata sulla diagonale
(l'ottimo è una curva che vicino allo zero ha derivata positiva e molto elevata).

10.3

(a) Esploriamo graficamente la relazione fra media_mov_mens e fraud.

```
data_fraud = read.table('fraud.txt', header = T)

boxplot( data_fraud$media_mov_mens ~ data_fraud$fraud,
            col = c('gray30', 'gray70' ),
            ylab = 'Media movimenti mensili', xlab = 'Frode')
```

In Fig. 10.7 pare esserci una relazione fra le due variabili. In particolare, chi
effettua più movimenti in media al mese pare avere un maggior rischio di subire
una frode.

Adattiamo un modello di regressione logistica per spiegare la variabile fraud,
includendo tutte le variabili a disposizione.

```
mod_1 = glm( fraud ~ update_sito + media_mov_mens +
                    type_client, data = data_fraud,
                    family="binomial")
```

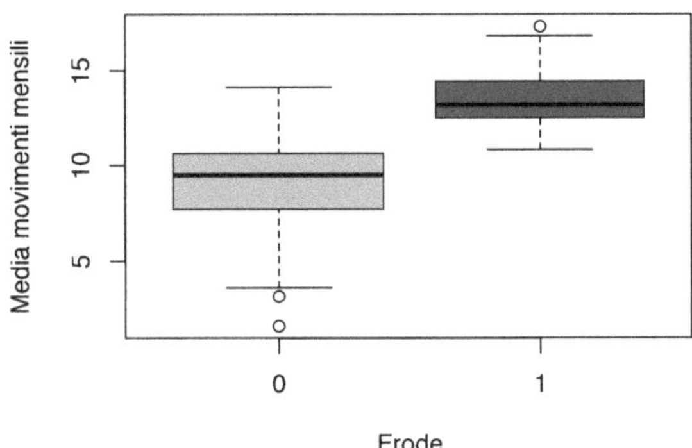

Fig. 10.7 Visualizzazione del dataset tramite boxplot. In grigio scuro sono rappresentati i movimenti che sono esito di frodi, mentre in grigio chiaro quelli che non sono esito di frodi

```
summary( mod_1 )
##
## Call:
## glm(formula = fraud ~ update_sito + media_mov_mens +
##          type_client,
##     family = "binomial", data = data_fraud)
##
## Deviance Residuals:
##      Min         1Q      Median          3Q         Max
## -1.93612   -0.07841   -0.00916     0.00009     1.99906
##
## Coefficients:
##                  Estimate Std. Error z value Pr(>|z|)
## (Intercept)        3.2459     5.3508   0.607 0.544104
## update_sito       -0.3729     0.1026  -3.636 0.000277 ***
## media_mov_mens     2.5748     0.6072   4.241 2.23e-05 ***
## type_client       -1.2787     0.8463  -1.511 0.130804
## ---
## Signif. codes:0 '***' 0.001 '**' 0.01 '*' 0.05 '.' 0.1 ' '1
##
## (Dispersion parameter for binomial family taken to be 1)
##
##     Null deviance: 179.95  on 159  degrees of freedom
## Residual deviance:  43.45  on 156  degrees of freedom
## AIC: 51.45
##
## Number of Fisher Scoring iterations: 9
```

Dal modello paiono essere significative sia l'update_sito che media_mov_mens (come avevamo intuito dal grafico).

(b) Proponiamo un modello ridotto che includa sia `update_sito` che
   `media_mov_mens`.

```
mod_2 = glm( fraud ~ update_sito + media_mov_mens,
                        data = data_fraud, family="binomial")
```

```
summary( mod_2 )
##
## Call:
## glm(formula = fraud ~ update_sito + media_mov_mens,
##         family = "binomial",  data = data_fraud)
##
## Deviance Residuals:
##       Min         1Q    Median         3Q        Max
## -1.79424   -0.09903   -0.01291    0.00013    2.02351
##
## Coefficients:
##                   Estimate Std. Error z value Pr(>|z|)
## (Intercept)        1.95243    5.28468   0.369 0.711791
## update_sito       -0.33912    0.09313  -3.641 0.000271 ***
## media_mov_mens     2.30649    0.51141   4.510 6.48e-06 ***
## ---
## Signif. codes:0 '***' 0.001 '**' 0.01 '*' 0.05 '.' 0.1 ' '1
##
## (Dispersion parameter for binomial family taken to be 1)
##
##     Null deviance: 179.947  on 159  degrees of freedom
## Residual deviance:  45.933  on 157  degrees of freedom
## AIC: 51.933
##
## Number of Fisher Scoring iterations: 8
```

(c) Confrontiamo i due modelli testati, tramite un test Chi quadro.

```
anova( mod_1, mod_2, test = "Chisq" )
## Analysis of Deviance Table
##
## Model 1: fraud ~ update_sito + media_mov_mens + type_client
## Model 2: fraud ~ update_sito + media_mov_mens
##   Resid. Df Resid. Dev Df Deviance Pr(>Chi)
## 1       156     43.450
## 2       157     45.933 -1   -2.483   0.1151
```

Dal test non pare esserci una differenza significativa tra i due modelli, quindi
optiamo per il modello ridotto.

(d) Calcoliamo l'OR relativo ad un incremento di un punto sulla media di movimenti mensili.

```
exp( 1*mod_2$coefficients [3] )
## media_mov_mens
##        10.03909
```

Un incremento di un punto, porta ad un rischio 10 volte maggiore di subire una frode.

(e) Calcoliamo la tabella di misclassificazione, significatività e specificità.

```
pred_val = ifelse( mod_2$fitted.values >= 0.5, 1, 0 )

tab = table( pred_val, data_fraud$fraud )
tab
##
## pred_val    0    1
##        0  115    6
##        1    5   34

sensitiv = tab [ 2, 2 ] /( tab [ 2, 1 ] + tab [ 2, 2 ] )
sensitiv
## [1] 0.8717949

specif = tab [ 1, 1 ] /( tab [ 1, 2 ] + tab [ 1, 1 ] )
specif
## [1] 0.9504132
```

Considerando il basso numero di misclassificati, e gli alti livelli di specificità e significatività, possiamo concludere che il modello ridotto si adatta bene ai dati analizzati.

10.4

(a) Importiamo i dati.

```
data = read.table( 'TITANIC.txt', header = TRUE )

dim( data )
## [1] 1046    4

#str( data )
```

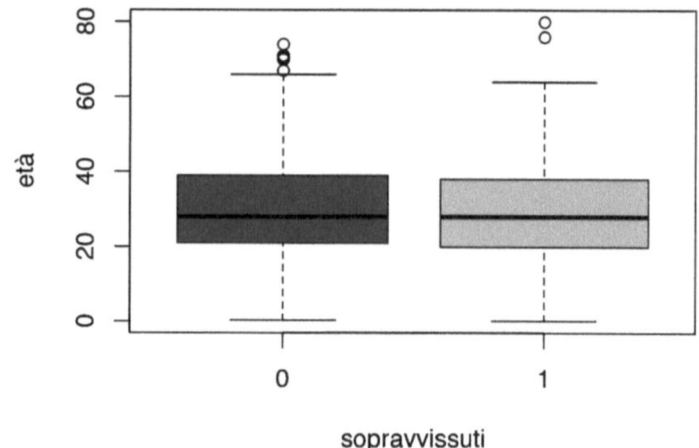

Fig. 10.8 Visualizzazione dei dati tramite boxplot. In grigio scuro rappresentiamo l'età di chi è morto, mentre in verde rappresentiamo l'età di chi è sopravvissuto

```
names( data )
## [1] "survived" "sex"        "age"        "pclass"
head( data )
##   survived      sex      age pclass
## 1        1 female 29.0000      1
## 2        1   male  0.9167      1
## 3        0 female  2.0000      1
## 4        0   male 30.0000      1
## 5        0 female 25.0000      1
## 6        1   male 48.0000      1
```

Impostiamo la variabile sopravvivenza come factor.

```
data$survived = factor( data$survived )
#data$pclass = factor( data$pclass )
```

Calcoliamo la tabella di contingenza della sopravvivenza rispetto al sesso.

```
table( data$sex, data$survived )
##
##             0   1
##   female   96 292
##   male    523 135
```

Dalla tabella di contingenza osserviamo che, in proporzione, sono morti più uomini che donne. Potrebbe esserci una correlazione fra queste due variabili.

Rappresentiamo in Fig. 10.8 un boxplot per investigare l'andamento della sopravvivenza rispetto all'età.

```
boxplot( data$age ~ data$survived, xlab = 'sopravvissuti',
         ylab = 'età', col = c('gray30', 'gray70' ) )
```

Dal grafico non pare esserci un effetto dell'età sulla sopravvivenza.

(b) Adattiamo un modello di regressione logistica per spiegare la sopravvivenza,
     includendo tutte le variabili del dataset.

```
# modello glm con tutte le covariate
mod.glm = glm( survived ~ ., data = data,
               family = binomial( link = logit ) )
summary( mod.glm )
##
## Call:
## glm(formula = survived ~ ., family = binomial(link = logit),
##     data = data)
##
## Deviance Residuals:
##     Min        1Q    Median        3Q       Max
## -2.6159   -0.7162   -0.4321    0.6572    2.4041
##
## Coefficients:
##              Estimate Std. Error z value Pr(>|z|)
## (Intercept)   4.58927    0.40572  11.311  < 2e-16 ***
## sexmale      -2.49738    0.16612 -15.034  < 2e-16 ***
## age          -0.03388    0.00628  -5.395 6.84e-08 ***
## pclass       -1.13324    0.11173 -10.143  < 2e-16 ***
## ---
## Signif. codes:0 '***' 0.001 '**' 0.01 '*' 0.05 '.' 0.1 ' '1
##
## (Dispersion parameter for binomial family taken to be 1)
##
##     Null deviance: 1414.62  on 1045  degrees of freedom
## Residual deviance:  983.02  on 1042  degrees of freedom
## AIC: 991.02
##
## Number of Fisher Scoring iterations: 4
```

Tutte le variabili paiono significative, inoltre essere uomini, più anziani ed essere
in 2a, 3a classe diminuisce la probabilità di sopravvivenza.

(c) Adattiamo un modello di regressione logistica escludendo la variabile age.

```
mod.glm.red = update( mod.glm, . ~ . - age )
summary( mod.glm.red )
##
## Call:
## glm(formula = survived ~ sex + pclass,
##         family = binomial(link = logit), data = data)
##
```

```
## Deviance Residuals:
##     Min        1Q    Median        3Q       Max
## -2.1248   -0.7134   -0.4816    0.6976    2.1033
##
## Coefficients:
##               Estimate Std. Error z value Pr(>|z|)
## (Intercept)  3.00428    0.25591   11.740   <2e-16 ***
## sexmale     -2.52785    0.16326  -15.484   <2e-16 ***
## pclass      -0.85747    0.09511   -9.016   <2e-16 ***
## ---
## Signif. codes:0 '***' 0.001 '**' 0.01 '*' 0.05 '.' 0.1 ' '1
##
## (Dispersion parameter for binomial family taken to be 1)
##
##     Null deviance: 1414.6  on 1045   degrees of freedom
## Residual deviance: 1013.8  on 1043   degrees of freedom
## AIC: 1019.8
##
## Number of Fisher Scoring iterations: 4
```

Come atteso, tutte le variabili risultano significative.

```
anova( mod.glm, mod.glm.red, test = "Chisq" )
## Analysis of Deviance Table
##
## Model 1: survived ~ sex + age + pclass
## Model 2: survived ~ sex + pclass
##   Resid. Df Resid. Dev Df Deviance  Pr(>Chi)
## 1      1042     983.02
## 2      1043    1013.85 -1  -30.822 2.829e-08 ***
## ---
## Signif. codes:0 '***' 0.001 '**' 0.01 '*' 0.05 '.' 0.1 ' '1

1 - pchisq( 1013.85 - 983.02, 1 )
## [1] 2.816499e-08
```

Visto il valore del p-value del test, possiamo concludere che il modello completo è più informativo del modello ridotto.

(d) Calcoliamo l'OR della probabilità di sopravvivenza degli uomini rispetto alle donne.

```
exp( -mod.glm$coefficients[ 2 ] )
## sexmale
## 12.15057
```

Le donne hanno una probabilità di sopravvivere 12 volte maggiore rispetto a quella degli uomini.

(e) Calcoliamo la probabilità di sopravvivenza di una donna di 76 anni che viaggiava in 1a, 2a e 3a classe.

```
mod_pred.conf1 = predict( mod.glm,
                          data.frame(age = 76, sex = 'female',
                                     pclass = 1 ),
                          type = 'response', se.fit = T )
mod_pred.conf2 = predict( mod.glm,
                          data.frame(age = 76, sex = 'female',
                                     pclass = 2 ),
                          type = 'response', se.fit = T )
mod_pred.conf3 = predict( mod.glm,
                          data.frame(age = 76, sex = 'female',
                                     pclass = 3 ),
                          type = 'response', se.fit = T )
mod_pred.conf1$fit
##         1
## 0.7069811
mod_pred.conf2$fit
##         1
## 0.4372139
mod_pred.conf3$fit
##         1
## 0.2000918
```

Come atteso, più la classe è bassa, minore è la probabilità di sopravvivere.

(f) Calcoliamo la tabella di misclassificazione e calcoliamo la sensibilità (o sensitività).

```
soglia = 0.5
valori.reali = data$survived
valori.stimati = as.numeric(  mod.glm$fitted.values > 0.5 )
tab = table( valori.reali, valori.stimati )
tab
##              valori.stimati
## valori.reali   0    1
##            0 523   96
##            1 126  301

# Sensitivita' = True Positive Rate,
# e.g. probabilità empirica di classificare un
# positivo come tale
tab[ 2, 2 ] / sum( tab[ 2, ] )
## [1] 0.704918
```

Capitolo 11
ANOVA: analisi della varianza

11.1 Richiami di teoria

L'analisi della varianza, nota anche con l'acronimo ANOVA (ANalysis Of VAriance), è una tecnica statistica che ha come obiettivo il confronto fra le medie di un fenomeno aleatorio fra differenti gruppi di unità statistiche. Tale analisi viene affrontata tramite la decomposizione della varianza.

11.1.1 ANOVA

Consideriamo una variabile aleatoria Y_{ij} relativa all'unità statistica $i \in \{1, \ldots, n_j\}$ appartenente al gruppo $j \in \{1, \ldots, g\}$. Supponiamo che Y_{ij} sia modellabile nel seguente modo:

$$Y_{ij} = \mu + \tau_j + \varepsilon_{ij}, \qquad i = 1, \ldots, n_j \quad j = 1, \ldots, g; \qquad (11.1)$$

in cui μ è la media globale, mentre τ_j rappresenta la deviazione media rispetto a μ nel gruppo g. Inoltre si assume:

- Normalità: $\varepsilon_{ij} \sim N(0, \sigma_j^2)$.
- Omoschedasticità: $\sigma_j^2 = \sigma^2 \; \forall j$.
- Indipendenza: $\varepsilon_{ij} \perp\!\!\!\perp \varepsilon_{i'j'} \; \forall i \neq i', j \neq j'$.

Il modello descritto in Eq. (11.1) è una one-way ANOVA, poiché stiamo considerando un unico fattore. Se stessimo considerando due fattori, avremmo:

$$Y_{ijk} = \mu + \tau_j + \gamma_k + \alpha_{jk} + \varepsilon_{ijk}, \quad i = 1, \ldots, n_{jk}, \; k = 1, \ldots, K, \; j = 1, \ldots, J; \qquad (11.2)$$

Materiale Supplementare Online È disponibile online un supplemento a questo capitolo (https://doi.org/10.1007/978-88-470-3995-7_11), contenente dati, altri approfondimenti ed esercizi.

© Springer-Verlag Italia S.r.l., part of Springer Nature 2020

F. Gasperoni, F. Ieva, A.M. Paganoni, *Eserciziario di Statistica Inferenziale*, UNITEXT 120, https://doi.org/10.1007/978-88-470-3995-7_11

dove un fattore è costituito da K livelli ed il secondo fattore è a J livelli. In questo caso parleremmo di two-way ANOVA. Per semplicità consideriamo nei richiami di teoria solo il modello one-way ANOVA.

Teorema 11.1 (Decomposizione della Varianza) *Denotiamo y_{ij} le realizzazioni della variabile aleatoria Y_{ij}, $i \in \{1,\dots,n_j\}$ e $j \in \{1,\dots,g\}$, dove la dimensione totale del campione è $N = \sum_{j=1}^{g} n_j$. Si può mostrare che:*

$$\sum_{j=1}^{g}\sum_{i=1}^{n_j}(y_{ij} - \overline{y})^2 = \sum_{j=1}^{g} n_j \cdot (\overline{y}_{j\cdot} - \overline{y})^2 + \sum_{j=1}^{g}\sum_{i=1}^{n_j}(y_{ij} - \overline{y}_{j\cdot})^2; \qquad (11.3)$$

dove:

$$\overline{y}_{j\cdot} = \frac{1}{n_j}\sum_{i=1}^{n_j} y_{ij}; \quad \overline{y} = \frac{\sum_{j=1}^{g}\sum_{i=1}^{n_j} y_{ij}}{\sum_{j=1}^{g} n_j}.$$

L'Eq. (11.3) può essere sinteticamente riscritta come:

$$SS_{TOT} = SS_B + SS_W;$$

dove SS_{TOT} rappresenta la varianza totale, SS_B rappresenta la varianza fra gruppi diversi (between groups) e SS_W rappresenta la varianza all'interno dei gruppi (within groups).

Considerate le assunzioni del modello, si può dimostrare che:

$$\frac{1}{\sigma^2}\sum_{j=1}^{g}\sum_{i=1}^{n_j}(Y_{ij} - \overline{Y}_{j\cdot})^2 \sim \chi^2_{N-g}.$$

$$\frac{1}{\sigma^2}\sum_{j=1}^{g} n_j \cdot (\overline{Y}_{j\cdot} - \overline{Y})^2 \sim \chi^2_{g-1}.$$

$$\frac{1}{\sigma^2}\sum_{j=1}^{g}\sum_{i=1}^{n_j}(Y_{ij} - \overline{Y})^2 \sim \chi^2_{N-1}.$$

Quando siamo interessati a svolgere un'ANOVA, vogliamo eseguire il seguente test d'ipotesi:

$$H_0 : \tau_1 = \tau_2 = \cdots = \tau_g \quad \text{vs} \quad H_1 : \exists i \quad \text{t.c.} \quad \tau_i \neq \tau_j \quad j \in \{1,\dots,g\} \setminus i.$$

Sotto H_0 la statistica test MS_B/MS_W è distribuita come una Fisher di parametri $g-1$ ed $N-g$ (vedi Tabella 11.1). Un p-value basso ci porta a rifiutare H_0 e quindi concludere che non tutti i gruppi hanno la stessa media.

Tabella 11.1 Tabella ANOVA

Varianza	g.d.l.	Somma dei quadrati	Media	Statistica F
Between	$g-1$	$SS_B = \sum_{j=1}^{g} n_j \cdot (\overline{y}_{j\cdot} - \overline{y})^2$	$MS_B = \frac{SS_B}{(g-1)}$	MS_B/MS_W
Within	$N-g$	$SS_W = \sum_{j=1}^{g}\sum_{i=1}^{n_j}(y_{ij} - \overline{y}_{\cdot j})^2$	$MS_W = \frac{SS_W}{(N-g)}$	
Totale	$N-1$	$SS_{TOT} = \sum_{j=1}^{g}\sum_{i=1}^{n_j}(y_{ij} - \overline{y})^2$	$MS_{TOT} = \frac{SS_{TOT}}{(N-1)}$	

11.1.2 Librerie

```
library( MASS )
library( car ) #for LEVENE TEST
## Loading required package: carData
library( faraway )
##
## Attaching package: 'faraway'
## The following objects are masked from 'package:car':
##
##      logit, vif
library( Matrix )
library( RColorBrewer ) #for color palette
library( ggplot2 )
## Warning: package 'ggplot2' was built under R version 3.5.2
```

11.2 Esercizi

Esercizio 11.1 Scrivere il modello ANOVA, esplicitando le ipotesi. Il modello one-way ANOVA può essere visto come un modello di regressione lineare? In caso affermativo, esplicitare la matrice disegno e l'analogia fra test ANOVA e i test della regressione lineare.

Esercizio 11.2 Si registra l'altezza per N individui, provenienti da tre regioni diverse: una regione marittima (10 individui), una regione montuosa (15 individui) ed una collinare (12 individui). Si descriva il test d'ipotesi che si deve effettuare per testare che l'altezza media è diversa in base alla regione di provenienza e si scrivano i comandi R necessari per la risoluzione del problema.

Esercizio 11.3 (Visualizzazione della decomposizione della varianza) Al fine di visualizzare il teorema sulla decomposizione della varianza, svolgere i seguenti punti:

(a) Generare un dataset composto da tre variabili: 'Measures' (la quantità di interesse), 'Group' (la variabile di gruppo) e la variabile 'ids' (che sia un conteggio delle righe). Si scelga $N = 200$ unità statistiche, divise in 4 gruppi bilanciati ('A', 'B', 'C', 'D'). Generare il dataset tenendo conto delle ipotesi del modello ANOVA.

(b) Visualizzare, usando la libreria 'ggplot2', il teorema sulla decomposizione della varianza.

Esercizio 11.4 (One-way ANOVA) Analizzare i dati `chickwts`, presenti in R, inerenti al peso di polli sottoposti a diversi regimi alimentari e stabilire se vi è differenza tra le medie del peso dei polli tra i diversi gruppi. Il dataset `chickwts` è composto da due variabili:

- `weight`: variabile risposta (Y_{ij}), peso del pollo i, sotto alimentazione j.
- `feed`: variabile categorica a g livelli che indica il tipo di alimentazione.

Importate i dati `chickwts` e investigate se il peso dei polli è influenzato dal tipo di alimentazione.

Esercizio 11.5 (Idenitificabilità del modello ANOVA) Dare la definizione di identificabilità di un modello. Discutere due formulazioni del test sulla differenza delle medie nel caso in cui sia presente un'unica variabile categorica a 7 livelli, ciascuno con numerosità $\{3, 2, 3, 2, 3, 2, 3\}$. Esplicitare la matrice disegno di ciascun modello.

Esercizio 11.6 (One-way ANOVA) Si consideri il dataset `coagulation` [2], nella libreria `faraway`:

- `coag`: tempo di coagulazione (variabile continua, positiva).
- `diet`: tipo di dieta seguito (variabile categorica a 4 livelli).

Il dataset è 24×2. Si provi che la dieta impatta sul tempo medio di coagulazione.

Esercizio 11.7 (Two-ways ANOVA) Si consideri il dataset `rats` presente nel pacchetto `faraway`. Investigare l'effetto del tipo di veleno e del tipo di trattamento somministrato a 48 ratti. L'oggetto di valutazione è il tempo di sopravvivenza (in decine di ore) dei 48 ratti. Il dataset contiene le seguenti variabili:

- `time` (tempo alla sopravvivenza): continua.
- `poison` (veleno): categorica a 3 livelli (I, II, III).
- `treat` (trattamento): categorica a 4 livelli (A, B, C, D).

11.3   Soluzioni

11.1

La risposta è affermativa: i modelli ANOVA possono essere visti come modelli di regressione lineare. Consideriamo per semplicità un modello one-way ANOVA.

Da un lato, il modello ANOVA può essere così espresso:

$$Y_{ij} = \mu + \tau_j + \varepsilon_{ij} \qquad i \in \{1, \dots, n_j\} \quad j \in \{1, \dots, g\}. \tag{11.4}$$

Questo modello è analogo a:

$$Y_i = \mu + \mu_1 X_{i1} + \mu_2 X_{i2} + \cdots + \mu_g X_{ig} + \varepsilon_i, \qquad i \in \left\{1, \dots, N = \sum_{j=1}^{g} n_j\right\};$$

$$\tag{11.5}$$

modello di regressione lineare a $g + 1$ parametri, dove le covariate X_{il} valgono 1 se l'unità statistica i è associata al livello l-esimo del gruppo e 0 altrimenti.

In entrambi i modelli devono valere le ipotesi di omoschedasticità e di normalità (fra tutti gli elementi, quindi anche all'interno dei gruppi).

Il modello in Eq. (11.5) non è l'unico accettabile, anzi in questo caso si può facilmente provare che la matrice disegno non è invertibile. Per una più approfondita riflessione sull'argomento si faccia riferimento all'Esercizio 11.5.

11.2

Per rispondere a questa domanda si deve fare un test ANOVA. Nel dataset abbiamo un totale di $N = 37$ individui, un fattore a tre livelli, $g = 3$. I gruppi sono sbilanciati, poiché non hanno la stessa numerosità.

Si può iniziare da un'esplorazione grafica dei dati utilizzando il comando `boxplot` e accostando i boxplot relativi ai diversi gruppi. Se i boxplot sono ad altezze diverse, ci aspettiamo un effetto del fattore sulla variabile risposta. Se i boxplot sono asimmetrici l'ipotesi di normalità potrebbe essere violata. Se i boxplot sono di dimensioni molto diverse, l'ipotesi di omoschedasticità potrebbe essere violata.

Verifichiamo che l'ipotesi di normalità sia soddisfatta tramite il comando `shapiro.test()`, che esegue un test di Shapiro. Il test va ripetuto su ciascun gruppo separatamente, oppure si può usare in contemporanea tramite il comando `tapply`. Se i p-value sono alti, accetto H_0, ovvero accetto l'ipotesi di normalità per ciascun gruppo.

Verifico l'ipotesi di omoschedasticità fra i gruppi, tramite il test di Bartlett o di Levene. Se il p-value è alto, accetto H_0, ovvero accetto l'ipotesi di omogeneità della varianza. Per ulteriore approfondimento su questi test, fare riferimento al materiale online.

Se le ipotesi del modello sono rispettate, procediamo nella nostra analisi con il comando `anova`, `aov` oppure `lm`. In tutti e tre i casi guardiamo il p-value relativo al test Fisher. Se il p-value è basso, rifiuto H_0, ovvero c'è una differenza della media della variabile di interesse dovuta al fattore (la regione in questo caso).

11.3

(a) Generiamo il dataset come richiesto dal testo. Dato che i gruppi sono bilanciati abbiamo 50 osservazioni per gruppo. Inoltre, dato che risultano valide le ipotesi del modello ANOVA, dobbiamo generare i dati da una normale con la stessa varianza per ciascun gruppo. La media è a scelta del lettore.

```
N = 50
set.seed(1000)
group_1 = rnorm( N, 10, 3 )
group_2 = rnorm( N, 5, 3 )
group_3 = rnorm( N, 20, 3 )
group_4 = rnorm( N, 50, 3 )
```

```
groups = rep( c('A','B','C','D'), each = N )
data_oneway_aov = cbind(
  c( group_1, group_2, group_3, group_4 ),
  groups,
  1:(N*4) )


data_oneway_aov = as.data.frame( data_oneway_aov )
colnames( data_oneway_aov ) = c('Measures', 'Group', 'ids')
```

Prima di proseguire controlliamo che `Measures` e `ids` siano variabili di tipo `numeric`, mentre `Group` deve essere una variabile di tipo `factor`. In caso contrario, convertiamo il tipo di queste variabili. Questo passaggio è importante per poi procedere con la visualizzazione.

```
is( data_oneway_aov$Measures ) [1]
## [1] "factor"
is( data_oneway_aov$Group ) [1]
## [1] "factor"


cast = data_oneway_aov$Measures
data_oneway_aov$Measures = as.numeric(levels(cast))[cast]


is( data_oneway_aov$Measures ) [1]
## [1] "numeric"


cast = data_oneway_aov$ids
data_oneway_aov$ids = as.numeric(levels(cast))[cast]


is( data_oneway_aov$ids ) [1]
## [1] "numeric"
```

Facciamo un primo grafico per verificare di aver eseguito correttamente la generazione dei dati.

```
ggplot(data_oneway_aov, aes( x = Group, y = Measures,
                             fill = Group ) ) +
  geom_boxplot() + scale_fill_grey() +
  scale_colour_grey() + theme_bw() +
  geom_segment( aes( x = 0.5, y = 10, xend = 1.5, yend = 10,
                     colour = 'Real mean'), linetype = 2 ) +
  geom_segment( aes( x = 1.5, y = 5,  xend = 2.5, yend = 5,
                     colour = 'Real mean'), linetype = 2 ) +
  geom_segment( aes( x = 2.5, y = 20, xend = 3.5, yend = 20,
                     colour = 'Real mean'), linetype = 2 ) +
  geom_segment( aes( x = 3.5, y = 50, xend = 4.5, yend = 50,
                     colour = 'Real mean'), linetype = 2 )
```

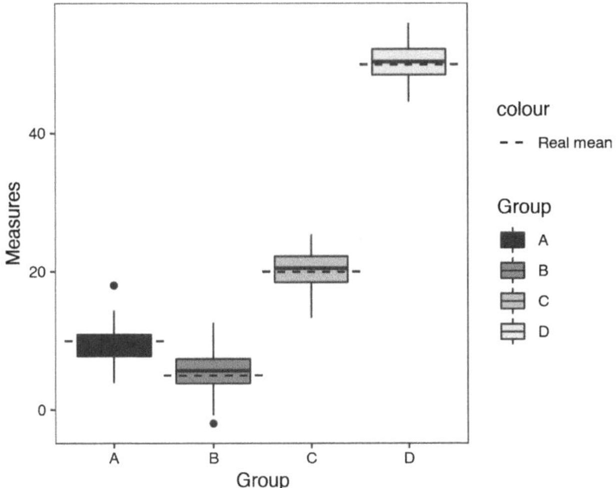

Fig. 11.1 Boxplot della quantità di interesse 'Measures', registrata nei 4 gruppi 'A', 'B', 'C' e 'D'

Osservando Fig. 11.1, concludiamo che il dataset è correttamente generato, infatti vediamo che le medie utilizzate per generare i dati (linee tratteggiate), risultano molto vicine alle mediane e i boxplot sono simmetrici (come è corretto per la distribuzione Normale).

(b) Procediamo quindi alla visualizzazione del teorema sulla decomposizione della varianza.

Iniziamo calcolando le quantità di interesse. In particolare creiamo un dataset che contenga il dataset creato precedentemente, le medie di `Measures` per ciascun gruppo e la media globale di `Measures`.

```
mean_per_group = tapply( data_oneway_aov$Measures,
                         data_oneway_aov$Group, mean )
mean_tot = mean( data_oneway_aov$Measures )

data_lines = cbind( data_oneway_aov,
                              rep( mean_per_group, each = N ),
                    rep( mean_tot, 4*N) )
data_lines = as.data.frame( data_lines )
colnames( data_lines ) = c( 'Measures', 'Group', 'ids',
                            'mean_per_group', 'mean_tot' )

head( data_lines )
##    Measures Group ids mean_per_group mean_tot
## 1  8.662665     A   1        9.52411 21.42521
## 2  6.382430     A   2        9.52411 21.42521
## 3 10.123379     A   3        9.52411 21.42521
```

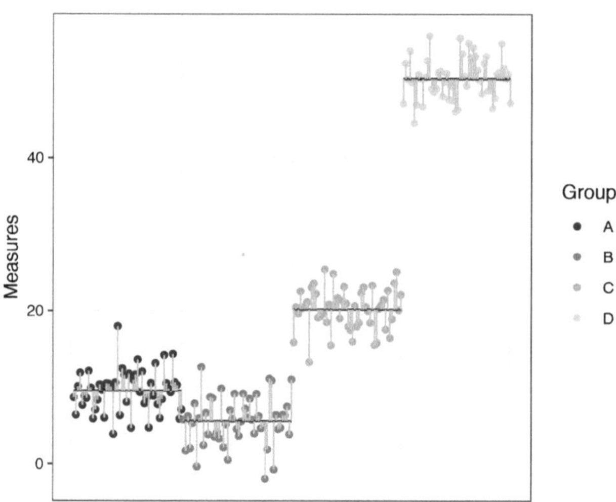

Fig. 11.2 Rappresentazione delle diverse componenti di SS_W, cioè la distanza di ciascun punto rispetto alla media del gruppo di appartenenza

```
## 4  11.918165     A   4        9.52411  21.42521
## 5   7.640337     A   5        9.52411  21.42521
## 6   8.843532     A   6        9.52411  21.42521
```

Disegniamo la nostra prima quantità di interesse, le componenti di SS_W, in Fig. 11.2:

$$Y_{ij} - \overline{Y}_j. \quad i \in \{1,\ldots,n_j\} \quad j \in \{1,\ldots,G\}.$$

```
ggplot( data_oneway_aov, aes( ids, Measures ) ) +
  geom_point( aes(color= Group)) + scale_fill_grey() +
  scale_colour_grey() + theme_bw() +
  geom_segment( x = 1, y = mean_per_group[1], xend = 50,
                yend = mean_per_group[1], colour = 1 ) +
  geom_segment( x = 51, y = mean_per_group[2], xend = 100,
                yend = mean_per_group[2], colour = 1 ) +
  geom_segment( x = 101, y = mean_per_group[3], xend = 150,
                yend = mean_per_group[3], colour = 1 ) +
  geom_segment( x = 151, y = mean_per_group[4], xend = 200,
                yend = mean_per_group[4], colour = 1 ) +
  geom_segment( data = data_lines,
                aes( x = ids, y = mean_per_group,
                     xend = ids, yend = Measures),
                colour = "gray" ) +
  theme( axis.title.x=element_blank(),
         axis.text.x=element_blank(),
         axis.ticks.x=element_blank() )
```

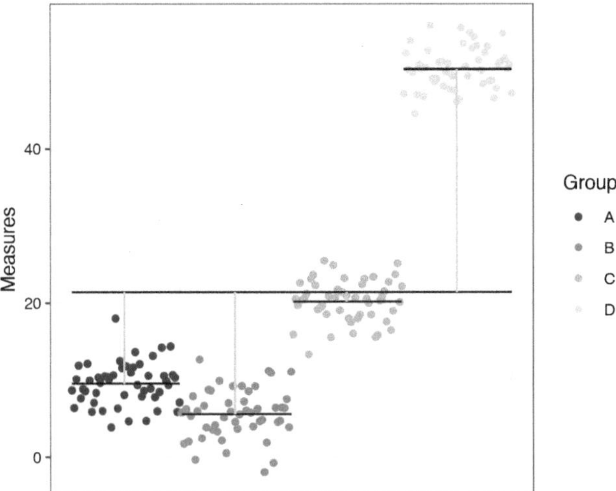

Fig. 11.3 Rappresentazione delle diverse componenti di SS_B, cioè la distanza della media di ciascun gruppo rispetto alla media globale

Disegniamo la nostra seconda quantità di interesse, le componenti di SS_B, in Fig. 11.3:

$$\overline{Y}_{j.} - \overline{Y} \quad j \in \{1, \ldots, G\}.$$

```
ggplot( data_oneway_aov, aes( ids, Measures ) ) +
  geom_point( aes(color= Group)) + scale_fill_grey() +
  scale_colour_grey() + theme_bw() +
  geom_segment( x = 1, y = mean_per_group[1], xend = 50,
                yend = mean_per_group[1], colour = 1 ) +
  geom_segment( x = 51, y = mean_per_group[2], xend = 100,
                yend = mean_per_group[2], colour = 1 ) +
  geom_segment( x = 101, y = mean_per_group[3], xend = 150,
                yend = mean_per_group[3], colour = 1 ) +
  geom_segment( x = 151, y = mean_per_group[4], xend = 200,
                yend = mean_per_group[4], colour = 1 ) +
  geom_segment( x = 1, y = mean_tot, xend = 200,
                yend = mean_tot, colour = 1 ) +
  geom_segment( x = 25, y = mean_per_group[1], xend = 25,
                yend = mean_tot, colour = "gray" ) +
  geom_segment( x = 75, y = mean_per_group[2], xend = 75,
                yend = mean_tot, colour = "gray" ) +
  geom_segment( x = 125, y = mean_per_group[3], xend = 125,
                yend = mean_tot, colour = "gray" ) +
```

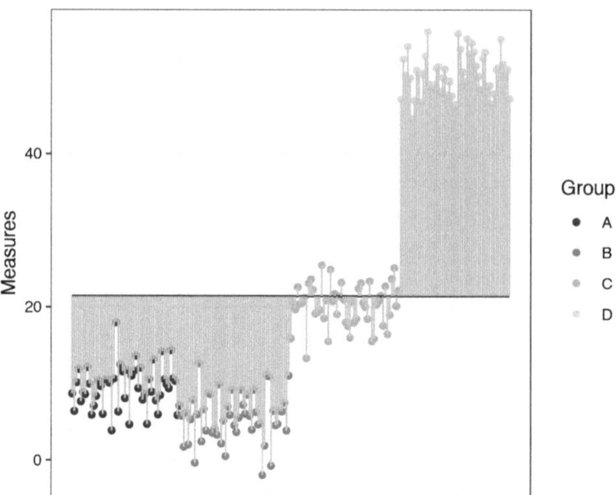

Fig. 11.4 Rappresentazione delle diverse componenti di SS_{TOT}, cioè la distanza di ciascun punto rispetto alla media globale

```
geom_segment ( x = 175, y = mean_per_group [4], xend = 175,
              yend = mean_tot, colour = "gray" ) +
theme ( axis.title.x=element_blank (),
        axis.text.x=element_blank (),
        axis.ticks.x=element_blank () )
```

Disegniamo la nostra terza quantità di interesse, le componenti di SS_{TOT}, in Fig. 11.4:

$$Y_{ij} - \overline{Y} \quad i \in \{1, \ldots, n_j\} \quad j \in \{1, \ldots, G\}.$$

```
ggplot ( data_oneway_aov, aes ( ids, Measures ) ) +
  geom_point ( aes (color= Group)) + scale_fill_grey () +
  scale_colour_grey () + theme_bw () +
  geom_segment ( x = 1, y = mean_tot, xend = 200,
                yend = mean_tot,
                colour = 1 ) +
geom_segment ( data = data_lines,
              aes ( x = ids, y = mean_tot,
                    xend = ids, yend = Measures),
              colour = "gray" ) +
theme ( axis.title.x=element_blank (),
        axis.text.x=element_blank (),
        axis.ticks.x=element_blank () )
```

11.4

Per risolvere questo esercizio, dobbiamo procedere nel seguente modo:

(a) Importazione del dataset.
(b) Visualizzazione del dataset.
(c) Impostazione del modello.
(d) Verifica ipotesi del modello.
(e) Verifica differenza fra le medie (tramite test).

(a) *Importazione del dataset.*

```
head( chickwts )
##   weight       feed
## 1    179 horsebean
## 2    160 horsebean
## 3    136 horsebean
## 4    227 horsebean
## 5    217 horsebean
## 6    168 horsebean
tail( chickwts )
##    weight   feed
## 66    352 casein
## 67    359 casein
## 68    216 casein
## 69    222 casein
## 70    283 casein
## 71    332 casein
```

```
attach( chickwts )
```

Il dataset è composto da $N = 71$ osservazioni, divise in 6 gruppi ($g = 6$).

```
tapply( chickwts$weight, chickwts$feed, length )
##casein horsebean   linseed  meatmeal   soybean sunflower
##     12        10        12        11        14        12
```

I gruppi risultano abbastanza bilanciati.

(b) *Visualizzazione del dataset.*

Visualizziamo i dati tramite boxplot, in modo da avere un'intuizione sulla presenza di eventuali differenze nella risposta tra polli che seguono diversi regimi alimentari.

```
summary( chickwts )
##     weight              feed
##  Min.   :108.0   casein   :12
##  1st Qu.:204.5   horsebean:10
##  Median :258.0   linseed  :12
##  Mean   :261.3   meatmeal :11
##  3rd Qu.:323.5   soybean  :14
##  Max.   :423.0   sunflower:12
```

Fig. 11.5 Rappresentazione
del peso dei polli a seconda
dei diversi regimi alimentari

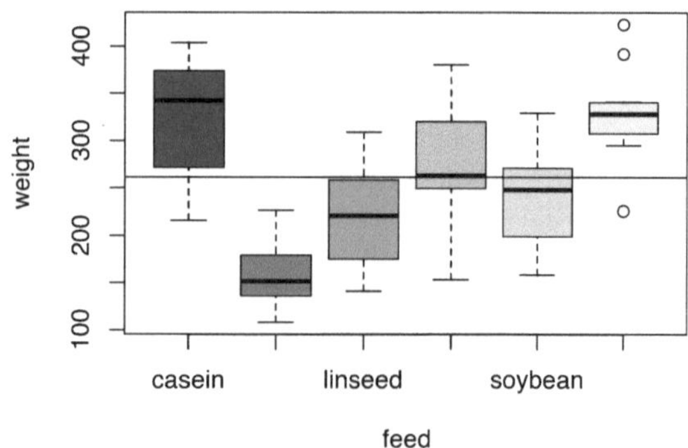


```
boxplot( weight ~ feed, xlab = 'feed', ylab = 'weight',
         main = 'Chicken weight according to feed',
         col = gray.colors(6) )
abline( h = mean( weight ) )
```

Dal confronto dei boxplot in Fig. 11.5, sembra che qualche effetto ci sia, le
medie appaiono diverse a seconda del regime alimentare seguito.

(c) *Impostazione del modello.*

Vogliamo investigare il seguente modello one-way ANOVA:

$$y_{ij} = \mu + \tau_j + \varepsilon_{ij};$$

in cui $i \in \{1,\ldots,n_j\}$ è l'indice dell'unità statistica all'interno del grupp j,
mentre $j \in \{1,\ldots,g\}$ è l'indice di gruppo.

Siamo interessati ad eseguire il seguente test:

$$H_0 : \tau_i = \tau_j \quad \forall i, j \in \{1,\ldots,6\} \qquad \text{vs} \qquad H_1 : \exists\,(i, j)\,|\,\tau_i \neq \tau_j.$$

Parafrasando, H_0 prevede che tutti i polli appartengano ad una sola popolazione, mentre H_1 prevede che i polli appartengono a 2, 3, 4, 5 o 6 popolazioni
con medie differenti. In Fig. 11.6 abbiamo rappresentato graficamente cosa re-
gistreremmo se H_0 fosse vera (le medie nei diversi gruppi coinciderebbero) nel
panel di sinistra, e cosa registriamo effettivamente nel nostro dataset nel panel
di destra.

```
par( mfrow = c( 1, 2 ) )

barplot( rep( mean( weight ), 6 ),
         names.arg = levels( feed ),
         ylim = c( 0, max( weight ) ), main = "H0 vera",
         col = 'grey' )
```

Fig. 11.6 Rappresentazione
di cosa osserveremmo se
H_0 fosse vera nel panel di
sinistra. Rappresentazione
del peso medio dei polli nei
diversi regimi alimentari nel
panel di destra

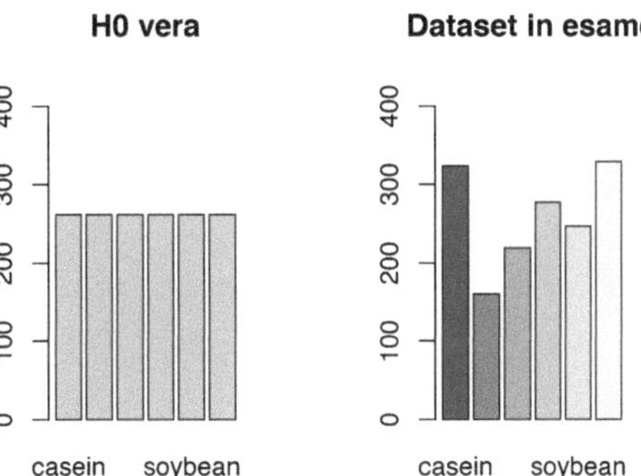


```r
barplot( tapply( weight, feed, mean ),
         names.arg = levels( feed ),
         ylim = c( 0, max( weight ) ),
         main = "Dataset in esame",
         col = gray.colors(6) )
```

(d) *Verifica ipotesi del modello.*
Verifichiamo che siano soddisfatte le ipotesi dell'ANOVA:

- *Normalità* intragruppo (tramite Shapiro test).
- *Omoschedasticità* fra i gruppi (tramite Bartlett o Levene test).

```r
n   = length( feed )
ng  = table( feed )
treat = levels( feed )
g   = length( treat )

# Normalità dei dati nei gruppi
Ps = c( shapiro.test( weight [ feed == treat [ 1 ] ] )$p,
        shapiro.test( weight [ feed == treat [ 2 ] ] )$p,
        shapiro.test( weight [ feed == treat [ 3 ] ] )$p,
        shapiro.test( weight [ feed == treat [ 4 ] ] )$p,
        shapiro.test( weight [ feed == treat [ 5 ] ] )$p,
        shapiro.test( weight [ feed == treat [ 6 ] ] )$p )
#Ps


# In maniera più compatta ed elegante:
Ps = tapply( weight, feed,
                function( x ) ( shapiro.test( x )$p ) )
Ps
##     casein horsebean   linseed   meatmeal
## 0.2591841 0.5264499 0.9034734 0.9611795
##   soybean sunflower
## 0.5063768 0.3602904
```

Il vettore di *p*-value dello Shapiro test (`Ps`) sono tutti elevati, quindi accetto l'ipotesi di normalità in tutti i gruppi.
Verifichiamo l'ipotesi di omoschedasticità.

```
Var = c( var( weight [ feed == treat [ 1 ] ] ),
         var( weight [ feed == treat [ 2 ] ] ),
         var( weight [ feed == treat [ 3 ] ] ),
         var( weight [ feed == treat [ 4 ] ] ),
         var( weight [ feed == treat [ 5 ] ] ),
         var( weight [ feed == treat [ 6 ] ] ) )
#Var


# In maniera più compatta ed elegante:
Var = tapply( weight, feed, var )
#Var


# Test di uniformità delle varianze
bartlett.test( weight, feed )
##
##  Bartlett test of homogeneity of variances
##
## data:  weight and feed
## Bartlett's K-squared = 3.2597, df = 5, p-value = 0.66


# Alternative: Levene-Test
leveneTest( weight, feed )
## Levene's Test for Homogeneity of Variance
## (center = median)
##       Df F value Pr(>F)
## group  5  0.7493 0.5896
##       65
```

I test sono concordi, concludiamo che l'ipotesi di omogeneità della varianza è rispettata.

(e) *Verifica differenza fra le medie (tramite test).*
Ora che abbiamo verificato che le ipotesi sono soddisfatte possiamo procedere con una one-way ANOVA.

$$F_0 = \frac{SS_{TREAT}/r}{SS_{RES}/(n-p)} \sim F(r, n - p);$$

in cui:

$$SS_{TREAT} = \sum_{j=1}^{g} \tau_j^2 \cdot n_j.$$

Nella one-way ANOVA il numero di regressori $r = g - 1$.
In R possiamo effettuare un test ANOVA in tre modi:

- Eseguendo manualmente un test F.

```
Media   = mean( weight )
Mediag  = tapply( weight, feed, mean )

SStot   = var( weight ) * ( n-1 )
SStreat = sum( ng * ( Mediag-Media )^2 )
SSres   = SStot - SStreat

alpha = 0.05
Fstatistic = ( SStreat / ( g-1 ) ) / ( SSres / ( n-g ) )

# valori "piccoli" non ci portano a rifiutare
cfr.fisher = qf( 1-alpha, g-1, n-g )
Fstatistic > cfr.fisher
## [1] TRUE
Fstatistic
## [1] 15.3648
cfr.fisher
## [1] 2.356028

P = 1-pf( Fstatistic, g-1, n-g )
P
## [1] 5.93642e-10
```

Osservando la nostra statistica F (Fstatistic), notiamo che siamo proprio ben oltre la soglia del 5%. Quindi ho evidenza forte per rifiutare l'ipotesi nulla (confermata dal p-value pari a $5.94\mathrm{e}^{-10}$.

- Eseguendo il comando `aov`.

```
help( aov )

fit = aov( weight ~ feed )
# oppure anova( mod )
summary( fit )
#               Df Sum Sq Mean Sq F value    Pr(>F)
# feed           5 231129   46226   15.37 5.94e-10 ***
# Residuals     65 195556    3009
# ---
#Signif. codes:0 '***' 0.001 '**' 0.01 '*' 0.05 '.' 0.1 ' '1
```

Il comando `aov` mostra la decomposizione della varianza e l'esito del test ANOVA. In questo caso $SS_B = 231129$ e $SS_W = 195556$. Il p-value del test è $5.94\mathrm{e}^{-10}$, quindi rifiutiamo l'ipotesi nulla.

- Eseguendo il comando `lm`.

```
mod = lm( weight ~ feed )
summary( mod )
##
## Call:
## lm(formula = weight ~ feed)
##
## Residuals:
##      Min        1Q    Median        3Q       Max
## -123.909   -34.413     1.571    38.170   103.091
##
## Coefficients:
##                 Estimate Std. Error t value Pr(>|t|)
## (Intercept)      323.583     15.834  20.436  < 2e-16 ***
## feedhorsebean   -163.383     23.485  -6.957 2.07e-09 ***
## feedlinseed     -104.833     22.393  -4.682 1.49e-05 ***
## feedmeatmeal     -46.674     22.896  -2.039 0.045567 *
## feedsoybean      -77.155     21.578  -3.576 0.000665 ***
## feedsunflower      5.333     22.393   0.238 0.812495
## ---
##Signif. codes:0 '***' 0.001 '**' 0.01 '*' 0.05 '.' 0.1 ' '1
##
## Residual standard error: 54.85 on 65 degrees of freedom
## Multiple R-squared:  0.5417, Adjusted R-squared:  0.5064
## F-statistic: 15.36 on 5 and 65 DF,  p-value: 5.936e-10
```

Tramite il comando `lm`, modelliamo la nostra variabile risposta tramite modello lineare. Il test che ci interessa è quello inerente alla significatività globale del modello riportato nell'ultima riga del summary (si veda il Capitolo 9).
Tramite tutti e tre gli approcci proposti, rifiutiamo H_0 e concludiamo che c'è differenza fra le medie dei diversi gruppi.

11.5

Siamo nel caso di one-way ANOVA. Questo modello può essere rappresentato come:

$$Y_{ij} = \tau + \mu_j + \varepsilon_{ij}, \qquad i \in \{1,\ldots,n_j\} \quad j \in \{1,\ldots,g\}.$$

Alternativamente, possiamo considerare un modello di regressione lineare con una variabile categorica X (*variabile dummy*) a g livelli.

$$\mathbf{Y} = X\boldsymbol{\beta} + \boldsymbol{\varepsilon}.$$

Matrice disegno non invertibile

$$Y_{ij} = \beta_0 + \beta_1 X_{i1} + \beta_2 X_{i2} + \cdots + \beta_g X_{ig} + \varepsilon_{ij}.$$

Osservazione

$$\beta_0 = \mu$$
$$\beta_j = \mu_j \quad \forall j = 1, \ldots, g.$$

In questo modello, la matrice disegno X ha dimensione $N \times (g + 1)$. Ogni riga di X, $\mathbf{x_i}$ è un vettore binario di lunghezza $g + 1$, in cui compare uno al primo elemento (in corrispondenza dell'intercetta) e nell'elemento $j + 1$-esimo, in cui j rappresenta il gruppo di appartenenza dell'elemento i.

Considerando 7 gruppi con numerosità $\{3, 2, 3, 2, 3, 2, 3\}$ rispettivamente, la matrice disegno X sopra descritta è:

$$
\begin{bmatrix}
1 & 1 & 0 & 0 & 0 & 0 & 0 & 0 \\
1 & 1 & 0 & 0 & 0 & 0 & 0 & 0 \\
1 & 1 & 0 & 0 & 0 & 0 & 0 & 0 \\
1 & 0 & 1 & 0 & 0 & 0 & 0 & 0 \\
1 & 0 & 1 & 0 & 0 & 0 & 0 & 0 \\
1 & 0 & 0 & 1 & 0 & 0 & 0 & 0 \\
1 & 0 & 0 & 1 & 0 & 0 & 0 & 0 \\
1 & 0 & 0 & 1 & 0 & 0 & 0 & 0 \\
1 & 0 & 0 & 0 & 1 & 0 & 0 & 0 \\
1 & 0 & 0 & 0 & 1 & 0 & 0 & 0 \\
1 & 0 & 0 & 0 & 0 & 1 & 0 & 0 \\
1 & 0 & 0 & 0 & 0 & 1 & 0 & 0 \\
1 & 0 & 0 & 0 & 0 & 1 & 0 & 0 \\
1 & 0 & 0 & 0 & 0 & 0 & 1 & 0 \\
1 & 0 & 0 & 0 & 0 & 0 & 1 & 0 \\
1 & 0 & 0 & 0 & 0 & 0 & 0 & 1 \\
1 & 0 & 0 & 0 & 0 & 0 & 0 & 1 \\
1 & 0 & 0 & 0 & 0 & 0 & 0 & 1
\end{bmatrix}
$$

Questa matrice disegno (X.full nel codice) è singolare, cioè non invertibile (per invertirla manualmente dobbiamo ricorrere alla pseudoinversa di Moore-Penrose).

In altre parole, il modello descritto in Eq. (11.5) non è identificabile.

Matrice disegno invertibile In alternativa, possiamo considerare il seguente modello:

$$Y_{ij} = \beta_0 + \beta_1 X_{i1} + \beta_2 X_{i2} + \cdots + \beta_{g-1} X_{ig-1} + \varepsilon_{ij}.$$

In questo modello, la matrice disegno X ha dimensione $N \times g$, i cui elementi sono $\{-1, 0, 1\}$. La prima colonna, come nel caso precedente, è costituita da tutti 1 (elementi relativi all'intercetta). Mentre, le righe relative alle unità statistiche dei primi

$g - 1$ gruppi sono composte da tutti zeri, tranne il primo elemento e l'elemento j-esimo, in cui j rappresenta il gruppo di appartenenza. Infine, le righe relative alle unità statistiche appartenenti al gruppo g sono costituite da tutti -1, tranne il primo elemento che è 1. Questa matrice disegno è anche detta matrice di contrasto.

Questa matrice disegno X nel nostro caso diventa:

$$\begin{bmatrix}
1 & 1 & 0 & 0 & 0 & 0 & 0 \\
1 & 1 & 0 & 0 & 0 & 0 & 0 \\
1 & 1 & 0 & 0 & 0 & 0 & 0 \\
1 & 0 & 1 & 0 & 0 & 0 & 0 \\
1 & 0 & 1 & 0 & 0 & 0 & 0 \\
1 & 0 & 0 & 1 & 0 & 0 & 0 \\
1 & 0 & 0 & 1 & 0 & 0 & 0 \\
1 & 0 & 0 & 1 & 0 & 0 & 0 \\
1 & 0 & 0 & 0 & 1 & 0 & 0 \\
1 & 0 & 0 & 0 & 1 & 0 & 0 \\
1 & 0 & 0 & 0 & 0 & 1 & 0 \\
1 & 0 & 0 & 0 & 0 & 1 & 0 \\
1 & 0 & 0 & 0 & 0 & 1 & 0 \\
1 & 0 & 0 & 0 & 0 & 0 & 1 \\
1 & 0 & 0 & 0 & 0 & 0 & 1 \\
1 & -1 & -1 & -1 & -1 & -1 & -1 \\
1 & -1 & -1 & -1 & -1 & -1 & -1 \\
1 & -1 & -1 & -1 & -1 & -1 & -1
\end{bmatrix}$$

Notiamo subito che questa matrice è analoga alla precedente ma è non singolare e quindi invertibile.

Osservazione

Se eseguiamo il comando `tapply( feed, feed, length )`, R calcola le numerosità dei gruppi e le riordina in ordine alfabetico di nome del gruppo. Se vogliamo utilizzare le numerosità nell'ordine in cui si presentano i gruppi nel dataset (`feed`), dobbiamo fare:

```
n
## [1] 71
```

```
group_names = unique( as.character( feed ) )
ng = tapply( feed, feed, length )[ group_names ]
```

Matrice disegno non invertibile in R

Costruiamo la matrice `X.full`, ovvero una matrice disegno dove consideriamo tutti i gruppi (dimensione = $N \times (g + 1)$). In particolare creiamo $g + 1$ colonne e le assembliamo usando il comando `cbind`.

```
# gruppo 1 (nell'ordine dei dati in ( weight,feed )
x1.full = c( rep( 1, ng [ 1 ] ),
             rep( 0, n - ng [ 1 ] ) )


# gruppo 2 (nell'ordine dei dati in ( weight,feed )
x2.full = c( rep( 0, ng [ 1 ] ),
             rep( 1, ng [ 2 ] ),
             rep( 0, n - ng [ 1 ] - ng [ 2 ] ) )


# gruppo 3 (nell'ordine dei dati in ( weight,feed )
x3.full = c( rep( 0, ng [ 1 ] + ng [ 2 ] ),
             rep( 1, ng [ 3 ] ),
             rep( 0, n - ng [ 1 ] - ng [ 2 ] - ng [ 3 ] ) )


# gruppo 4 (nell'ordine dei dati in ( weight,feed )
x4.full = c( rep( 0, n - ng [ 6 ] - ng [ 5 ] - ng [ 4 ] ),
             rep( 1, ng [ 4 ] ),
             rep( 0, ng [ 5 ]  + ng [ 6 ] ) )


# gruppo 5 (nell'ordine dei dati in ( weight,feed )
x5.full = c( rep( 0, n - ng [ 6 ] - ng [ 5 ] ),
             rep( 1, ng [ 5 ] ),
             rep( 0, ng [ 6 ] ) )


# gruppo 6 (nell'ordine dei dati in ( weight,feed )
x6.full = c( rep( 0, n - ng [ 6 ] ),
             rep( 1, ng [ 6 ] ) )


X.full = cbind( rep( 1, n ),
                x1.full,
                x2.full,
                x3.full,
                x4.full,
                x5.full,
                x6.full )
```

Per provare che `X.full` non ha rango pieno, osserviamo che una colonna è combinazione lineare di altre colonne della matrice.

```
stopifnot( length(
  which( X.full[ , 1 ] - rowSums ( X.full[ , - 1 ] ) == 0 ) ) )
```

```
== dim( X.full )[1]   )
```

Stimiamo ora i $\hat{\boldsymbol{\beta}}$. Ricordiamo che X è singolare, quindi H sarà calcolato come segue:

$$H = X \cdot (X^T \cdot X)^\dagger \cdot X^T$$

in cui $(X^T \cdot X)^\dagger$ indica la pseudo-inversa di Moore-Penrose. E i $\hat{\boldsymbol{\beta}}$ saranno calcolati come:

$$\hat{\boldsymbol{\beta}} = (X^T \cdot X)^\dagger \cdot X^T \cdot \mathbf{y}$$

```
# H.full = X.full%*%solve(t(X.full)%*%X.full)%*%t(X.full)
# R dà errore, perché singolare!


H.full = X.full%*%ginv(t(X.full)%*%X.full)%*%t(X.full)


y  = weight


betas.full = as.numeric(
  ginv(t(X.full)%*%X.full)%*%t(X.full) %*% y)
```

La media nel gruppo j-esimo è:

$$\mathbb{E}[Y_j] = \mu + \tau_j = \beta_0 + \beta_j, \qquad j = \{1, \ldots, g\}.$$

```
means_by_group = betas.full[ 1 ] +
  betas.full[ 2:length( betas.full ) ]
names( means_by_group ) = group_names


means_by_group
## horsebean    linseed    soybean sunflower   meatmeal      casein
##   160.2000   218.7500   246.4286   328.9167   276.9091   323.5833


tapply( weight, feed, mean )[ unique( as.character( feed ) ) ]
## horsebean    linseed    soybean sunflower   meatmeal      casein
##   160.2000   218.7500   246.4286   328.9167   276.9091   323.5833
```

La media globale è:

$$\mu = \sum_{j=1}^{g} \frac{n_j \cdot \mu_j}{N}.$$

```
global_mean = ng %*% means_by_group / n
global_mean
##           [,1]
## [1,] 261.3099


mean( weight )
## [1] 261.3099
```

Matrice disegno invertibile in R

```
x1.red = c( rep( 1, ng [ 1 ] ),
            rep( 0, n - ng [ 1 ] - ng [ 6 ] ),
            rep( -1, ng [ 6 ] ) )
stopifnot( sum( x1.red - ( x1.full - x6.full ) ) == 0 )


x2.red = c( rep( 0, ng [ 1 ] ),
            rep( 1, ng [ 2 ] ),
            rep( 0,
             n - ng [ 1 ] - ng [ 2 ] - ng [ 6 ] ),
            rep( -1, ng [ 6 ] ) )
stopifnot( sum( x2.red - ( x2.full - x6.full ) ) == 0 )

x3.red = c( rep( 0, ng [ 1 ] + ng [ 2 ] ),
            rep( 1, ng [ 3 ] ),
            rep( 0,
             n - ng [ 1 ] - ng [ 2 ] - ng [ 3 ] - ng [ 6 ] ),
            rep( -1, ng [ 6 ] ) )
stopifnot( sum( x3.red - ( x3.full - x6.full ) ) == 0 )

x4.red = c( rep( 0, n - ng [ 6 ] - ng [ 5 ] - ng [ 4 ] ),
            rep( 1, ng [ 4 ] ),
            rep( 0, ng [ 5 ] ),
            rep( -1, ng [ 6 ] ) )
stopifnot( sum( x4.red - ( x4.full - x6.full ) ) == 0 )

x5.red = c( rep( 0, n - ng [ 6 ] - ng [ 5 ] ),
            rep( 1, ng [ 5 ] ),
            rep( -1, ng [ 6 ] ) )
stopifnot( sum( x5.red - ( x5.full - x6.full ) ) == 0 )


X.red  = cbind( rep( 1, n ),
                x1.red,
                x2.red,
                x3.red,
                x4.red,
                x5.red )
```

Stimiamo ora i $\hat{\boldsymbol{\beta}}$.

```
H.red  = X.red %*% solve( t( X.red ) %*% X.red ) %*% t(X.red)

betas.red = as.numeric(
  solve( t( X.red ) %*% X.red ) %*% t( X.red ) %*% y )
```

La media nel gruppo j-esimo si ottiene nel seguente modo:

$$\mu_j = \beta_0 + \beta_i \qquad i = 1, \dots, g - 1.$$
$$\mu_g = \beta_0 - (\beta_1 + \cdots + \beta_{g-1}).$$

```
means_by_group = betas.red[ 1 ] + betas.red[ -1 ]
means_by_group = c( means_by_group, betas.red[ 1 ] -
                   sum( betas.red[ -1 ] ) )
```

```
names( means_by_group ) = group_names
means_by_group
## horsebean    linseed    soybean sunflower   meatmeal     casein
##   160.2000   218.7500   246.4286   328.9167   276.9091   323.5833
tapply( weight, feed, mean )[ group_names ]
## horsebean    linseed    soybean sunflower   meatmeal     casein
##   160.2000   218.7500   246.4286   328.9167   276.9091   323.5833
```

Quindi, sia con la matrice disegno singolare che non singolare, giungiamo allo stesso risultato.

Osservazione

Cosa fa R in automatico?

Per rispondere a questa domanda, riprendiamo l'esercizio precedente sui dati `chickwts` ed estraiamo, tramite il comando `model.matrix`, la matrice disegno dei modelli testati.

```
mod_aov = aov( weight ~ feed )
X_aov = model.matrix( mod_aov )
```

Vediamo che la matrice disegno creata dall'ANOVA è di dimensioni $N \times g$. Notiamo che manca la variabile (livello) `casein` che è usata come baseline. Il modello di regressione considerato diventa quindi:

$$Y_{ij} = \beta_0 + \beta_2 X_{i2} + \cdots + \beta_g X_{ig} + \varepsilon_{ij}.$$

```
mod_lm = lm( weight ~ feed )
X_lm = model.matrix( mod_lm )
```

Idem nel caso di modello lineare.

Osservazione

Il *primo gruppo* (nell'ordine alfanumerico dei livelli della variabile di stratificazione, `feed`, e NON nell'ordine di comparizione dei dati) viene soppresso e preso come riferimento (baseline).

Calcoliamo ora i $\hat{\boldsymbol{\beta}}$.

```
betas.lm = coefficients( mod_lm )
```

La media nel gruppo j-esimo si ottiene nel seguente modo:

$$\mu_{baseline} = \beta_0.$$
$$\mu_j = \beta_0 + \beta_j, \qquad j \neq baseline.$$

```
means_by_group = c( betas.lm[ 1 ],
                            betas.lm[ 1 ] + betas.lm[ -1 ] )
names( means_by_group ) = levels( feed )

means_by_group
##      casein horsebean    linseed   meatmeal    soybean sunflower
##   323.5833   160.2000   218.7500   276.9091   246.4286   328.9167
tapply( weight, feed, mean )
##      casein horsebean    linseed   meatmeal    soybean sunflower
##   323.5833   160.2000   218.7500   276.9091   246.4286   328.9167
```

11.6
Importiamo il dataset.

```
data( coagulation )

dim( coagulation )
## [1] 24   2
names( coagulation )
## [1] "coag" "diet"
head( coagulation )
##    coag diet
## 1    62    A
## 2    60    A
## 3    63    A
## 4    59    A
## 5    63    B
## 6    67    B
```

Per rispondere alla domanda dell'esercizio, vorremmo impostare una one-way ANOVA. Prima di svolgere le analisi, controlliamo le ipotesi del modello:

- Normalità;
- Omoschedasticità.

Elementi che violano le assunzioni, sono:

- Skewness (vedi boxplot gruppo specifici asimmetrici).
- Eteroschedasticità (vedi diverse dimensioni dei boxplot gruppo specifici).

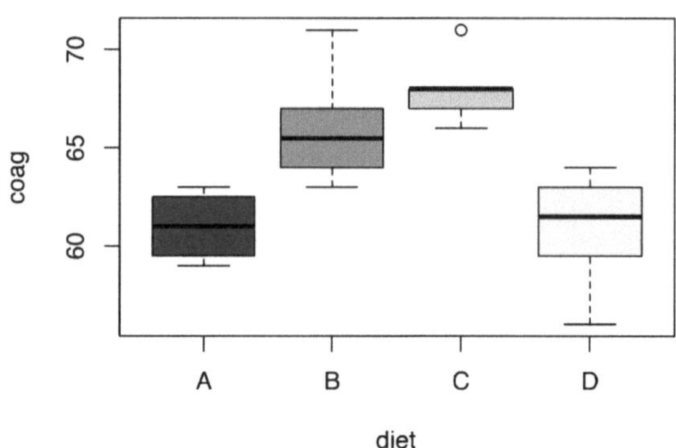

Fig. 11.7 Boxplot del tempo di coagulazione a seconda del tipo di dieta

> **Osservazione**
>
> Le analisi grafiche hanno uno scopo puramente esplorativo, specialmente quando trattiamo dataset di dimensioni ridotte (come `coagulation`). Infatti, anche nel caso di varianze omogenee fra i gruppi, possiamo aspettarci variabilità fra i gruppi. Disegniamo i boxplot gruppo-specifici in Fig. 11.7.

```
plot( coag ~ diet, data = coagulation, col = grey.colors(4) )
```

Pare che le ipotesi siano rispettate. Riscontriamo skewness solo nel gruppo C, dove però sono registrate solo 4 osservazioni, di cui una è decisamente distante dalle altre.

```
table( coagulation$diet )
##
## A B C D
## 4 6 6 8

coagulation$coag[ coagulation$diet == 'C' ]
## [1] 68 66 71 67 68 68
unique( coagulation$coag[ coagulation$diet == 'C' ] )
## [1] 68 66 71 67
```

Le osservazioni della coagulazione nel gruppo C sono tutte molto vicine. Analizziamo ora il modello ANOVA.

```
mod = lm( coag ~ diet, coagulation )
summary( mod )
##
## Call:
## lm(formula = coag ~ diet, data = coagulation)
##
```

```
## Residuals:
##    Min      1Q Median     3Q     Max
##  -5.00   -1.25   0.00   1.25    5.00
##
## Coefficients:
##               Estimate Std. Error t value Pr(>|t|)
## (Intercept) 6.100e+01  1.183e+00  51.554  < 2e-16 ***
## dietB       5.000e+00  1.528e+00   3.273 0.003803 **
## dietC       7.000e+00  1.528e+00   4.583 0.000181 ***
## dietD       2.991e-15  1.449e+00   0.000 1.000000
## ---
##Signif. codes:0 '***' 0.001 '**' 0.01 '*' 0.05 '.' 0.1 ' '1
##
## Residual standard error: 2.366 on 20 degrees of freedom
## Multiple R-squared:  0.6706, Adjusted R-squared:  0.6212
## F-statistic: 13.57 on 3 and 20 DF,  p-value: 4.658e-05
```

Vediamo la matrice disegno utilizzata da R.

```
dim( model.matrix( mod ) )
## [1] 24   4
model.matrix( mod )[1:5, ]   #n x g
##   (Intercept) dietB dietC dietD
## 1           1     0     0     0
## 2           1     0     0     0
## 3           1     0     0     0
## 4           1     0     0     0
## 5           1     1     0     0
```

Viene preso come gruppo di riferimento (o di baseline), il gruppo 'A' (primo secondo l'ordine alfanumerico). Gli effetti devono essere interpretati come differenze rispetto al gruppo di baseline. Possiamo leggere l'output del modello nel seguente modo:

- Group A: mean = 61.
- Group B: mean = 61+5.
- Group C: mean = 61+7.
- Group D: mean = 61+0.

Grazie alla statistica F del modello analizzato, possiamo concludere che è presente un effetto della dieta sulla coagulazione.

Proviamo ora a fittare lo stesso modello, eliminando l'intercetta e vediamo come cambiano le seguenti quantità: matrice disegno, stime dei β e p-value del test F.

```
mod_i = lm( coag ~ diet - 1, coagulation )

summary( mod_i )
##
```

```
## Call:
## lm(formula = coag ~ diet - 1, data = coagulation)
##
## Residuals:
##     Min      1Q Median      3Q     Max
##   -5.00   -1.25    0.00    1.25    5.00
##
## Coefficients:
##         Estimate Std. Error t value Pr(>|t|)
## dietA   61.0000      1.1832   51.55   <2e-16 ***
## dietB   66.0000      0.9661   68.32   <2e-16 ***
## dietC   68.0000      0.9661   70.39   <2e-16 ***
## dietD   61.0000      0.8367   72.91   <2e-16 ***
## ---
##Signif. codes:0 '***' 0.001 '**' 0.01 '*' 0.05 '.' 0.1 ' '1
##
## Residual standard error: 2.366 on 20 degrees of freedom
## Multiple R-squared:  0.9989, Adjusted R-squared:  0.9986
## F-statistic:  4399 on 4 and 20 DF,  p-value: < 2.2e-16
```

```
model.matrix( mod_i )[1:5,]
##    dietA dietB dietC dietD
## 1     1     0     0     0
## 2     1     0     0     0
## 3     1     0     0     0
## 4     1     0     0     0
## 5     0     1     0     0
```

Possiamo osservare subito che la matrice disegno è ancora inveritibile, ma è cambiata. Questo porta ad una diversa interpretazione dei $\boldsymbol{\beta}$. Infatti ora abbiamo:

$$\beta_j = \tau + \mu_j, \quad j \in \{1, \ldots, g\};$$

cioè, possiamo leggere direttamente dall'output le medie dei tempi di coagulazione nei singoli gruppi.

Osservazione
Come evidenziato nel Capitolo 9, nei modelli senza intercetta R^2 perde di significato.

Procediamo quindi nella diagnostica del modello, ovvero nella verifica (quantitativa) delle ipotesi.

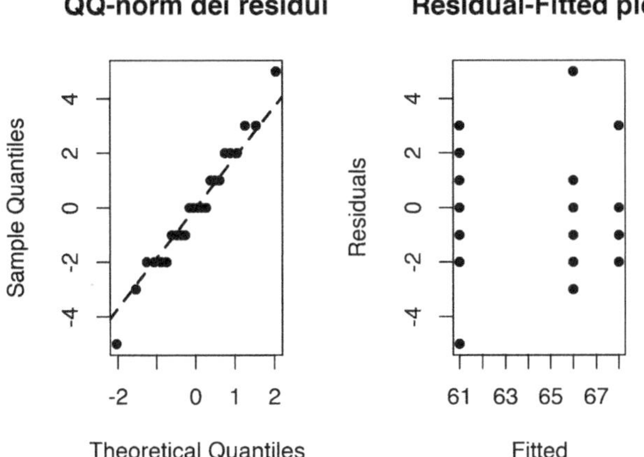

Fig. 11.8 QQ-norm dei residui del modello nel panel di sinistra. Rappresentazione dei residui vs i valori fittati dal modello nel panel di destra

```
par( mfrow = c(1,2) )

qqnorm(mod$res, pch=16, col='black',
       main='QQ-norm dei residui')
qqline( mod$res, lwd = 2, col = 1 ,lty = 2 )

shapiro.test( mod$res )
##
##   Shapiro-Wilk normality test
##
## data:  mod$res
## W = 0.97831, p-value = 0.8629

plot( mod$fit, mod$res, xlab = "Fitted", ylab = "Residuals",
      main = "Residual-Fitted plot", pch = 16 )
```

Dallo Shapiro test sui residui e dal grafico a sinistra in Fig. 11.8, concludiamo che l'ipotesi di normalità è rispettata.

```
bartlett.test( coagulation$coag, coagulation$diet )
##
##   Bartlett test of homogeneity of variances
##
## data:  coagulation$coag and coagulation$diet
## Bartlett's K-squared = 1.668, df = 3, p-value = 0.6441
leveneTest( coagulation$coag, coagulation$diet )
## Levene's Test for Homogeneity of Variance (center = median)
```

```
##          Df F value Pr(>F)
## group   3   0.6492 0.5926
##        20
```

Dal Bartlett test e dal grafico a destra in Fig. 11.8, possiamo ritenere valida l'ipotesi di omoschedasticità.

In entrambi i grafici di Fig. 11.8 riconosciamo pattern tipici di dati discreti (sia la variabile risposta che la variabile predittiva sono discrete). La variabile risposta è registrata in maniera discreta (probabilmente sono valori troncati), ma di per sé è una variabile continua, quindi non è sbagliato valutare un modello ANOVA.

11.7

Per rispondere al quesito è necessario impostare una two-way ANOVA. Per fare ciò, cerchiamo di avere un'intuizione grafica dell'effetto dei due fattori e della loro interazione sulla variabile di interesse (tempo di sopravvivenza). Verifichiamo le ipotesi di modello e valutiamo i risultati ottenuti.

Carichiamo i dati `rats`.

```
data( rats )

dim( rats )
## [1] 48   3

head( rats )
##    time poison treat
## 1 0.31      I     A
## 2 0.82      I     B
## 3 0.43      I     C
## 4 0.45      I     D
## 5 0.45      I     A
## 6 1.10      I     B
tail( rats )
##     time poison treat
## 43 0.24    III     C
## 44 0.31    III     D
## 45 0.23    III     A
## 46 0.29    III     B
## 47 0.22    III     C
## 48 0.33    III     D
names( rats )
## [1] "time"   "poison" "treat"
```

Visualizziamo i dati in Fig. 11.9 e in Fig. 11.10.

```
ggplot(rats, aes( x = treat, y = time, fill = treat ) ) +
  geom_boxplot() + scale_fill_grey() +
  scale_colour_grey() + theme_bw()
```

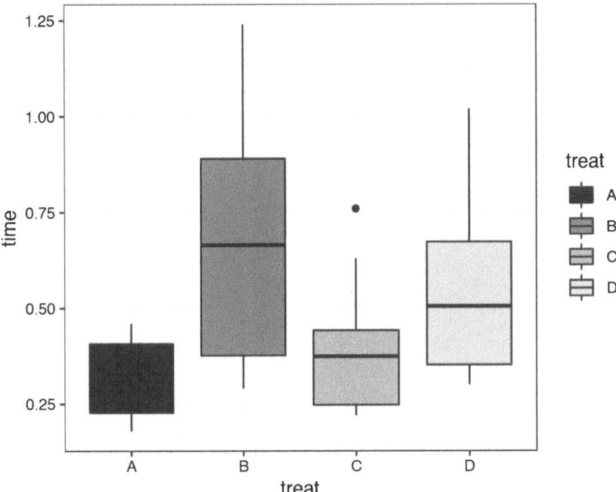

Fig. 11.9 Boxplot del tempo di sopravvivenza dei topi rispetto al tipo di trattamento ricevuto

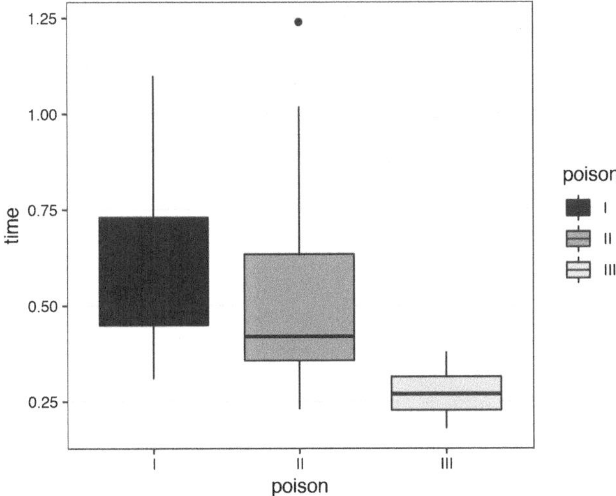

Fig. 11.10 Boxplot del tempo di sopravvivenza dei topi rispetto al tipo di veleno somministrato

```
ggplot(rats, aes( x = poison, y = time, fill = poison ) ) +
  geom_boxplot() + scale_fill_grey() +
  scale_colour_grey() + theme_bw()
```

Da questi primi grafici si può intuire un effetto sia del trattamento sia del veleno sul tempo alla sopravvivenza dei ratti. Non è certo se le ipotesi di omoschedasticità fra i gruppi sia rispettata, tuttavia bisogna eseguire test adeguati.

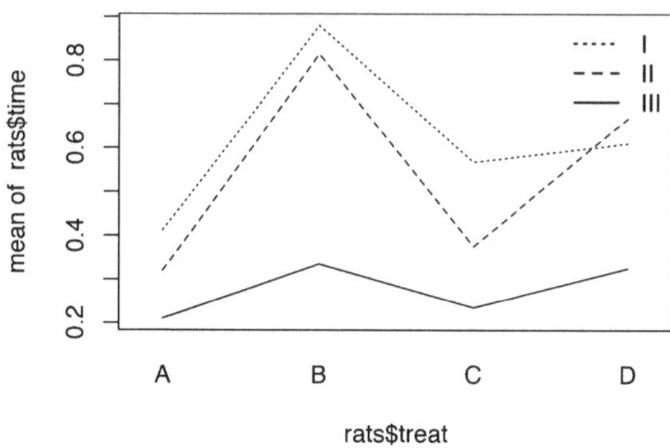

Fig. 11.11 Interaction plot per valutare l'interazione dei due fattori

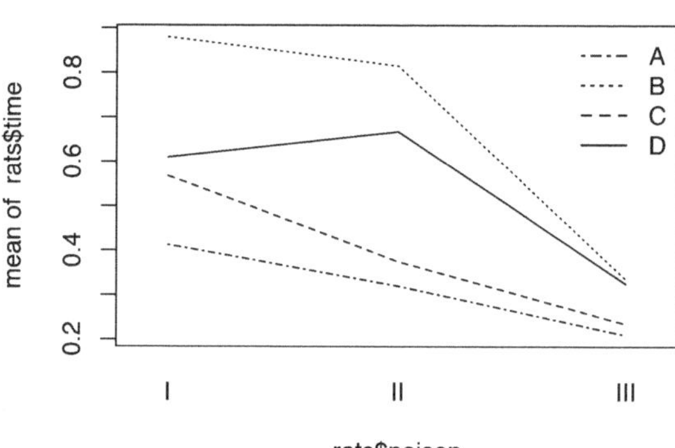

Fig. 11.12 Interaction plot per valutare l'interazione dei due fattori

Dato che siamo in presenza di due fattori, è necessario capire se è opportuno considerare nel modello anche l'interazione di questi. Uno strumento per investigare l'eventuale presenza di interazione fra i fattori è il comando `interaction.plot` in Fig. 11.11 e in Fig. 11.12.

```
help(interaction.plot)
interaction.plot( rats$treat, rats$poison, rats$time )

interaction.plot( rats$poison, rats$treat, rats$time )
```

Linee parallele suggeriscono l'assenza di un effetto di interazione fra i due fattori sulla variabile di interesse (tempo alla sopravvivenza dei ratti). Tuttavia, non è corretto escludere l'effetto dell'interazione dei due fattori solo tramite un'esplorazione grafica. Partiamo quindi dal *modello completo* (che contempla entrambi i fattori e la loro *interazione*).

Prima di applicare una two-way ANOVA, dobbiamo testare la validità delle ipotesi di:

- Normalità (in tutti i 12 gruppi).
- Omogeneità della varianza (fra i gruppi).

```
tapply( rats$time, rats$treat:rats$poison,
        function( x ) shapiro.test( x )$p )
##        A:I        A:II       A:III
## 0.07414486 0.84756406 0.57735490
##        B:I        B:II       B:III
## 0.69983383 0.70083721 0.17057001
##        C:I        C:II       C:III
## 0.40503490 0.92091109 0.97187706
##        D:I        D:II       D:III
## 0.42739119 0.90650963 0.68893644
```

Eseguendo il test di Shapiro, possiamo concludere che l'ipotesi di normalità sia rispettata in tutti i gruppi (anche se il primo gruppo, A-I, andrebbe ulteriormente investigato).

```
leveneTest( rats$time, rats$treat:rats$poison )
## Levene's Test for Homogeneity of Variance (center = median)
##        Df F value     Pr(>F)
## group 11  4.1323 0.0005833 ***
##        36
## ---
##Signif. codes:0 '***' 0.001 '**' 0.01 '*' 0.05 '.' 0.1 ' ' 1
bartlett.test( rats$time, rats$treat:rats$poison )
##
##  Bartlett test of homogeneity of variances
##
## data:  rats$time and rats$treat:rats$poison
## Bartlett's K-squared = 45.137, df = 11, p-value = 4.59e-06
```

L'ipotesi di omogeneità delle varianze è ampiamente violata (si osservi il p-value del test di Levene e del test di Bartlett).

Possiamo valutare una trasformazione delle variabili. Optiamo per una trasformazione di tipo Box-Cox, considerando il modello completo.

```
g = lm( time ~ poison * treat, rats )
#"*" gives the full model: linear effect AND interaction
#g = lm( time ~ poison + treat + poison : treat , rats )

b = boxcox( g, lambda = seq(-3,3,by=0.01), plotit = F )
best_lambda = b$x[ which.max( b$y ) ]
best_lambda
## [1] -0.82
```

Il comando `boxcox` restituisce anche il grafico in Fig. 11.13 (per ottenerlo è sufficiente porre `plotit = T`).

```
plot( b$x, b$y, xlab = expression(lambda),
      ylab = 'log-likelihood')
```

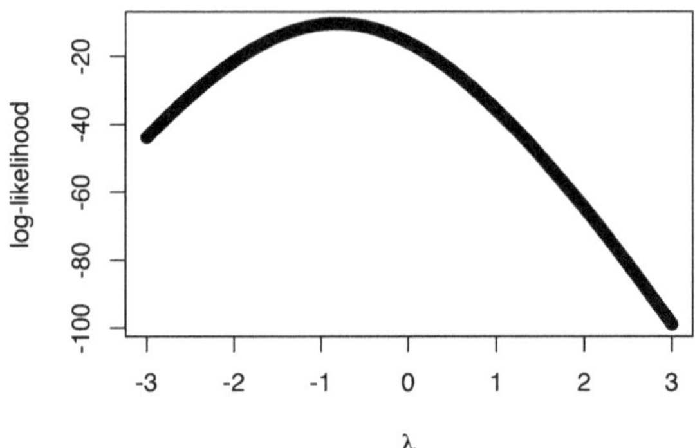

Fig. 11.13 Trasformazione di tipo Box-Cox: investigazione del λ ottimo

Da Fig. 11.13 deduciamo che il λ ottimo è -0.82, tuttavia, come già detto nel capitolo inerente alla regressione lineare, arrotondiamo λ in modo da garantire una maggiore interpretabilità. Optiamo quindi per $\lambda = -1$.

Ricontrolliamo quindi le ipotesi di modello.

```
tapply( (rats$time)^(-1), rats$treat:rats$poison,
        function( x ) shapiro.test( x )$p )
##         A:I        A:II       A:III
## 0.03115001 0.65891022 0.38884991
##         B:I        B:II       B:III
## 0.95061185 0.79724850 0.17554581
##         C:I        C:II       C:III
## 0.38264156 0.87818060 0.96578666
##         D:I        D:II       D:III
## 0.16801940 0.84342484 0.78353223

leveneTest( (rats$time)^(-1), rats$treat:rats$poison )
## Levene's Test for Homogeneity of Variance (center = median)
##       Df F value Pr(>F)
## group 11  1.1272 0.3698
##       36
bartlett.test( (rats$time)^(-1), rats$treat:rats$poison )
##
##  Bartlett test of homogeneity of variances
##
## data:  (rats$time)^(-1) and rats$treat:rats$poison
## Bartlett's K-squared = 9.8997, df = 11, p-value = 0.5394
```

Le ipotesi del modello sono rispettate, a parte la normalità del gruppo A-I. Possiamo utilizzare un modello two-way ANOVA, tenendo presente che in presenza di interazione le ipotesi non sono rispettate a pieno.

```
g1 = lm( 1/time ~ poison * treat, data = rats )
summary( g1 )
##
## Call:
## lm(formula = 1/time ~ poison * treat, data = rats)
##
## Residuals:
##      Min       1Q   Median       3Q      Max
## -0.76847 -0.29642 -0.06914  0.25458  1.07936
##
## Coefficients:
##                   Estimate Std. Error t value Pr(>|t|)
## (Intercept)        2.48688    0.24499  10.151 4.16e-12 ***
## poisonII           0.78159    0.34647   2.256 0.030252 *
## poisonIII          2.31580    0.34647   6.684 8.56e-08 ***
## treatB            -1.32342    0.34647  -3.820 0.000508 ***
## treatC            -0.62416    0.34647  -1.801 0.080010 .
## treatD            -0.79720    0.34647  -2.301 0.027297 *
## poisonII:treatB   -0.55166    0.48999  -1.126 0.267669
## poisonIII:treatB  -0.45030    0.48999  -0.919 0.364213
## poisonII:treatC    0.06961    0.48999   0.142 0.887826
## poisonIII:treatC   0.08646    0.48999   0.176 0.860928
## poisonII:treatD   -0.76974    0.48999  -1.571 0.124946
## poisonIII:treatD  -0.91368    0.48999  -1.865 0.070391 .
## ---
##Signif. codes:0 '***' 0.001 '**' 0.01 '*' 0.05 '.' 0.1 ' '1
##
## Residual standard error: 0.49 on 36 degrees of freedom
## Multiple R-squared:  0.8681, Adjusted R-squared:  0.8277
## F-statistic: 21.53 on 11 and 36 DF,  p-value: 1.289e-12
anova( g1 )
## Analysis of Variance Table
##
## Response: 1/time
##              Df Sum Sq Mean Sq F value    Pr(>F)
## poison        2 34.877 17.4386 72.6347 2.310e-13 ***
## treat         3 20.414  6.8048 28.3431 1.376e-09 ***
## poison:treat  6  1.571  0.2618  1.0904    0.3867
## Residuals    36  8.643  0.2401
## ---
##Signif. codes:0 '***' 0.001 '**' 0.01 '*' 0.05 '.' 0.1 ' '1
```

Dal modello emerge chiaramente che sia il tipo di veleno che il tipo di trattamento influenzano il tempo di sopravvivenza dei topi. Invece l'interazione dei due fattori non è rilevante.

Andiamo quindi ad esaminare il modello ridotto e a valutare nuovamente le ipotesi.

```
g1_red = lm( 1/time ~ poison + treat, data = rats )
summary( g1_red )
##
## Call:
## lm(formula = 1/time ~ poison + treat, data = rats)
##
## Residuals:
##       Min       1Q    Median        3Q       Max
## -0.82757 -0.37619   0.02116   0.27568   1.18153
##
## Coefficients:
##               Estimate Std. Error t value Pr(>|t|)
## (Intercept)     2.6977     0.1744  15.473  < 2e-16 ***
## poisonII        0.4686     0.1744   2.688  0.01026 *
## poisonIII       1.9964     0.1744  11.451 1.69e-14 ***
## treatB         -1.6574     0.2013  -8.233 2.66e-10 ***
## treatC         -0.5721     0.2013  -2.842  0.00689 **
## treatD         -1.3583     0.2013  -6.747 3.35e-08 ***
## ---
##Signif. codes:0 '***' 0.001 '**' 0.01 '*' 0.05 '.' 0.1 ' '1
##
## Residual standard error: 0.4931 on 42 degrees of freedom
## Multiple R-squared:  0.8441, Adjusted R-squared:  0.8255
## F-statistic: 45.47 on 5 and 42 DF,  p-value: 6.974e-16
anova( g1_red )
## Analysis of Variance Table
##
## Response: 1/time
##           Df Sum Sq Mean Sq F value    Pr(>F)
## poison     2 34.877 17.4386  71.708 2.865e-14 ***
## treat      3 20.414  6.8048  27.982 4.192e-10 ***
## Residuals 42 10.214  0.2432
## ---
##Signif. codes:0 '***' 0.001 '**' 0.01 '*' 0.05 '.' 0.1 ' '1
```

Valutiamo la normalità in tre modi:

- Valutazione grafica dei residui del modello ridotto (si veda Fig. 11.14).
- Shapiro test sui residui del modello ridotto.
- Shapiro test sulla variabile risposta.

```
#1)
qqnorm( g1_red$res/summary( g1_red )$sigma, pch = 16,
        main = 'QQ-norm of residuals' )
abline( 0, 1, lwd = 2, lty = 2, col = 1 )
```

Fig. 11.14 QQ-norm dei
residui standardizzati

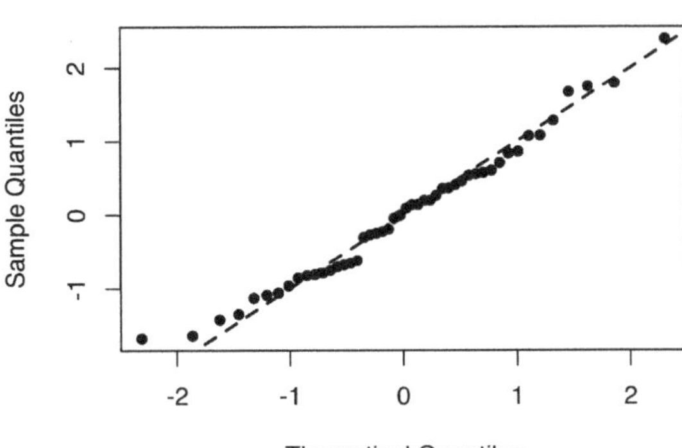


```
#2)
shapiro.test( g1_red$res )
##
##   Shapiro-Wilk normality test
##
## data:  g1_red$res
## W = 0.97918, p-value = 0.5451


#3)
tapply( 1/rats$time, rats$poison,
          function( x ) shapiro.test( x )$p )
##         I         II        III
## 0.1672488  0.8944364  0.3944087


tapply( 1/rats$time, rats$treat,
          function( x ) shapiro.test( x )$p )
##         A         B         C         D
## 0.2221106  0.1021497  0.3632241  0.2712347
```

In tutti e tre i modi giungiamo alla stessa conclusione.
Valutiamo infine l'omogeneità della varianza fra i gruppi.

```
leveneTest( 1/rats$time, rats$poison )
## Levene's Test for Homogeneity of Variance (center = median)
##       Df F value Pr(>F)
## group  2   1.715 0.1915
##       45
leveneTest( 1/rats$time, rats$treat )
## Levene's Test for Homogeneity of Variance (center = median)
##       Df F value Pr(>F)
```

```
## group   3    0.614 0.6096
##         44
```

```
bartlett.test( 1/rats$time, rats$poison )
##
##   Bartlett test of homogeneity of variances
##
## data:  1/rats$time and rats$poison
## Bartlett's K-squared = 3.1163, df = 2, p-value = 0.2105
bartlett.test( 1/rats$time, rats$treat )
##
##   Bartlett test of homogeneity of variances
##
## data:  1/rats$time and rats$treat
## Bartlett's K-squared = 1.5477, df = 3, p-value = 0.6713
```

I test di Levene e di Bartlett confermano l'ipotesi.

Quindi concludiamo che topi a cui vengono somministrati veleni o trattamenti diversi hanno tempi di sopravvivenza diversi.

Capitolo 12
Esercizi di riepilogo

12.1 Esercizi

Esercizio 12.1 Sia $X_1, \ldots, X_n$ un campione casuale di ampiezza n di legge gaussiana di media $\ln \theta$ e varianza 4, con θ un parametro incognito positivo.

(a) Posto $U_n = c_n \sum_{i=1}^{n} e^{X_i}$, determinare la costante c_n in modo che U_n sia stimatore non distorto di θ.
   Suggerimento: usare il fatto che, se $Y \sim N(m, \sigma^2)$ allora, per $t \in \mathbb{R}$, $\mathrm{E}\left[e^{tY}\right] = e^{tm + \frac{1}{2}t^2\sigma^2}$.

(b) Calcolare $\mathrm{Var}\left[U_n\right]$ per c_n determinato al punto precedente. Stabilire se lo stimatore U_n è consistente ed asintoticamente normale.

(c) Costruire un altro stimatore non distorto V_n di θ, partendo da quello ottenuto col metodo dei momenti. Stabilire se V_n è consistente e determinarne la legge asintotica.

(d) Stabilire quale tra i due stimatori U_n e V_n di θ è preferibile e motivare la scelta.

(e) Costruire sulla base di V_n un intervallo di confidenza asintotico di livello $1 - \alpha$ per θ.

Esercizio 12.2 Sia $X_1, \ldots, X_n$ un campione casuale da una distribuzione con legge:

$$f(x; \theta) = 4\frac{(x-1)^3}{(\theta-1)^4}\mathbb{I}_{(1,\theta)}(x);$$

dove θ è un parametro positivo incognito, $\theta > 1$.

(a) Determinare una statistica T sufficiente per θ.
(b) Utilizzando la definizione di completezza stabilire se T è completa per θ.
(c) Trovare l'UMVUE per θ.
(d) Costruire una quantità pivot Q per θ.
(e) Costruire l'intervallo di confidenza di livello $1 - \alpha$ basato su Q di lunghezza minima.

© Springer-Verlag Italia S.r.l., part of Springer Nature 2020

F. Gasperoni, F. Ieva, A.M. Paganoni, *Eserciziario di Statistica Inferenziale*, UNITEXT 120,
https://doi.org/10.1007/978-88-470-3995-7_12

Esercizio 12.3 Sia $X_1, \ldots, X_n$ un campione casuale d'ampiezza $n \geq 1$ in cui ciascuna variabile ha legge:

$$f(x; \theta) \;=\; \frac{\theta}{x^2} e^{-\frac{\theta}{x}} \mathbb{I}_{(0,+\infty)}(x);$$

dove θ è un parametro reale positivo $\theta > 0$.

(a) Si trovi W statistica sufficiente, minimale e completa per θ.

(b) Si costruisca lo stimatore di massima verosimiglianza $\hat{\theta}$ per θ.

(c) Si stabilisca se $\hat{\theta}$ è consistente per θ.

(d) Si costruisca l'UMVUE per θ.

Si consideri ora un campione di ampiezza $n = 1$.

(e) Si costruisca il test UMP di livello α per la verifica delle ipotesi:

$$H_0 : \; \theta = \theta_0 \qquad \text{vs} \qquad H_1 : \theta = \theta_1;$$

con $\theta_1 > \theta_0$.

(f) Si costruisca il test UMP di livello α per la verifica delle ipotesi:

$$H_0 : \; \theta = \theta_0 \qquad \text{vs} \qquad H_1 : \theta > \theta_0.$$

Esercizio 12.4 Sia $X_1, \ldots, X_n$ un campione casuale d'ampiezza $n \geq 1$ in cui ciascuna variabile ha legge:

$$f(x; \theta) \;=\; \frac{x}{K} \mathbb{I}_{\{1,2,\ldots,\theta\}}(x);$$

dove θ è un parametro *intero* tale che $\theta \geq 1$.

(a) Si calcoli la costante K in funzione di θ.

(b) Si costruisca lo stimatore dei momenti $\bar{\theta}$ per θ e stabilire se è consistente. Fornisce sempre stime ammissibili? *(Suggerimento: può essere utile ricordare che $\sum_{j=1}^{n} j^2 = n(n+1)(2n+1)/6$).*

(c) Si costruisca lo stimatore di massima verosimiglianza $\hat{\theta}$ per θ e stabilire se è consistente. Fornisce sempre stime ammissibili?

(d) Si costruisca la regione critica basata sul rapporto di verosimiglianza per il test di ipotesi:

$$H_0 : \; \theta \leq \theta_0 \qquad \text{vs} \qquad H_1 : \theta > \theta_0.$$

Esercizio 12.5 Sia $X_1, \ldots, X_n$ un campione casuale d'ampiezza $n \geq 1$ in cui ciascuna variabile ha legge

$$f(x; \theta) \;=\; \frac{2x}{\theta^2} \mathbb{I}_{(0,\theta)}(x);$$

di parametro $\theta > 0$.

(a) Si trovi una statistica T sufficiente e minimale per θ.
(b) Si calcoli lo stimatore dei momenti $\overline{\theta}$ per θ.
(c) Si calcoli l'errore quadratico medio di $\overline{\theta}$.
(d) Si consideri ora noto il valore del parametro $\theta = \theta_0$ e si fissi $n = 1$. Si costruisca il test UMP di livello $\alpha \in (0, 1)$ per il test d'ipotesi:

$$H_0 : \ X \sim f(x; \theta_0) \qquad \text{vs} \qquad H_1 : X \sim U(0, \theta_0).$$

(e) Si calcoli la potenza del test costruito al punto (d) e si stabilisca se il test è non distorto.

Esercizio 12.6 Sia $X_1, \dots, X_n$ un campione casuale da una distribuzione con la seguente densità di probabilità:

$$f(x; \theta) = 2 \frac{\theta^2}{x^3} \mathbb{I}_{(\theta, \infty)}(x), \qquad \theta > 0.$$

(a) Si calcoli lo stimatore di massima verosimiglianza $\widehat{\theta}$ per θ.
(b) Si calcoli la densità di probabilità di $\widehat{\theta}$.
(c) Si trovi la regione critica di livello $\alpha \in (0, 1)$ basata sul rapporto di verosimiglianza per il test d'ipotesi: $H_0 : \theta = \theta_0$ vs $H_1 : \theta \neq \theta_0$, $\theta_0 > 0$.
(d) Utilizzando la regione critica costruita al punto (c), trovare un intervallo di confidenza per θ di livello $(1 - \alpha)$.
(e) Utilizzando la quantità pivotale $Q = \widehat{\theta}/\theta$, trovare la costante $c > 0$ affinché l'intervallo di confidenza $(0, \widehat{\theta}c)$ per θ sia di livello $(1 - \alpha)$.

Esercizio 12.7 Sia $X_1, \dots, X_n$ un campione casuale da una distribuzione con legge:

$$f(x; \theta, b) = \frac{\theta x^{\theta-1}}{b^\theta} \mathbb{I}_{(0,b)}(x);$$

dove θ e b sono due parametri positivi incogniti, $\theta > 0$, $b > 0$.

(a) Trovare una statistica sufficiente e minimale per (θ, b).
(b) Si assuma che θ sia noto. Determinare lo stimatore $\hat{b}_{ML}$ di massima verosimiglianza per b.
(c) Determinare la legge di $\hat{b}_{ML}$ e studiarne la consistenza.
(d) Determinare una quantità pivotale Q per b.
(e) Determinare l'intervallo di confidenza di livello $1 - \alpha$ per b basato su Q di lunghezza minima.

Esercizio 12.8 Sia X una variabile aleatoria con densità

$$f(x; \theta) = \frac{\theta^k e^{kx} e^{-\theta e^x}}{\Gamma(k)} \mathbb{I}_{(-\infty, +\infty)}(x);$$

dove k è un parametro positivo *noto* e θ è un parametro positivo incognito, $\theta > 0$.

(a) Si dimostri che $W = \sum_{i=1}^{n} e^{X_i}$ è una statistica sufficiente, minimale e completa per θ.

(b) Si calcoli la legge di e^X.

(c) Si calcoli e si riconosca la legge di W.

(d) Si costruisca un test UMP di livello α per H_0: $\theta \le \theta_0$ vs H_1: $\theta > \theta_0$.

(e) Si costruisca una quantità pivotale per θ basandosi su W, e si ricavi un Intervallo di Confidenza di livello $1 - \alpha$ per θ.

Esercizio 12.9 Sia $X_1, \ldots, X_n$ un campione casuale da una distribuzione con legge:

$$f(x; \theta) = 2\theta x \exp\left\{-\theta x^2\right\} \mathbb{I}_{[0,+\infty)}(x);$$

dove θ è un parametro positivo incognito, $\theta > 0$.

(a) Calcolare la media di X_i.

(b) Determinare, mediante il metodo dei momenti, lo stimatore $\hat{\theta}_{MOM}$ per θ.

(c) Determinare una statistica T sufficiente minimale e completa per θ.

(d) Determinare la legge di T.

(e) Determinare lo stimatore $\hat{\theta}_{ML}$ di massima verosimiglianza per θ.

(f) Stabilire se $\hat{\theta}_{MOM}$ e $\hat{\theta}_{ML}$ sono consistenti per θ.

(g) Determinare la legge asintotica di $\hat{\theta}_{ML}$.

(h) Sapendo che $\mathrm{Var}(X_i) = \frac{0.21}{\theta}$ determinare, utilizzando il metodo delta 1.26, la legge asintotica di $\hat{\theta}_{MOM}$.

(i) Calcolare l'efficienza asintotica relativa di $\hat{\theta}_{ML}$ rispetto a $\hat{\theta}_{MOM}$, i.e. $\mathrm{ARE}(\hat{\theta}_{ML}; \hat{\theta}_{MOM})$.

Esercizio 12.10 Si consideri la seguente famiglia di funzioni definita per ogni $\theta \in \mathbb{R}$

$$f(x; \theta) = c\left(1 - (x - \theta)^2\right) \mathbb{I}_{[\theta, \theta+1]}(x).$$

(a) Si determini la costante c affinché la funzione $f_\theta(x)$ sia una densità di probabilità per ogni $\theta \in \mathbb{R}$.

Si consideri un campione X di ampiezza unitaria con distribuzione di probabilità $f(x; \theta)$ con c determinata al punto (a).

(b) Calcolare lo stimatore di $\hat{\theta}_{ML}$ di massima verosimiglianza per θ.

(c) Dimostrare che $Q = 1 - (\hat{\theta}_{ML} - \theta)^2$ è una quantità pivotale.

(d) Calcolare un intervallo di confidenza per θ basato sulla quantità pivotale Q, utilizzando i quantili di Q $a = 0.5$ e $b = 0.9$.

(e) Determinare il livello di confidenza $1 - \alpha$, dell'intervallo costruito al punto (d).

(f) Determinare la regione critica, di livello α calcolato al punto (e), del test H_0: $\theta = \theta_0$ vs H_1: $\theta \ne \theta_0$.

Esercizio 12.11 Sia $X_1, \ldots, X_n$ un campione casuale da una Gamma$(2, 1/\theta)$ con $\theta > 0$. Si ha quindi

$$f(x; \theta) = \theta^{-2} \, x \, \mathrm{e}^{-x/\theta} \mathbb{I}_{(0,+\infty)}(x).$$

(a) Determinate una statistica sufficiente e completa per θ.

(b) Determinate lo stimatore $\hat{\theta}_n$ di massima verosimiglianza per θ.

(c) Mostrate che $\hat{\theta}_n$ coincide con lo stimatore $\bar{\theta}_n$ ottenuto col metodo dei momenti.

(d) Qual è la legge di $\hat{\theta}_n$?

(e) $\hat{\theta}_n$ è distorto?

(f) $\hat{\theta}_n$ è UMVUE?

(g) Proponete un intervallo di confidenza per θ di livello 0.99.

12.2 Soluzioni

12.1

(a) Sia

$$U_n = c_n \sum_{i=1}^{n} \mathrm{e}^{X_i}.$$

Calcoliamo la media di U_n:

$$\mathbb{E}[U_n] = c_n \sum_{i=1}^{n} \mathbb{E}[\mathrm{e}^{X_i}] = c_n \sum_{i=1}^{n} \mathrm{e}^{\log(\theta)+2} = c_n n \mathrm{e}^2 \theta;$$

dove abbiamo sfruttato la seguente relazione:

$$\mathbb{E}\left[\mathrm{e}^{tY}\right] = \mathrm{e}^{tm + \frac{1}{2}t^2\sigma^2};$$

scegliendo $t = 1$, $m = \log(\theta)$ e $\sigma^2 = 4$. Questa relazione vale perché Y è v.a. gaussiana.

Imponendo $\mathbb{E}[U_n] = \theta$, si ricava: $c_n = \frac{1}{n\mathrm{e}^2}$.

(b)

$$\mathrm{Var}\,[U_n] = \frac{1}{n^2 \mathrm{e}^4} \sum_{i=1}^{n} \left(\mathbb{E}[\mathrm{e}^{2X_i}] - (\mathrm{e}^2 \theta)^2\right) =$$

$$= \frac{1}{n^2 \mathrm{e}^4} \sum_{i=1}^{n} \left(\mathrm{e}^{2\log\theta + \frac{1}{4}4\cdot4} - \mathrm{e}^4 \theta^2\right) =$$

$$= \frac{1}{n^2 \mathrm{e}^4} n \left(\theta^2 (\mathrm{e}^8 - \mathrm{e}^4)\right) = \frac{\theta^2}{n}(\mathrm{e}^4 - 1).$$

Quindi, dato che U_n è non distorto e $\mathrm{Var}(U_n) \to 0$, possiamo concludere che U_n è stimatore consistente (vedi Teorema 8.2).
Inoltre, per il TCL:

$$\sqrt{n}\,(U_n - \theta) \to N\left(0, \theta^2(\mathrm{e}^4 - 1)\right).$$

Quindi U_n è asintoticamente normale.

(c)
$$\mathbb{E}[X] = \log(\theta) \implies \hat{\theta}_{MOM} = \mathrm{e}^{\overline{X}_n}.$$

Dato che:

$$\overline{X}_n \sim N\left(\log(\theta), \frac{4}{n}\right);$$

allora:

$$\mathbb{E}[\hat{\theta}_{MOM}] = \mathbb{E}[\mathrm{e}^{X_n}] = \mathrm{e}^{\log\theta + \frac{1}{2}\frac{4}{n}} = \theta\,\mathrm{e}^{\frac{2}{n}}.$$

Quindi:

$$V_n = \mathrm{e}^{-\frac{2}{n}}\,\mathrm{e}^{\overline{X}_n}.$$

Dato che $\overline{X}_n \overset{q.c.}{\to} \log(\theta)$ si ha che $V_n \overset{q.c.}{\to} \theta$ e quindi è consistente.
Inoltre, dato che:

$$\sqrt{n}\left(\overline{X}_n - \log(\theta)\right) \overset{\mathcal{L}}{\to} N(0, 4);$$

utilizzando il metodo delta 1.26 con $g(x) = \mathrm{e}^x$ si ha che:

$$\sqrt{n}\left(\mathrm{e}^{\overline{X}_n} - \theta\right) \overset{\mathcal{L}}{\to} N(0, 4\theta^2).$$

Ora:

$$\sqrt{n}\,(V_n - \theta) = \sqrt{n}\underbrace{\left(V_n - \mathrm{e}^{\overline{X}_n}\right)}_{\substack{= \sqrt{n}\left(\mathrm{e}^{\overline{X}_n}\left(\mathrm{e}^{-\frac{2}{n}} - 1\right)\right) \\ \overset{q.c.}{\to} \theta}} + \underbrace{\sqrt{n}\left(\mathrm{e}^{\overline{X}_n} - \theta\right)}_{\overset{\mathcal{L}}{\to} N(0, 4\theta^2)}.$$

Quindi:

$$\sqrt{n}\,(V_n - \theta) \overset{\mathcal{L}}{\to} N(\theta, 4\theta^2).$$

(d) Dobbiamo confrontare $\theta^2(\mathrm{e}^4 - 1)$ con $4\theta^2$. Dato che $4 < (\mathrm{e}^4 - 1)$, preferiamo V_n.

(e) Utilizzando il Teorema di Slutsky 1.24, possiamo affermare che:

$$IC_{1-\alpha} = \left[V_n \pm \frac{2V_n}{\sqrt{n}} z_{1-\frac{\alpha}{2}}\right].$$

12.2

(a) Consideriamo la densità:

$$f(x;\theta) = 4\frac{(x-1)^3}{(\theta-1)^4}\mathbb{I}_{[1,\theta]}(x), \quad \theta > 1.$$

Dato che la legge congiunta è:

$$f(\boldsymbol{x};\theta) = \frac{4^n \prod_{i=1}^n (x_i - 1)^3}{(\theta-1)^{4n}}\mathbb{I}_{(0,\theta)}(X_{(n)});$$

si può concludere, grazie al Teorema 2.3, che la statistica $T = X_{(n)}$ è sufficiente per θ.

(b)

$$F_{X_{(n)}}(t) = (\mathbb{P}\{X_i \le t\})^n = \left[\int_1^t 4\frac{(x-1)^3}{(\theta-1)^4}\,\mathrm{d}x\right]^n =$$

$$= \left(\frac{t-1}{\theta-1}\right)^{4n} \qquad t \in [1,\theta];$$

da cui

$$f_{X_{(n)}}(t) = \frac{4n(t-1)^{4n-1}}{(\theta-1)^{4n}}\mathbb{I}_{[1,\theta]}(t).$$

Sfruttando la definizione di completezza, otteniamo:

$$0 = \mathbb{E}[g(T)] = \int_1^\theta 4n\frac{(t-1)^{4n-1}}{(\theta-1)^{4n}}g(t)\,\mathrm{d}t.$$

Questo vale $\forall\theta$ se e solo se $g(t) = 0$. Quindi T è statistica completa.

(c) Calcoliamo $\mathbb{E}[T]$:

$$\mathbb{E}[T] = \int_1^\theta t\frac{4n(t-1)^{4n-1}}{(\theta-1)^{4n}} = \frac{t(t-1)^{4n}}{(\theta-1)^{4n}}\Big|_1^\theta - \frac{1}{(\theta-1)^{4n}}\int_1^\theta (t-1)^{4n}\,\mathrm{d}t =$$

$$= \theta - \frac{\theta-1}{4n+1} = \frac{4n\theta+1}{4n+1};$$

quindi UMVUE sarà:

$$\frac{X_{(n)}(4n+1)-1}{4n}.$$

(d) Considerando:

$$Q = \frac{X_{(n)} - 1}{\theta - 1}.$$

$$F_Q(t) = \mathbb{P}\{X_{(n)} \le 1 + t(\theta - 1)\} = \left(\frac{1 + t(\theta - 1) - 1}{(\theta - 1)}\right)^{4n} = t^{4n} \quad t \in [0, 1].$$

Concludiamo che Q è una quantità pivot.

(e)

$$\mathbb{P}\{a \le Q \le b\} = b^{4n} - a^{4n} = 1 - \alpha.$$

Ora:

$$a \le \frac{X_{(n)} - 1}{\theta - 1} \le b \iff 1 + \frac{X_{(n)} - 1}{b} \le \theta \le 1 + \frac{X_{(n)} - 1}{a}.$$

Quindi la lunghezza, l, dell'IC è proporzionale a $\frac{1}{a} - \frac{1}{b}$.

$$\frac{\partial l}{\partial a} = -\frac{1}{a^2} - \frac{b'(a)}{b^2} = 0.$$

Inoltre, derivando il vincolo, si ha:

$$4n b^{4n-1} b'(a) - 4n a^{n-1} = 0.$$

Quindi $b'(a) = \left(\frac{a}{b}\right)^{4n-1}$, da cui:

$$\frac{\partial l}{\partial a} = -\frac{1}{a^2} + \frac{1}{b^2}\left(\frac{a}{b}\right)^{4n-1} = \frac{a^{4n+1} - b^{4n+1}}{a^2 b^{4n+1}} < 0.$$

La lunghezza minima si ha per a massimo cioè $b = 1$. Per cui: $1 - a^{4n} = 1 - \alpha \implies a = \sqrt[4n]{\alpha}$.

$$IC = \left[X_{(n)}; 1 + \frac{X_{(n)} - 1}{\sqrt[4n]{\alpha}}\right].$$

12.3

(a) Dato che:

$$f(x; \theta) = \frac{\theta}{x^2} e^{-\frac{\theta}{x}} \mathbb{I}_{[0, +\infty)}(x)$$

appartiene alla famiglia esponenziale,

$$T(X) = \sum_{i=1}^{n} \frac{1}{X_i}$$

è statistica sufficiente per θ. Inoltre, dato che:

$$w(\theta) = -\theta : \mathbb{R}^+ \to \mathbb{R}^-$$

e $\mathbb{R}^-$ contiene un aperto di $\mathbb{R}$, possiamo concludere che $T(X)$ è statistica sufficiente e completa per θ. Di conseguenza anche minimale.

(b)
$$L(\theta; \boldsymbol{x}) = \frac{\theta^n}{\prod_{i=1}^n x_i^2} e^{-\theta \sum \frac{1}{x_i}} \prod_{i=1}^n \mathbb{I}_{[0,+\infty)}(x_i).$$

$$l(\theta; \boldsymbol{x}) \propto n \log(\theta) - \theta \sum \frac{1}{x_i}.$$

$$\frac{\partial l(\theta; \boldsymbol{x})}{\partial \theta} \geq 0 \iff \frac{n}{\theta} \geq \sum \frac{1}{x_i} \iff \theta \leq \frac{n}{\sum \frac{1}{x_i}}.$$

Per cui:

$$\hat{\theta}_{MLE} = \frac{n}{\sum \frac{1}{X_i}}.$$

(c) Sia $Y = \frac{1}{X}$, $f_Y(y) = \theta y^2 e^{-\theta y} \frac{1}{y^2} \sim \mathcal{E}(\theta)$. Quindi:

$$\frac{\sum \frac{1}{x_i}}{n} \overset{q.c.}{\to} \frac{1}{\theta} \implies \hat{\theta}_{MLE} \overset{q.c.}{\to} \theta.$$

$\hat{\theta}_{MLE}$ è stimatore consistente.

(d) $\mathbb{E}[\hat{\theta}_{MLE}]$ risulta essere pari a $\frac{n}{n-1}\theta$ (si sfruttino le proprietà della distribuzione gamma). Allora $\frac{n-1}{n}\hat{\theta}_{MLE}$ è UMVUE, in quanto stimatore non distorto di θ, funzione di statistica sufficiente e minimale.

(e) Consideriamo il test:

$$H_0 : \theta = \theta_0 \qquad \text{vs} \qquad H_1 : \theta = \theta_1;$$

con $\theta_1 > \theta_0$. Per costruire la regione di rifiuto del test, applichiamo il Teorema N-P 6.2.

$$R = \left\{ \theta_1 e^{-\frac{\theta_1}{x}} \frac{1}{x^2} > k \theta_0 e^{-\frac{\theta_0}{x}} \frac{1}{x^2} \right\} =$$

$$= \left\{ e^{-\frac{1}{x}(\theta_1 - \theta_0)} > k \frac{\theta_0}{\theta_1} \right\} =$$

$$= \{ x > h \}.$$

L'ultima uguaglianza è giustificata dal fatto che $e^{-\frac{1}{x}(\theta_1 - \theta_0)}$ è crescente in x. Quindi, imponendo:

$$\alpha = \mathbb{P}_{\theta_0}\{X > h\} = \int_h^{+\infty} \frac{\theta_0}{x^2} e^{-\frac{\theta_0}{x}} \, dx = -e^{-\frac{\theta_0}{x}} \Big|_h^{+\infty} = 1 - e^{-\frac{\theta_0}{h}};$$

si ha che:

$$h = -\frac{\theta_0}{\log(1-\alpha)}.$$

Quindi la regione di rifiuto risulta:

$$R = \left\{ x > -\frac{\theta_0}{\log(1-\alpha)} \right\}.$$

(f) Dal punto precedente possiamo osservare che la regione di rifiuto non dipende da θ_1, quindi la regione di rifiuto per il test al punto (f), coincide con quella calcolata al punto (e).

12.4

(a) Imponiamo che:

$$1 = \sum_{x=1}^{\theta} \frac{x}{k} = \frac{1}{k} \sum_{x=1}^{\theta} x = \frac{1}{k} \frac{\theta(\theta+1)}{2}.$$

Quindi $k = \frac{\theta(\theta+1)}{2}$.

(b)

$$\mathbb{E}[X] = \frac{2}{\theta(\theta+1)} \sum_{x=1}^{\theta} x^2 = \frac{2}{\theta(\theta+1)} \frac{\theta(\theta+1)(2\theta+1)}{6} = \frac{2\theta+1}{3}.$$

Quindi:

$$\overline{X}_n = \frac{2\hat{\theta}_{MOM}+1}{3} \implies \hat{\theta}_{MOM} = \frac{3\overline{X}_n - 1}{2}.$$

Inoltre:

$$\overline{X}_n \overset{q.c.}{\to} \frac{2\theta+1}{3}.$$

Quindi $\hat{\theta}_{MOM}$ è stimatore consistente e le stime sono sempre attendibili dato che $\theta \in \mathbb{N}$.

(c)

$$L(\theta; \boldsymbol{x}) = \frac{2^n}{\theta^n(\theta+1)^n} \prod_{i=1}^{n} x_i \prod_{i=1}^{n} \mathbb{I}_{\{1,\ldots,\theta\}}(x_i) =$$

$$= \frac{2^n}{\theta^n(\theta+1)^n} \prod_{i=1}^{n} x_i \, \mathbb{I}_{\{X_{(n)},+\infty\}}(\theta).$$

La likelihood è decrescente in θ, quindi:

$$\hat{\theta}_{MLE} = X_{(n)}.$$

Valutiamo ora la consistenza dello stimatore.

$$F_{X_{(n)}}(t) = (F_{X_i}(t))^n = \left(\sum_{i=1}^{n} \frac{2i}{\theta(\theta+1)} \right)^n - \left(\frac{t(t+1)}{\theta(\theta+1)} \right)^n.$$

Quindi $F_{X_{(n)}}$ è costante a tratti e:

$$F_{X_{(n)}}(t) \to \delta_\theta(t) \implies X_{(n)} \overset{q.c.}{\to} \theta.$$

I valori di $X_{(n)}$ sono sempre ammissibili.

(d) Consideriamo il seguente test:

$$H_0 : \theta \leq \theta_0 \qquad \text{vs} \qquad H_1 : \theta > \theta_0.$$

Individuiamo la regione di rifiuto del test tramite LRT:

$$\lambda(x) = \frac{\sup_{\theta \leq \theta_0} L(\theta; x)}{L(\hat{\theta}_{MLE}; x)}.$$

$$\sup_{\theta \leq \theta_0} L(\theta; x) \Bigg|_{\theta \leq \theta_0} = \begin{cases} X_{(n)} & \text{se } X_{(n)} \leq \theta_0; \\ 0 & \text{se } X_{(n)} > \theta_0. \end{cases}$$

Quindi:

$$\lambda(x) = \begin{cases} 1 & \text{se } X_{(n)} \leq \theta_0; \\ 0 & \text{se } X_{(n)} > \theta_0. \end{cases}$$

Allora la regione di rifiuto risulta:

$$R = \left\{ X_{(n)} > \theta_0 \right\}.$$

12.5

(a)

$$f(x; \theta) = \frac{2^n}{\theta^{2n}} \prod_{i=1}^{n} x_i \, \mathbb{I}_{(0,\theta)}(x_{(n)}).$$

Quindi $X_{(n)}$ è statistica sufficiente e, utilizzando il Teorema di L-S 2.6, concludiamo che $X_{(n)}$ è statistica sufficiente minimale.

(b)

$$\mathbb{E}[X] = \int_0^\theta \frac{2x^2}{\theta^2}\, dx = \frac{2}{\theta^2} \left.\frac{x^3}{3}\right|_0^\theta = \frac{2}{3}\theta.$$

Quindi $\hat{\theta}_{MOM} = \frac{3}{2}\overline{X}_n$.

(c)

$$\mathrm{Var}(\hat{\theta}_{MOM}) = \frac{9}{4}\,\mathrm{Var}(\overline{X}_n) = \frac{9}{4n}\,\mathrm{Var}(X_i) =$$

$$= \frac{9}{4n}\left(\int_0^\theta \frac{2x^3}{\theta^2}\,dx - \left(\frac{2}{3}\theta\right)^2\right) =$$

$$= \frac{9}{4n}\left(\frac{2}{\theta^2}\frac{\theta^4}{4} - \frac{4}{9}\theta^2\right) = \frac{9}{4n}\left(\frac{\theta^2}{2} - \frac{4}{9}\theta^2\right) =$$

$$= \frac{9}{4n}\left(\frac{9\theta^2 - 8\theta^2}{18}\right) = \frac{\theta^2}{8n}.$$

Quindi:

$$MSE(\hat{\theta}_{MOM}) = \frac{\theta^2}{8n}.$$

(d) Consideriamo il test:

$$H_0:\ X \sim f(x;\theta_0) \qquad \text{vs} \qquad H_1: X \sim U(0,\theta_0).$$

Applicando il Teorema N-P 6.2:

$$R = \left\{\frac{1}{\theta_0}\mathbb{I}_{(0,\theta_0)}(x) > k\frac{2x}{\theta_0^2}\mathbb{I}_{(0,\theta_0)}(x)\right\} \iff \left\{x < \tilde{k}\right\}.$$

Imponendo:

$$\alpha = \mathbb{P}_{H_0}(X \in R) = \int_0^{\tilde{k}} \frac{2x}{\theta_0^2}\,dx = \frac{\tilde{k}^2}{\theta_0^2},$$

otteniamo $\tilde{k} = \theta\sqrt{\alpha}$.

(e) La potenza del test è data da:

$$\mathbb{P}_{H_1}\left\{X < \sqrt{\alpha}\,\theta_0\right\} = \sqrt{\alpha}.$$

Dato che: $\sqrt{\alpha} > \alpha$, concludiamo che il test è non distorto.

12.6

(a)
$$L(\theta; \boldsymbol{x}) = \frac{2^n \theta^{2n}}{\prod_{i=1}^n x_i^3} \, \mathbb{I}_{(0, x_{(1)})}(\theta).$$

Per cui:

$$\hat{\theta}_{MLE} = X_{(1)}.$$

(b)
$$F_{X_{(1)}}(t) = \mathbb{P}\left\{X_{(1)} \leq t\right\} = 1 - \mathbb{P}\left\{X_{(1)} > t\right\} = 1 - \left(\mathbb{P}\left\{X_i > t\right\}\right)^n.$$

$$\mathbb{P}\left\{X_i > t\right\} = \int_t^{+\infty} \frac{2\theta^2}{x^3}\, \mathrm{d}x = \begin{cases} 1, & t \leq \theta; \\ \left(\frac{\theta}{t}\right)^2, & t > \theta. \end{cases}$$

Da cui:

$$F_{X_{(1)}}(t) = \begin{cases} 0, & t \leq \theta; \\ 1 - \left(\frac{\theta}{t}\right)^{2n}, & t > \theta. \end{cases}$$

$$f_{X_{(1)}}(t) = \frac{2n\theta^{2n}}{t^{2n+1}}\, \mathbb{I}_{(\theta, +\infty)}(t).$$

(c) Consideriamo il test:

$$H_0 : \theta = \theta_0 \qquad \text{vs} \qquad H_1 : \theta \neq \theta_0, \quad \theta_0 > 0.$$

Costruiamo il LRT:

$$\lambda(\boldsymbol{x}) = \frac{2^n \theta_0^{2n}}{\prod x_i^3} \, \mathbb{I}_{(0, x_{(1)})}(\theta_0) \cdot \frac{\prod x_i^3}{2^n x_{(1)}^{2n} \, \mathbb{I}_{(0, x_{(1)})}(x_{(1)})} =$$

$$= \left(\frac{\theta_0}{x_{(1)}}\right)^{2n} \mathbb{I}_{(\theta_0, +\infty)}(x_{(1)});$$

da cui:

$$R = \left\{\lambda(\boldsymbol{x}) \leq c\right\} \iff \left\{X_{(1)} \leq \theta_0\right\} \cup \left\{X_{(1)} \geq k\right\}.$$

Imponiamo:

$$\alpha = \mathbb{P}_{\theta_0}\{X \in R\} = \mathbb{P}\{X_{(1)} \leq \theta_0\} + \mathbb{P}_{\theta_0}\{X_{(1)} \geq k\} = \left(\frac{\theta_0}{k}\right)^{2n};$$

da cui $k = \dfrac{\theta_0}{\sqrt[2n]{\alpha}}$.

La regione di rifiuto risulta quindi:

$$R = \left\{X_{(1)} \geq \frac{\theta_0}{\sqrt[2n]{\alpha}}\right\}.$$

(d) Osserviamo che:

$$R^C = \left\{ \theta_0 \le X_{(1)} \le \frac{\theta_0}{\sqrt[2n]{\alpha}} \right\};$$

da cui:

$$IC_{(1-\alpha)}(\theta) = \left\{ X_{(1)} \sqrt[2n]{\alpha} \le \theta \le X_{(1)} \right\}$$

è IC di livello $1 - \alpha$.

(e) Sia $Q = \frac{X_{(1)}}{\theta}$:

$$F_Q(t) = \mathbb{P}\{X_{(1)} \le t\} = \begin{cases} 0 & t \le 1; \\ 1 - \left(\frac{1}{t}\right)^{2n} & t > 1. \end{cases}$$

Sia:

$$IC = [0; cX_{(1)}] \implies (1-\alpha) = \inf_{\theta \ge 0} \mathbb{P}_\theta(\theta \le cX_{(1)}) = \inf_{\theta \ge 0}\left(Q \ge \frac{1}{c} \right) = c^{2n}.$$

Imponiamo il livello di confidenza pari ad $1 - \alpha$, cioè $c^{2n} = 1 - \alpha \implies c = \sqrt[2n]{1 - \alpha}$.

Concludiamo che:

$$IC_{1-\alpha}(\theta) = \left[0;\ \sqrt[2n]{1-\alpha}\, X_{(1)} \right].$$

12.7

(a)
$$f(\boldsymbol{x}; \theta, b) = \frac{\theta^n}{b^{n\theta}} \left(\prod x_i^{\theta-1} \right) \mathbb{I}_{(0,b)}(X_{(n)});$$

per cui, sfruttando il Teorema di L-S 2.6, concludiamo che $\left(X_{(n)}; \prod X_i \right)$ è statistica sufficiente e minimale per (b, θ).

(b) Sia θ sia noto.

$$L(b; \boldsymbol{x}, \theta) = \frac{\theta^n}{b^{n\theta}} \left(\prod x_i^{\theta-1} \right) \mathbb{I}_{(X_{(b)}, +\infty)}(b)$$

è decrescente in b, per cui:

$$\hat{b}_{MLE} = X_{(n)}.$$

(c)
$$F_{X_{(n)}}(t) = (F_{X_i}(t))^n = \begin{cases} 0 & t \in (-\infty; 0); \\ \left(\frac{t}{b}\right)^{n\theta} & t \in [0; b]; \\ 1 & t \in (b; +\infty). \end{cases}$$

Quindi $X_{(n)} \xrightarrow{\mathcal{L}} b$ ed è consistente per b.

(d) Sia $Q = \frac{X_{(n)}}{b}$, allora:

$$\mathbb{P}\{Q \le t\} = t^{n\theta}.$$

Quindi Q è quantità pivotale.

(e) IC per b:

$$IC(b) = \left[a \le \frac{X_n}{b} \le c \right] \implies \left[\frac{X_{(n)}}{c} ; \frac{X_{(n)}}{a} \right];$$

con vincolo: $1 - \alpha = c^{n\theta} - a^{n\theta}$.
La lunghezza dell'intervallo è proporzionale a $\left(\frac{1}{a} - \frac{1}{c} \right)$.
Consideriamo $c = c(a)$. Derivando il vincolo otteniamo:

$$0 = n\theta c^{n\theta-1} c'(a) - n\theta a^{n\theta-1};$$

da cui $c'(a) = \left(\frac{a}{c} \right)^{n\theta-1}$.
Deriviamo la lunghezza dell'intervallo in funzione di a:

$$\frac{\partial l}{\partial a} = -\frac{1}{a^2} + \frac{c'(a)}{c^2} = \frac{a^{n\theta+1} - c^{n\theta+1}}{a^2 c^{n\theta+1}} < 0.$$

Allora la lunghezza minima si ha per $c = 1$, da cui:

$$1 - \alpha = 1 - a^{n\theta} \implies a = \alpha^{1/(n\theta)}.$$

Concludiamo che:

$$IC_{(1-\alpha)} = \left[X_{(n)} ; \frac{X_{(n)}}{\alpha^{1/(n\theta)}} \right].$$

12.8

(a) La densità di X:

$$f(x; \theta) = \frac{\theta^k e^{kx} e^{-\theta e^x}}{\Gamma(k)} \mathbb{I}_{\mathbb{R}}(x)$$

appartiene alla famiglia esponenziale. Allora: $W(X) = \sum_{i=1}^{n} e^{X_i}$ è statistica sufficiente. Inoltre:

$$w(\theta) = -\theta : \mathbb{R}^+ \to \mathbb{R}^-$$

ed $\mathbb{R}^-$ contiene un aperto di $\mathbb{R}$. Per cui, $W(X)$ è statistica sufficiente, completa e minimale per θ.

(b) $Y = e^X$, $X = \log Y$.

$$f_Y(y) = \frac{\theta^k e^{k \log y} e^{-\theta \log y}}{\Gamma(k)} \frac{1}{y} = \frac{\theta^k y^{k-1} e^{-\theta y}}{\Gamma(k)} \sim Gamma(k, \theta).$$

(c) $W \sim Gamma(nk, \theta)$.

(d) Sia $\theta_2 > \theta_1$:

$$\frac{\theta_2^{nk} y^{nk-1} e^{-\theta_2 y}}{\theta_1^{nk} y^{nk-1} e^{-\theta_1 y}} = \left(\frac{\theta_2}{\theta_1}\right)^{nk} e^{-(\theta_2-\theta_1)y};$$

che è decrescente in y. Quindi $-\sum e^{X_i}$ ha MLR crescente in y. Allora:

$$R = \left\{\sum e^{x_i} < t_0\right\} \qquad \text{con} \qquad t_0 = \gamma_\alpha(nk, \theta_0).$$

(e) Sappiamo che:

$$\theta W \sim Gamma(nk, 1).$$

$$2\theta W \sim Gamma\left(\frac{2nk}{2}, \frac{1}{2}\right) \stackrel{d}{=} \chi^2(2nk).$$

Per cui:

$$IC_{(1-\alpha)}(\theta) = \left[\frac{\chi^2_{\frac{\alpha}{2}}(2nk)}{2W}; \frac{\chi^2_{1-\frac{\alpha}{2}}(2nk)}{2W}\right].$$

12.9

(a)

$$\mathbb{E}[X] = 2\theta \int_0^{+\infty} x^2 \exp\{-\theta x^2\}\, dx =$$

$$= \theta \int_{-\infty}^{+\infty} x^2 \exp\left\{-\frac{1}{2} 2\theta x^2\right\} dx =$$

$$= \theta \frac{\sqrt{2\pi}}{\sqrt{2\theta}} \frac{\sqrt{2\theta}}{\sqrt{2\pi}} \int_{-\infty}^{+\infty} x^2 \exp\left\{-\frac{1}{2} 2\theta x^2\right\} dx = \qquad \left[\text{legge } N\left(0, \frac{1}{2\theta}\right)\right]$$

$$= \theta \sqrt{\frac{\pi}{\theta}} \frac{1}{2\theta} = \frac{1}{2} \frac{\sqrt{\pi}}{\sqrt{\theta}}.$$

(b)

$$\overline{X}_n = \frac{\sqrt{\pi}}{2\sqrt{\theta}} \iff \hat{\theta}_{MOM} = \frac{1}{4} \frac{\pi}{\overline{X}_n^2}.$$

(c) Sfruttando le proprietà della famiglia esponenziale si ha che: $T(X) = \sum X_i^2$ è
statistica sufficiente, minimale e completa per θ.

(d)

$$f_{X_i^2}(y) = 2\theta \sqrt{y} \exp\{-\theta y\} \frac{1}{2\sqrt{y}} = \theta \exp\{-\theta y\};$$

vale a dire che $X_i^2 \sim \mathcal{E}(\theta)$ e quindi $T \sim Gamma(n, \theta)$.

(e)

$$L(\theta; x) = 2^n \theta^n \prod x_i \exp\left\{-\theta \sum x_i^2\right\}.$$

$$l(\theta; x) \propto n \log \theta - \theta \sum x_i^2.$$

$$\frac{\partial l(\theta; x)}{\partial \theta} = \frac{n}{\theta} - \sum x_i^2.$$

Allora:

$$\hat{\theta}_{MLE} = \frac{n}{\sum X_i^2}.$$

(f) La LFGN ci garantisce che:

$$\hat{\theta}_{MOM} \overset{q.c.}{\to} \theta \qquad e \qquad \hat{\theta}_{MLE} \overset{q.c.}{\to} \theta.$$

Quindi entrambi gli stimatori sono consistenti.

(g)

$$I_n(\theta) = n I_1(\theta) = n \mathbb{E}\left[\left(\frac{\partial}{\partial \theta}(\log \theta - \theta X^2)\right)^2\right] = n \operatorname{Var}(X^2) = \frac{n}{\theta^2}.$$

Quindi:

$$\sqrt{n}\left(\hat{\theta}_{MLE} - \theta\right) \overset{\mathcal{L}}{\to} N(0, \theta^2).$$

(h) $\operatorname{Var}(X_i) = \frac{0.21}{\theta}$, quindi:

$$\sqrt{n}\left(\overline{X}_n - \frac{\sqrt{\pi}}{2\sqrt{\theta}}\right) \overset{\mathcal{L}}{\to} N\left(0, \frac{0.21}{\theta}\right).$$

Si consideri il metodo delta 1.26 con:

$$g(t) = \frac{\pi}{4}\frac{1}{t^2}.$$

$$g'(t) = -2\frac{\pi}{4}\frac{1}{t^3}.$$

$$g\left(\frac{\sqrt{\pi}}{2\sqrt{\theta}}\right) = \theta.$$

Per cui vale:

$$\sqrt{n}\left(\hat{\theta}_{MOM} - \theta\right) \xrightarrow{\mathcal{L}} N\left(0, \frac{0.21}{\theta} g'\left(\sqrt{\frac{\pi}{\theta}}\frac{1}{2}\right)^2\right);$$

dove:

$$g'\left(\frac{\sqrt{\pi}}{2\sqrt{\theta}}\right)^2 = \left(\frac{4}{\sqrt{\pi}}\theta\sqrt{\theta}\right)^2 = \frac{16}{\pi}\theta^3.$$

Quindi concludiamo che:

$$\sqrt{n}\left(\hat{\theta}_{MOM} - \theta\right) \xrightarrow{\mathcal{L}} N\left(0, \frac{0.21}{\pi}16\theta^2\right).$$

(i)
$$ARE(\hat{\theta}_{ML}; \hat{\theta}_{MOM}) = \frac{0.21 \cdot 16}{\pi} = 1.07$$

Quindi concludo che è meglio $\hat{\theta}_{MLE}$.

12.10

(a) Imponiamo che l'integrale della densità sia pari ad 1:

$$c\int_{\theta}^{\theta+1}(1-(x-\theta)^2)\,\mathrm{d}x = c\int_{\theta}^{\theta+1}\mathrm{d}x - c\int_{\theta}^{\theta+1}(x-\theta)^2\mathrm{d}x =$$

$$c - c\left.\frac{(x-\theta)^3}{3}\right|_{\theta}^{\theta+1} = c\frac{2}{3} = 1.$$

Concludiamo quindi che $c = 3/2$.

(b)
$$L(\theta; x) = \frac{3}{2}\left(1-(x-\theta)^2\right)\mathbb{I}_{(\theta,\theta+1)}(x) = \frac{3}{2}\left(1-(x-\theta)^2\right)\mathbb{I}_{(x-1,x)}(\theta).$$

che è funzione crescente in θ, quindi:

$$\hat{\theta}_{MLE} = X.$$

(c) Sia $Q = 1 - (X-\theta)^2$. Osserviamo che:

$$Q = 1-(X-\theta)^2 \iff (1-Q) = (X-\theta)^2 \iff X = \theta + \sqrt{1-Q}.$$

La densità di Q è:

$$f_Q(q) = \frac{3}{2}\left(1-\left(\theta + \sqrt{1-q} - \theta\right)^2\right)\frac{1}{2}\frac{1}{\sqrt{1-q}}\mathbb{I}_{(0,1)}(q) =$$

$$= \frac{3}{4}\frac{q}{\sqrt{1-q}}\mathbb{I}_{(0,1)}(q).$$

Quindi Q è una quantità pivotale per θ.

(d)

$$IC_{(1-\alpha)}(\theta) = [a \le Q \le b] =$$
$$= \left[a \le 1 - (X - \theta)^2 \le b\right] =$$
$$= \left[1 - b \le (X - \theta)^2 \le 1 - a\right] =$$
$$= \left[\sqrt{1-b} \le X - \theta \le \sqrt{1-a}\right] =$$
$$= \left[X - \sqrt{1-a} \le \theta \le X - \sqrt{1-b}\right].$$

(e) Per determinare il livello di confidenza dell'intervallo costruito al punto (d), devo calcolare:

$$\mathbb{P}\{0.5 \le Q \le 0.9\} = F_Q(0.9) - F_Q(0.5).$$

Nello specifico:

$$F_Q(t) = \mathbb{P}\left\{(1 - (X - \theta))^2 \le t\right\} =$$
$$= \mathbb{P}\left\{(X - \theta)^2 \ge 1 - t\right\} =$$
$$= \mathbb{P}\left\{X \ge \theta + \sqrt{1-t}\right\} =$$
$$= 1 - \mathbb{P}\left\{X < \theta + \sqrt{1-t}\right\} =$$
$$= 1 - \frac{3}{2} \int_{\theta}^{\theta + \sqrt{1-t}} (1 - (x - \theta)^2)\, dx =$$
$$= 1 - \frac{3}{2}\sqrt{1-t} + \frac{3}{2}\frac{(x - \theta)^3}{3}\bigg|_{\theta}^{\theta + \sqrt{1-t}} =$$
$$= 1 - \frac{3}{2}\sqrt{1-t} + \frac{1}{2}(1 - t)^{3/2}.$$

Quindi:

$$F_Q(0.9) - F_Q(0.5) = \frac{3}{2}(\sqrt{0.5} - \sqrt{0.1}) + \frac{1}{2}\left(0.1^{3/2} - 0.5^{3/2}\right) = 0.425.$$

(f) Consideriamo il test:

$$H_0 : \theta = \theta_0 \qquad \text{vs} \qquad H_1 : \theta \ne \theta_0.$$

La regione di rifiuto risulta:

$$R = \left\{X \le \theta_0 + \sqrt{0.1}\right\} \cup \left\{X \ge \theta_0 + \sqrt{0.5}\right\}.$$

12.11

(a)
$$f(\boldsymbol{x};\theta) = \prod_{i=1}^{n} x_i \theta^{-2n} \exp\left\{-\frac{1}{\theta}\sum x_i\right\} \mathbb{I}_{[0,+\infty)}(x_i).$$

La densità di $\boldsymbol{X}$ appartiene alla famiglia esponenziale, quindi $\sum X_i$ è statistica sufficiente.

Inoltre, dato che $w(\theta) = -\frac{1}{\theta} : (0,+\infty) \to (-\infty, 0)$ e $(-\infty, 0)$ contiene un aperto di $\mathbb{R}$, $\sum X_i$ è statistica sufficiente e completa.

(b)
$$l(\theta;\boldsymbol{x}) \propto -2n\log\theta - \frac{1}{\theta}\sum x_i.$$

$$\frac{\partial l}{\partial \theta} = -\frac{2n}{\theta} + \frac{\sum x_i}{\theta^2} \geq 0 \iff \frac{\sum x_i}{\theta^2} \geq \frac{2n}{\theta} \iff \theta \leq \frac{\overline{X}_n}{2}.$$

Quindi:

$$\hat{\theta}_n = \frac{\overline{X}_n}{2}.$$

(c)
$$\mathbb{E}[X] = 2\theta \quad \Rightarrow \quad \bar{\theta}_n = \frac{\overline{X}_n}{2}.$$

(d)
$$X_i \sim Gamma\left(2, \frac{1}{\theta}\right) \quad \Rightarrow \quad \sum X_i \sim Gamma\left(2n, \frac{1}{\theta}\right)$$

$$\Rightarrow \quad \frac{\overline{X}_n}{2} \sim Gamma\left(2n, \frac{2n}{\theta}\right).$$

(e)
$$\mathbb{E}[\hat{\theta}_n] = \theta.$$

$\hat{\theta}_n$ è stimatore non distorto.

(f) $\hat{\theta}_n$ è UMVUE perché non distorto e funzione di statistica sufficiente e completa per θ.

(g) $Q = \frac{\hat{\theta}_n}{\theta} \sim Gamma(2n, 2n)$ è quantità pivotale. Cerchiamo quindi a e b tali che:

$$\mathbb{P}\{a \leq Q \leq b\} = 0.99$$

Proponiamo quindi come IC di livello 0.99:

$$IC(0.99) = \left(\frac{\hat{\theta}_n}{b}, \frac{\hat{\theta}_n}{a}\right);$$

con $b = \gamma_{0.995}(2n, 2n)$ e $a = \gamma_{0.005}(2n, 2n)$.

Distribuzioni di probabilità

Distribuzioni continue

Distribuzione Normale:
$$X \sim N(\mu, \sigma^2), \quad \mu \in \mathbb{R}, \sigma \in \mathbb{R}^+.$$
$$f_X(x; \mu, \sigma^2) = \frac{1}{\sqrt{2\pi\sigma^2}} \exp\left\{-\frac{(x-\mu)^2}{2\sigma^2}\right\}.$$
$$\mathbb{E}[X] = \mu.$$
$$\text{Var}(X) = \sigma^2.$$

Distribuzione Uniforme:
$$X \sim U_{[a,b]}, \quad a, b \in \mathbb{R}, a < b.$$
$$f_X(x; a, b) = \frac{1}{b-a} \, \mathbb{I}_{[a,b]}(x).$$
$$\mathbb{E}[X] = \frac{b+a}{2}.$$
$$\text{Var}(X) = \frac{(b-a)^2}{12}.$$

Distribuzione Esponenziale:
$$X \sim \mathcal{E}(\lambda), \quad \lambda \in \mathbb{R}^+.$$
$$f_X(x; \lambda) = \lambda \exp\{-\lambda x\} \, \mathbb{I}_{[0,+\infty)}(x).$$
$$\mathbb{E}[X] = \frac{1}{\lambda}.$$
$$\text{Var}(X) = \frac{1}{\lambda^2}.$$

© Springer-Verlag Italia S.r.l., part of Springer Nature 2020
F. Gasperoni, F. Ieva, A.M. Paganoni, *Eserciziario di Statistica Inferenziale*, UNITEXT 120,
https://doi.org/10.1007/978-88-470-3995-7

Distribuzione Gamma:

$$X \sim Gamma(\alpha, \lambda), \quad \alpha, \lambda \in \mathbb{R}^+.$$

$$f_X(x; \alpha, \lambda) = \frac{\lambda^\alpha x^{\alpha-1} \exp\{-\lambda x\}}{\Gamma(\alpha)} \, \mathbb{I}_{[0,+\infty)}(x).$$

$$\mathbb{E}[X] = \frac{\alpha}{\lambda}.$$

$$\mathrm{Var}(X) = \frac{\alpha}{\lambda^2}.$$

Proprietà della Gamma:

Se $X_1, \ldots, X_n$ i.i.d. tali che $X_i \sim Gamma(\alpha, \lambda)$, allora:

$$\sum_{i=1}^{n} X_i \sim Gamma(n\alpha, \lambda).$$

$$\frac{X_i}{n} \sim Gamma(\alpha, n\lambda).$$

Distribuzione χ^2:

$$X \sim \chi^2(\lambda), \quad \lambda \in \mathbb{N} \setminus \{0\}$$

$$f_X(x; \lambda) = \frac{1}{2^{\lambda/2} \Gamma(\lambda/2)} x^{\lambda/2-1} \exp\{-x/2\} \, \mathbb{I}_{[0,+\infty)}(x).$$

$$\mathbb{E}[X] = \lambda.$$

$$\mathrm{Var}(X) = 2\lambda.$$

Proprietà della χ^2:

Se $X_1 \sim \chi^2(\lambda_1)$, $X_2 \sim \chi^2(\lambda_2)$, $\ldots$, $X_n \sim \chi^2(\lambda_n)$, allora:

$$\sum_{i=1}^{n} X_i \sim \chi^2 \left(\sum_{i=1}^{n} \lambda_i \right).$$

Relazioni fra distribuzioni

- *Normale* e χ^2: Se $X_1, \ldots, X_n$ i.i.d. tali che $X_i \sim N(0, 1)$, allora:

$$\sum_{i=1}^{n} X_i^2 \sim \chi^2(n).$$

- *Gamma* e χ^2:

$$Gamma\left(\frac{k}{2}, \frac{1}{2}\right) \overset{\mathcal{L}}{=} \chi^2(k).$$

- *Esponenziale* e *Gamma*:

$$\mathcal{E}(\lambda) \overset{\mathcal{L}}{=} Gamma(1, \lambda).$$

Distribuzioni discrete

Distribuzione Bernoulli:

$$X \sim Be(p), \quad p \in [0, 1].$$
$$f_X(x; p) = p^x (1 - p)^{1-x} \, \mathbb{I}_{\{0,1\}}(x).$$
$$\mathbb{E}[X] = p.$$
$$\mathrm{Var}(X) = p(1 - p).$$

Distribuzione Binomiale:

$$X \sim Bin(n, p), \quad p \in [0, 1] \; n \in \mathbb{N}.$$
$$f_X(x; n, p) = \binom{n}{x} p^x (1 - p)^{n-x} \, \mathbb{I}_{\{0,\ldots,n\}}(x).$$
$$\mathbb{E}[X] = np.$$
$$\mathrm{Var}(X) = np(1 - p).$$

Distribuzione Uniforme:

$$X \sim U_{\{a,b\}}, \quad a, b \in \mathbb{R}, \, a < b.$$
$$f_X(x; a, b) = \frac{1}{n} \, \mathbb{I}_{\{a,b\}}(x).$$
$$\mathbb{E}[X] = \frac{b + a}{2}.$$
$$\mathrm{Var}(X) = \frac{n^2 - 1}{12}.$$

n è il numero di elementi naturali compresi fra a e b.

Distribuzione Poisson:

$$X \sim \mathcal{P}(\lambda), \quad \lambda \in \mathbb{R}^+.$$
$$f_X(x; \lambda) = \frac{\lambda^x \cdot \exp\{-\lambda\}}{x!} \, \mathbb{I}_{\mathbb{N}}(x).$$
$$\mathbb{E}[X] = \lambda.$$
$$\mathrm{Var}(X) = \lambda.$$

Proprietà della Poisson:
Se $X_1, \ldots, X_n$ v.a. indipendenti tali che $X_i \sim \mathcal{P}(\lambda_i)$, allora:

$$\sum_{i=1}^{n} X_i \sim \mathcal{P}\left(\sum_{i=1}^{n} \lambda_i\right).$$

Bibliografia

1. Agresti, A., Kateri, M.: Categorical Data Analysis. In: Lovric, M. (eds.) International Encyclopedia of Statistical Science. Springer, Berlin, Heidelberg (2011)
2. Box, G.E.P., Cox, D.R.: An analysis of transformations. Journal of the Royal Statistical Society: Series B (Methodological) **26**(2), 211–243 (1964)
3. Casella, G., Berger, R.L.: Statistical Inference (Vol. 2). Duxbury Advanced Series. Thomson Learning, Pacific Grove, CA (2002)
4. Hosmer, D.W., Lemeshow, S.: Applied Logistic Regression. John Wiley & Sons, New York (2000)
5. Johnson, R.A., Wichern, D.W.: Applied Multivariate Statistical Analysis (Vol. 3). Pearson New International, London (2015)
6. R Core Team: R: A Language and Environment for Statistical Computing. R Foundation for Statistical Computing, Vienna (2014)

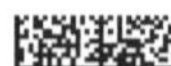